Ulrike Sahm-Lütteken
1000 Fragen für Pferdewirte

Ulrike Sahm-Lütteken

1000 Fragen für Pferdewirte

Fragen und Antworten für Ausbildung und Praxis

61 Abbildungen
16 Tabellen

Inhaltsverzeichnis

Vorwort

Warum noch ein Pferdebuch? 1000 neue Fragen oder 1000 neue Antworten? Irgendwo steht doch sicherlich bereits alles geschrieben und welche Frage sollte noch unbeantwortet sein?

Bestimmt bietet die große Zahl an Fachbüchern und Ratgebern rund ums Pferd eine nahezu umfassende Möglichkeit, sich zu informieren und weiterzubilden.

Doch im Unterschied zu einer großen Bibliothek soll dieses Buch ein ständiger Helfer und Begleiter für all diejenigen sein, die ihre Fragen rund ums Pferd kurz und knapp, aber deutlich erklärt haben wollen. Es geht dabei vor allem um die Verständlichkeit, die mir nicht nur als Berufsschullehrerin für Pferdewirte, sondern auch als passionierte Pferdewirtin, Reiterin und Züchterin besonders am Herzen liegt. Ziel des Buches ist es, zahlreiche praxisrelevante Themen so knapp wie möglich und dennoch so umfassend wie nötig zu erklären, sodass sie leicht nachvollziehbar sind und vielleicht auch aus einem anderen Blickwinkel betrachtet werden können.

Zusammenhänge sollen in diesem Buch offensichtlich und Feinheiten verständlich werden. Dabei war es mir besonders wichtig, relevante Fragen aus der Praxis der Pferdewirte aller Fachbereiche zu beantworten, um möglichst wertvolle Hilfestellungen für die Arbeit im Betriebsalltag und natürlich auch für die Prüfungen geben zu können.

Eine äußerst wichtige Grundlage für die Fragensammlung erhielt ich dabei von den zukünftigen Pferdewirten selbst. Die Auszubildenden aus dem zweiten und dritten Lehrjahr notierten mir „ihre" wichtigsten Fragen rund ums Pferd und zu dem Beruf sowie im Hinblick auf die Prüfungen und konnten damit eine wertvolle Grundlage für die umfassende Fragensammlung liefern. Diese Fragen „aus der Basis" wurden ergänzt um einige wichtige Elemente aus „Lehrer- und Prüfersicht", um eine optimale Prüfungsvorbereitung und einen lernfeldbezogenen Gesamtüberblick gewährleisten zu können. Auch wenn sicher nicht alle Fragen rund ums Pferd beantwortet werden können, so bietet die vorliegende Sammlung dennoch einen guten Überblick über viele wichtige berufsbezogene, aber auch berufsübergreifende Themenbereiche wie zum Beispiel die Betriebswirtschaftslehre.

Ich hoffe, dass dieses Buch durch seine knappen und direkten Antworten nicht nur im professionellen Pferdebereich wertvolle Dienste leisten kann, sondern auch all denjenigen eine fundierte Wissenssammlung bietet, die ihre Freizeit mit Pferden bereichern. Es ersetzt zwar keine umfassende Fachbibliothek, kann kleinere und größere Verständnisfragen aber vielleicht etwas direkter und daher auch verständlicher beantworten.

Pulheim, im Sommer 2014 Ulrike Sahm-Lütteken

Vorwort zur 2. Auflage

Pferde, Reiter, Fahrer und Voltigierer bilden in allen Pferdesportdisziplinen Teams von mindestens zwei Sportlern. Die zwei- und vierbeinigen Athleten müssen ihrem Alter und ihren Fähigkeiten entsprechend ausgebildet, versorgt und trainiert werden. Dafür trägt der Mensch die Verantwortung – für sich und für das Pferd, ob als Reiter, Pfleger, Ausbilder, Züchter oder einfach als Freund des Pferdes und des Pferdesports. Wir wollen dem Pferd den Platz an unserer Seite erhalten, den dieser treue Partner seit Jahrtausenden einnimmt. Pferde sind heute bei uns nicht mehr in erster Linie Arbeitstiere, sondern auch Sport- und Freizeitpartner, zur Freude unzähliger Menschen.

Wir sind es den Pferden schuldig, verantwortungsvoll mit ihnen umzugehen. Gelebte Verantwortung ist ohne entsprechende Kenntnisse jedoch nicht möglich. Es liegt am Menschen, sich das nötige Wissen anzueignen, mit dessen Hilfe er „sein" Pferd finden und jedes Pferd betreuen und fördern kann, ohne es zu überfordern.

Grundkenntnisse von Anatomie und Mechanik sowie in der Verhaltensforschung sind für den Erhalt von Gesundheit, Leistungsbereitschaft und Leistungsfähigkeit bei Mensch und Tier unabdingbar, aber auch die Kommunikation zwischen Mensch und Tier ist von entscheidender Bedeutung.

Jeder Pferdemensch muss lernen, welche Sprache sich dafür im Laufe der Jahrhunderte entwickelt und bewährt hat und was sich Dank neuer wissenschaftlicher Methoden an den bisherigen Erkenntnissen immer weiter verändert. Unser Wissen entwickelt sich auch im Pferdebereich ständig weiter und es erschließen sich Zusammenhänge, aus denen sich dann wieder neue Fragen ergeben. Antworten entwickeln sich mit jeder neuen Frage und vertiefen unser Verständnis für Zusammenhänge.

„1000 Fragen für den Pferdewirt" kann und will auch in dieser überarbeiteten Neuauflage weder eine Reitlehre oder ein Anatomiebuch sein, noch will es Richtlinien oder Prüfungsunterlagen ersetzen.

Es ist eher als „Repetitorium" gedacht und enthält Fragen aus der Praxis der Ausbildung sowie ergänzende (Nach-)Fragen mit kurzen Antworten zu einem bereits vorhandenen theoretischen wie praktischen Grundwissen.

Die „1000 Fragen" sind jedem Pferdefreund zugedacht, der sich im Umgang mit dem Partner Pferd täglich mit neuen Fragen beschäftigt – oder aber die alten, bekannten Fragen zu vermeintlich Selbstverständlichem plötzlich aus einem anderen Blickwinkel sieht.

Ich danke allen, die mir alte und neue Fragen stellen und gestellt haben, sowie denjenigen, die mich durch Beobachtungen und Nachfragen auf neue Erkenntnisse oder Präzisierungsbedarf bei den überlieferten Lehren zum Thema Pferd aufmerksam gemacht haben.

Ich hoffe auf viele weitere Fragen, wie sie sich immer wieder aus unserer Verantwortung für das wunderbare Geschöpf Pferd ergeben.

Ulrike Sahm-Lütteken

Anmerkung zur Schreibweise der weiblichen und männlichen Form: Ausschließlich aufgrund der deutlich besseren Lesbarkeit wird in diesem Werk auf die jeweilige Doppelnennung oder Anpassung der Schreibweise bestimmter Bezeichnungen verzichtet. So stehen die Namen der Vertreter verschiedener Fachbereiche (wie Pferdewirte, Reiter, usw.) selbstverständlich für alle Frauen und Männer, die diese Berufe ausüben oder vertreten.

Pferdenutzung

Anatomie und Physiologie

Skelett (Abb. 4, Seite 11)

Aus welchen Bereichen besteht die Wirbelsäule? Wie viele Wirbel hat jeder Bereich?

Halswirbelsäule (7), Brustwirbelsäule (18), Lendenwirbelsäule [(5–)6], Kreuzbeinwirbel (5, fest verwachsen), Schweifwirbel (15–21).

Wie heißen die einzelnen Körperteile des Pferdes (Abb. 1)?

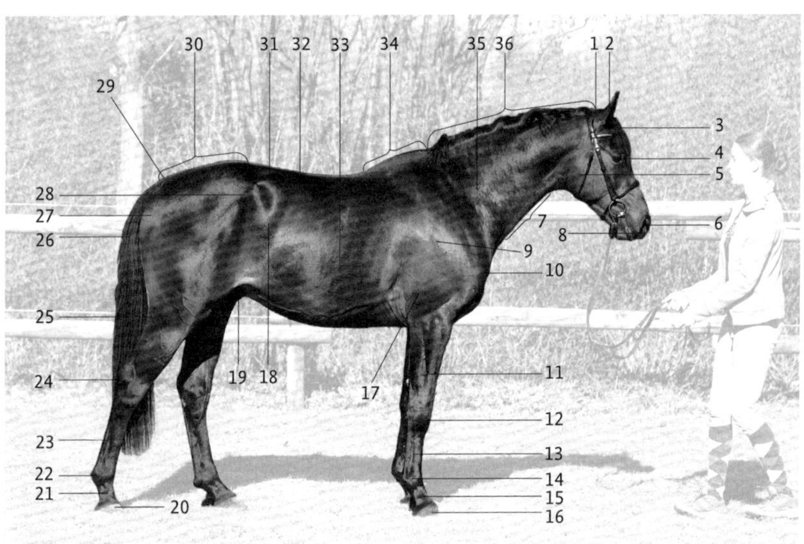

Abb. 1 Die Körperteile des Pferdes: 1 Genick, 2 Ohren, 3 Schopf, 4 Auge, 5 Ganasche, 6 Nüstern, 7 Kehlrand/Unterhals, 8 Maulspalte, 9 Schulter, 10 Schultergelenk/Buggelenk, 11 Unterarm, 12 Karpalgelenk, 13 Röhrbein, 14 Fesselkopf, 15 Fessel, 16 Huf, 17 Ellenbogen, 18 Flanke, 19 Knie, 20 Huf, 21 Fessel, 22 Fesselkopf, 23 Hinterröhre, 24 Sprunggelenk, 25 Kniekehle, 26 Schweif, 27 Sitzbeinhöcker, 28 Hüfthöcker, 29 Schweifansatz, 30 Kruppe, 31 Lendenbereich, 32 Rücken, 33 Seitenbrust (Brustkorb), 34 Widerrist, 35 Hals, 36 Kammrand.

Wie heißen der 1. und der 2. Wirbel der Halswirbelsäule?
Atlas (Nicker) und Axis (Dreher).

Welche Aufgaben hat das Skelett?
Es stützt den Körper und gibt ihm Halt und Form, es schützt lebenswichtige Organe, es ist an der Bewegung beteiligt und bietet Ansatz für Muskeln und Sehnen.

Wie viele Rippen hat ein Pferd?
18 Rippenpaare, davon acht sogenannte echte Rippen(paare) und zehn Atmungsrippen(paare).

Wie ist das Vorderbein des Pferdes aufgebaut (Abb. 2)?
Knochen und Gelenke des Vorderbeins von oben nach unten: Schulterblatt, Bug- oder Schultergelenk, Oberarm, Ellenbogen, Unterarm mit Elle (rudimentär) und Speiche sowie dem Ellenbogenhöcker, Karpalgelenk (mit dem Erbsbein), Röhrbein (mit zwei rudimentären Griffelbeinen im hinteren Bereich), zwei Gleichbeine im unteren Bereich des Röhrbeins, Fesselgelenk, Fesselbein, Krongelenk, Kronbein, Hufgelenk, Hufbein, Strahlbein.

Wie ist das Hinterbein des Pferdes aufgebaut (Abb. 3)?
Knochen des Hinterbeins von oben nach unten: Beckenring, Hüftgelenk, Oberschenkel, Kniegelenk mit Kniescheibe, Unterschenkel mit Schienbein und Wadenbein (rudimentär), Sprunggelenk mit Rollkamm, Sprunggelenkshöcker, Röhrbein (mit zwei rudimentären Griffelbeinen im hinteren Bereich), zwei Gleichbeine im unteren Bereich des Röhrbeins, Fesselgelenk, Fesselbein, Krongelenk, Kronbein, Hufgelenk, Hufbein, Strahlbein.

Wie viele Erbsbeine hat das Pferd?
Zwei, je eins an der Rückseite des Karpalgelenks am Vorderbein.

Was versteht man unter Tragerippen, was sind die Atmungsrippen?
Die Tragerippen des Pferdes sind die ersten acht Rippen, die im unteren Bereich fest mit dem Brustbein verbunden sind. Diese Rippen geben dem Brustkorb Stabilität und schützen gleichzeitig die wichtigen Organe Herz und Lunge. Die zehn Atmungsrippen im hinteren Bereich des Brustkorbs sind an ihrem unteren Ende rechts und links über eine knorpelige Verbindung miteinander und mit dem Brustbein verbunden. Dadurch, dass die einzelnen Rippenpaare hier jedoch nicht miteinander verbunden sind, ermöglicht dieser Bereich des Brustkorbes ein Heben und Senken der Rippen im Zuge der Atmung.

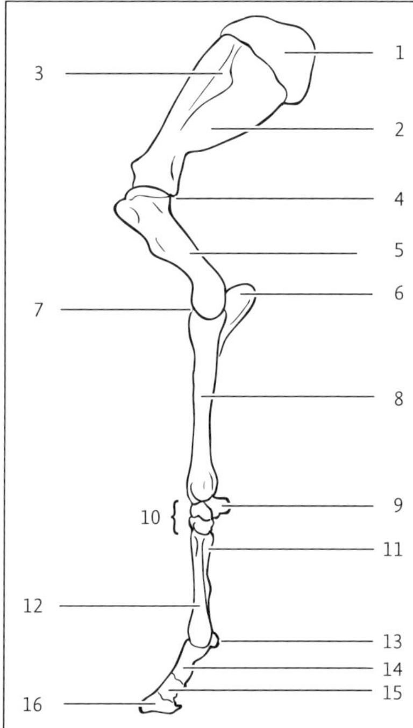

Abb. 2 Die Knochen des Vorderbeins.

Nr.	Bezeichnung
1	Schulterblattknorpel
2	Schulterblatt
3	Schulterblattgräte
4	Schultergelenk (Buggelenk)
5	Oberarm
6	Ellenbogenhöcker
7	Ellenbogengelenk
8	Unterarm
9	Erbs(en)bein
10	Karpal-/Vorderfußwurzelgelenk
11	Griffelbein
12	Vorderröhre (Röhrbein)
13	Gleichbein
14	Fesselbein
15	Kronbein
16	Hufbein

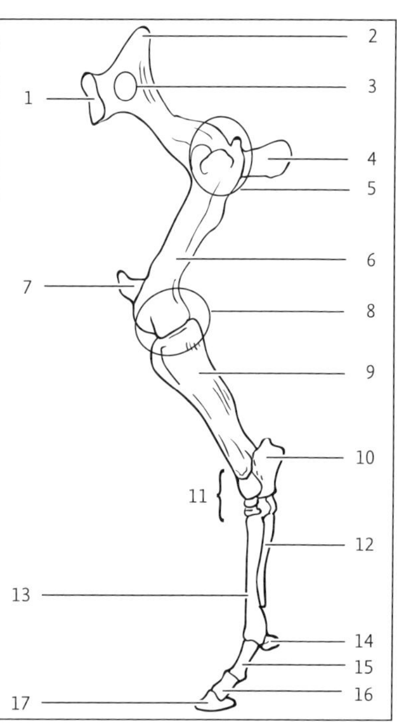

Abb. 3 Die Knochen des Hinterbeins.

Nr.	Bezeichnung
1	Hüfthöcker
2	Kreuzhöcker
3	Darmbeinschaufel
4	Sitzbeinhöcker
1–4	Beckenknochen
5	Hüftgelenk
6	Oberschenkel
7	Kniescheibe
8	Kniegelenk
9	Unterschenkel
10	Fersenbein
11	Sprunggelenk
12	Griffelbein
13	Hinterröhre
14	Gleichbein
15	Fesselbein
16	Kronbein
17	Hufbein

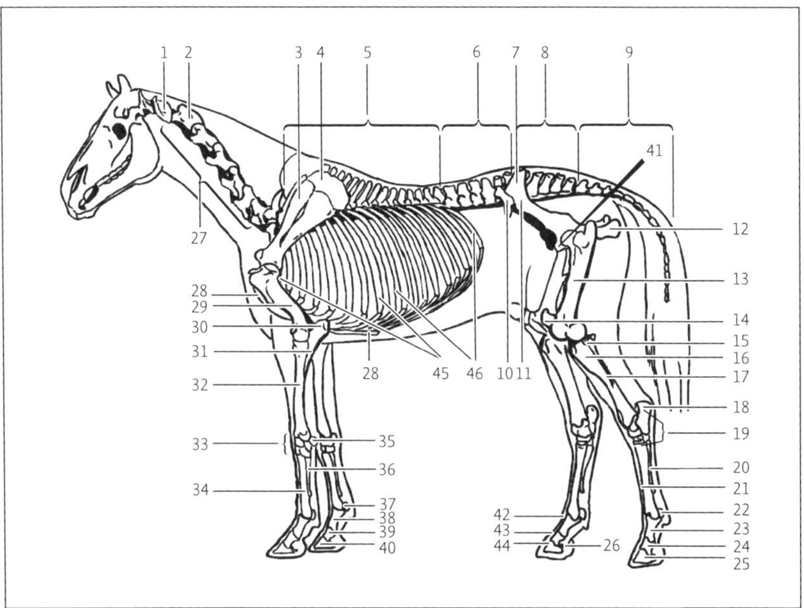

Abb. 4 Das Skelett des Pferdes im Detail.

Tab. 1 Beschriftung des Skeletts

Nr.	Bezeichnung	Nr.	Bezeichnung	Nr.	Bezeichnung
1	Atlas (Nicker)	**17**	Unterschenkel	**32**	Speiche
2	Axis (Dreher)	**18**	Sprunggelenks- oder Fersenhöcker	**33**	Vorderfußwurzel- oder Karpalgelenk
3	Schulterblatt	**19**	Sprunggelenk	**34**	Vorderröhre
4	Schulterblattknorpel	**20**	Griffelbein (Rudiment)	**35**	Erbs(en)bein
5	Brustwirbelsäule	**21**	Hinterröhre	**36**	Griffelbein (Rudiment)
6	Lendenwirbelsäule	**22**	Gleichbein	**37**	Gleichbein
7	Kreuzhöcker	**23**	Fesselbein	**38**	Fesselbein
8	Kreuzbein	**24**	Kronbein	**39**	Kronbein
9	Schweifwirbelsäule	**25**	Hufbein	**40**	Hufbein
10	Hüfthöcker	**26**	Strahlbein	**41**	Schambein
11	Darmbein	**27**	Halswirbel	**42**	Fesselgelenk
12	Sitzbeinhöcker	**28**	Brustbein	**43**	Krongelenk
13	Oberschenkel	**29**	Oberarm	**44**	Hufgelenk
14	Kniescheibe	**30**	Ellenbogenhöcker	**45**	(echte) Tragerippen
15	Wadenbein (Rudiment)	**31**	Elle (Rudiment)	**46**	Atmungsrippen
16	Schienbein				

Was versteht man unter Widerrist?

Der Widerrist ist ein von den Dornfortsätzen der ersten Brustwirbel gebildeter Abschnitt der Wirbelsäule. Dieser in seiner Gesamtheit nach oben gewölbte Bereich erleichtert das Reiten des Pferdes, da er zusammen mit dem Schulterblattknorpel die sogenannte Sattellage bildet. Die Dornfortsätze können in diesem ersten Abschnitt der Brustwirbelsäule eine Länge von bis zu 20 cm erreichen. Der Widerrist wurde im Laufe der Domestikation und beginnenden Pferdezucht immer markanter. Ursprungs- und robuste Ponyrassen haben häufig einen sehr schwach ausgeprägten Widerrist.

Warum hat das Pferd kein Schlüsselbein?

Bei keinem Tier, das sich auf vier Beinen fortbewegt, ist im Skelett ein Schlüsselbein zu finden. Hätte ein Pferd bzw. ein „vierbeiniges“ Tier, dessen Hauptkörperlast (etwa 60 %) auf den Vorderbeinen liegt, ein Schlüsselbein, so würde dies beim Landen aus hohem Tempo (z. B. bei hohen Geschwindigkeiten oder nach einem Sprung) brechen, da es aufgrund der mangelnden Elastizität des Knochens die Stöße und die damit verbundene große Last nicht abfangen kann.

Wie sind Schulterblatt und Wirbelsäule des Pferdes miteinander verbunden?

Die Verbindung von Schulterblatt und Vordergliedmaßen wird beim Pferd ausschließlich über Muskeln realisiert. Das heißt im Umkehrschluss, dass die Muskeln in diesem Bereich (Brustmuskel und gesägter Muskel im Brustbereich) den Rumpf des Pferdes „tragen“. Der Körper „hängt“ folglich wie in einer Schlinge zwischen den Vordergliedmaßen. Die sogenannten gesägten Muskeln verlaufen wie ein Fächer vom Schulterblatt zu den Querfortsätzen des vierten bis siebten Halswirbels sowie den ersten acht Rippen und haben ihren Ansatz an der Innenseite des Schulterblatts. Der Brustmuskel verbindet den Oberarm mit dem Brustbein des Pferdes.

Wie wird beim Pferd die Körperlast beim Landen oder bei der Fortbewegung in hohem Tempo von den Vordergliedmaßen abgefangen?

Die Last des Pferdegewichts, die beim Landen nach dem Sprung oder bei schwungvollen Gangarten mit Schwebephase durch die Geschwindigkeit und Höhe zusätzlich verstärkt wird, muss durch die Vorderbeine und damit auch durch die Muskulatur zwischen Schulterblatt und Rumpf des Pferdes abgefangen werden. Der Rumpf wird von diesen Muskelgruppen in der Landung aufgefangen und anschließend wieder nach oben gehoben. Die Muskeln werden in der Landephase gedehnt und ziehen sich anschließend wieder zusammen. Je verspannter diese Muskelgruppen durch schlechte Ausbildung, Haltung oder nicht passendes Sattelzeug werden, desto schlechter können sie als elastische Stoßdämpfer dienen, wodurch sich die Belastung der unteren Gliedmaßenbereiche wie zum Beispiel der Fessel des Pferdes enorm verstärkt.

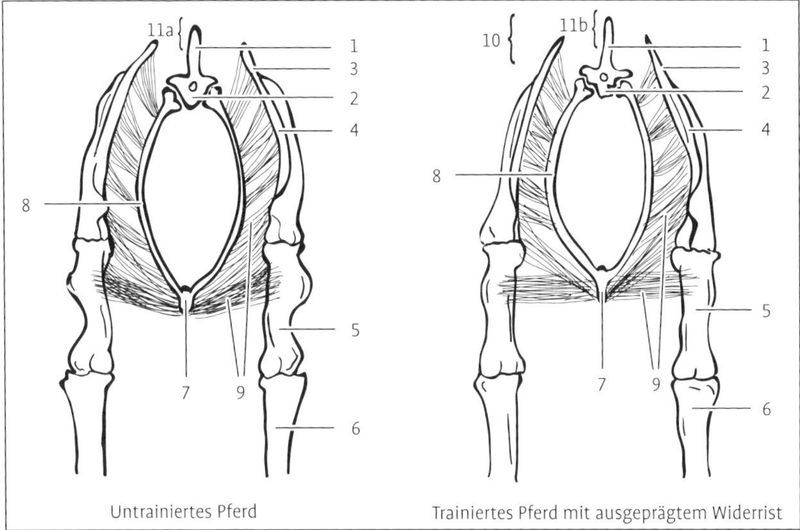

Abb. 5 Verbindung von Schulterblatt und Wirbelsäule (Rumpfaufhängung) beim Pferd über die thorakale Muskelschlinge. Im Laufe des Trainings werden diese Muskeln kürzer und breiter, so dass die Pferde an Stockmaß und Körperbreite zunehmen. 1 Dornfortsatz, 2 Wirbelkörper, 3 Schulterblattknorpel, 4 Schulterblatt, 5 Oberarm, 6 Unterarm, 7 Brustbein, 8 Rippe, 9 Muskeln der thorakalen Muskelschlinge, 10 Widerrist, 11a noch wenig Widerrist erkennbar, 11b im Verlauf von Wachstum und Training wird der Widerrist markanter und tritt stärker hervor.

Warum „wächst" ein junges Pferd durch die Ausbildung, bzw. warum bildet sich der Widerrist im Laufe der Arbeit mit einem Pferd deutlicher aus?

Je weiter ein Pferd ausgebildet wird, desto stärker und kräftiger werden auch seine rumpftragenden Muskeln zwischen Rumpf und Vorderbein (Abb. 5). Je mehr Kraft diese Muskeln entwickeln, desto kürzer werden sie, sodass sie den Thorax (Rumpf) des Pferdes zwischen den Schulterblättern anheben. Mit dem Rumpf wird auch der Widerrist angehoben, sodass das Pferd größer und der Widerrist (und damit auch die Sattellage) markanter wird.

Was sind Sehnen?

Sehnen sind die Verbindungen zwischen Muskeln und Knochen. Die von der Muskulatur entwickelte Kraft wird durch die Sehnen auf Knochen und Gelenke übertragen, wodurch Bewegung erst möglich wird. Sehnen ermüden im Gegensatz zu Muskeln nicht, sind jedoch auch weniger elastisch (max. 4 %) und bei ungewohnten Belastungen verletzungsanfälliger.

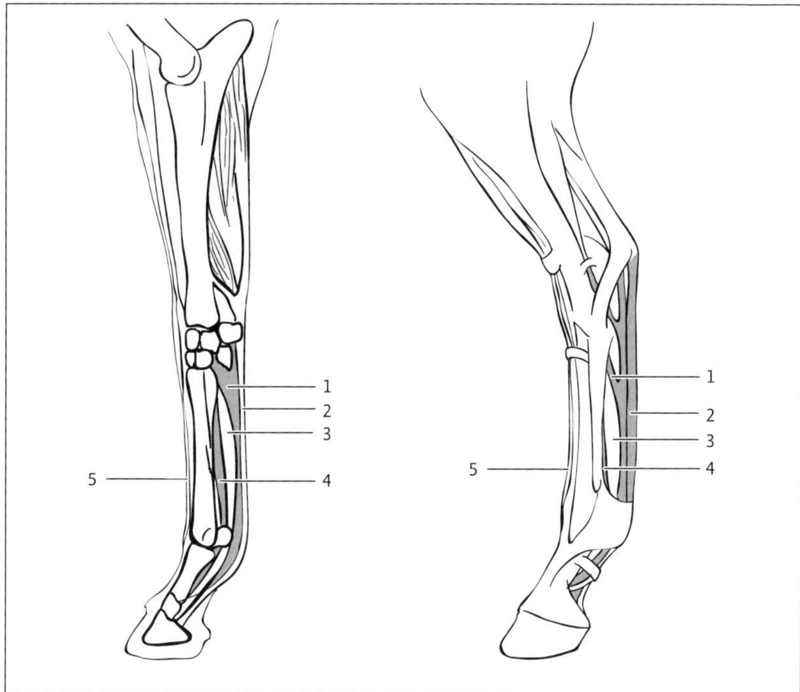

Abb. 6 Die Sehnen des Pferdes an den Gliedmaßen. 1 Unterstützungsband der tiefen Beugesehne, 2 oberflächliche Beugesehne, 3 tiefe Beugesehne, 4 Fesselträger, 5 gemeinschaftliche Strecksehne.

Wie ist eine Sehne aufgebaut?

Eine Sehne besteht aus zahlreichen Kollagenfaserbündeln, deren Anzahl die Stärke der einzelnen Sehnen bestimmt. Die zwischen den Sehnenfasern liegenden Fibroblasten bilden eine Substanz, die sich wiederum zu Kollagenfasern verbinden kann. Das Kollagen wird kontinuierlich von den Sehnen produziert, sodass sich eine Sehne der unteren Gliedmaßen etwa alle sechs Monate erneuert.

Wie heißen die einzelnen Sehnen der Beine des Pferdes (Abb. 6)?

An den Beinen des Pferdes gibt es auf der Vorderseite die Strecksehne. Diese verläuft vorne am Röhrbein entlang. Außerdem gibt es drei Beugesehnen im hinteren Bereich. Diese heißen (von innen nach außen) Fesselträger, tiefe Beugesehne und oberflächliche Beugesehne.

Wie ist die Belastung der Sehnen im Stand und in der Bewegung?

Im Stand werden alle Sehnen gleichmäßig belastet. Beim Auffußen sind Fesselträger und oberflächliche Beugesehne belastet und die tiefe Beugesehne entlastet. Beim Abstemmen (Abfußen) ist die tiefe Beugesehne belastet, Fesselträger und oberflächliche Beugesehne sind entlastet. Die Sehnen des Pferdes sollten nur im entlasteten Zustand, also am aufgehobenen Bein untersucht werden.

An welchen Knochen bzw. Gelenken verläuft der Fesselträger?

Der Fesselträger setzt unterhalb vom Karpalgelenk an und verläuft direkt hinter dem Röhrbein abwärts. Auf Höhe der Fessel sind zwei Gleichbeine in den sich teilenden Fesselträger eingearbeitet, der Fesselträger verläuft weiter bis zum Fesselbein. Der Fesselträger bestimmt den Fesselstand. Ist der Fesselträger durchtrennt, kommt es zum Niederbruch und der Fesselkopf des Pferdes berührt den Boden.

Wie verlaufen oberflächliche und tiefe Beugesehne?

Die oberflächliche Beugesehne verläuft auf der Rückseite des Röhrbeins außen hinter Fesselträger und tiefer Beugesehne entlang und teilt sich im Bereich der Fesselbeuge, um die tiefe Beugesehne hindurchzulassen. Auch als Kronbeinbeuger bezeichnet, verläuft sie bis zum Kronbein. Zwischen Fesselträger und oberflächlicher Beugesehne verläuft die tiefe Beugesehne. Sie tritt in der Fesselbeuge durch die oberflächliche Beugesehne und setzt am Hufbein an (Hufbeinbeuger).

Was muss man bei den Sehnen beachten, wenn man ein Pferd trainiert?

Sehnen sind nur bedingt (max. 4 %) dehnfähig und können sich wechselnden Strukturen und Anforderungen (wie z. B. erhöhter Belastung, neuer Beschlag, Hufkorrekturen, wechselnde Bodenbeschaffenheiten) nur sehr langsam anpassen. Wird das Pferd ins Training genommen, sollte man diesen passiven Körperstrukturen genügend Zeit zur Anpassung an die neue Belastung geben. Pferde aus Offenställen oder einer gesunden Aufzucht mit wechselnden Bodenbelägen sind meistens widerstandsfähiger, da ihre Sehnen bereits vor der Arbeit regelmäßig trainiert wurden. Bei rekonvaleszenten Pferden mit langen Bewegungspausen ist ebenfalls auf ein ausreichendes Antrainieren zu achten.

Was ist die Spannsägenkonstruktion (Abb. 7)?

Das Pferd hat in seinem Körper verschiedene „Mechanismen“ oder besser gesagt anatomische Gegebenheiten, die sowohl kraftsparend als auch stoßdämpfend wirken. Eine dieser Funktionen ist die sogenannte Spannsägenkonstruktion der Hintergliedmaße. Knie und Sprunggelenk sind über die Spannsägenkonstruktion mithilfe von Sehnen „zusammengeschaltet“ und können sich nicht unabhängig voneinander beugen oder strecken. Wenn das Röhrbein des Pferdes senkrecht steht, kann das Pferd im Stand alle Muskeln entspannen, da die sehnige Spannsägenkonstruktion die Haltefunktion übernimmt. Der Name stammt von der als Handsäge zu verwendenden Spannsäge, deren Grundgestell wie ein breites „H“ konstruiert ist. Eine der offenen Seiten ist mit dem Sägeblatt, die andere mit einem Spannband verbunden. Die Spannung des Sägeblatts wird durch das Spannen des Bandes (verkürzen) aufrechterhalten. Beim Pferd entsprechen die Sehnen vor und hinter dem Unterschenkel dem Sägeblatt bzw. dem Spannband,

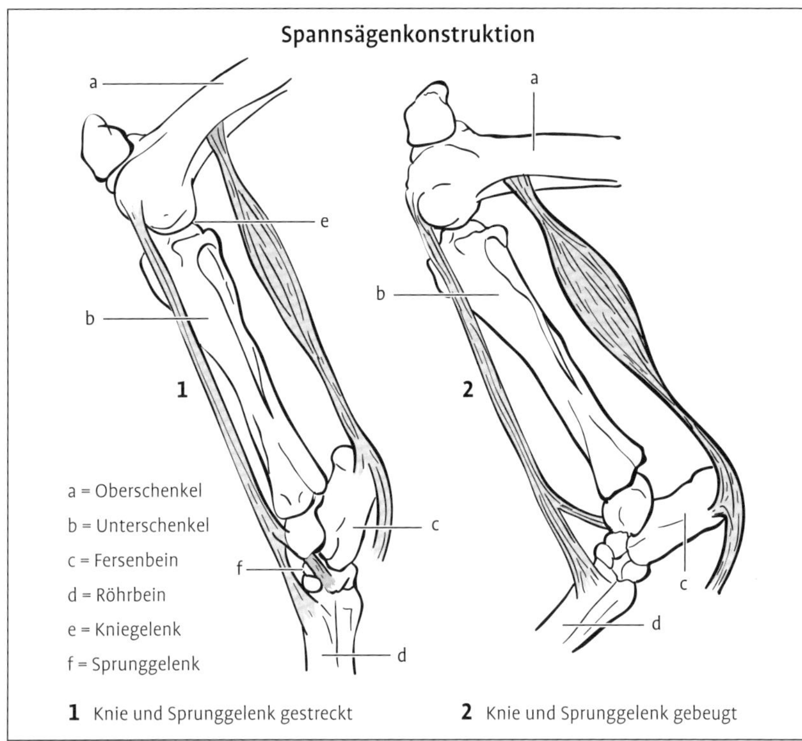

Abb. 7 Schematische Darstellung der Spannsägenkonstruktion am Hinterbein des Pferdes (verändert nach Wissdorf u. Gerhards 2002).

der Unterschenkel sowie Sprunggelenkshöcker und Knochenvorsprünge am Oberschenkel bilden das Gestell.

Was ist der Fesseltrageapparat?

Der Fesseltrageapparat ist eine Konstruktion des Pferdekörpers, die dem Pferd das kraftsparende Stehen ermöglicht, in der Bewegung Stöße abfängt und den Winkel der Fesselung bestimmt (der Winkel zwischen Röhr- und Fesselbein beträgt etwa 145°, der Winkel von Fesselbein zum Boden am Vorderbein etwa 45 bis 50°, am Hinterbein etwa 50 bis 55°). Der Fesseltrageapparat besteht aus dem Fesselträger und dem Fesselringband.

Wie sind Muskeln aufgebaut?

Ähnlich wie Sehnen bestehen auch Muskeln aus zahlreichen parallel liegenden Fasern. Hier handelt es sich jedoch um Muskelfasern (längliche Muskelzellen mit mehreren Zellkernen), die durch dünnes Bindegewebe zu Muskelfaserbündeln zusammengefasst werden. In jeder Faser befinden sich unzählige Myofibrillen, die für das Zusammenziehen der Muskulatur zuständig sind, weil sich ihre Bestandteile ineinanderschieben und wieder auseinanderziehen können. Man muss zwischen der Herzmuskulatur (nur im Herz zu finden), der glatten Muskulatur (z. B. bei Blutgefäßen und im Verdauungstrakt) und den Skelettmuskeln (sorgen für Bewegung und Stabilisation der Gelenke) unterscheiden. Von den drei Muskeltypen kann ausschließlich die Skelettmuskulatur in ihrer Bewegung vom Gehirn willkürlich gesteuert werden, die anderen beiden Muskeltypen sind nicht willkürlich steuerbar.

Welche Muskeltypen gibt es?

Muskeln wandeln Energie in Bewegung um, wobei zwischen unterschiedlichen Muskelfasertypen unterschieden werden muss. Es gibt langsam zuckende Muskelfasern, die zwar langsam, aber sehr ausdauernd arbeiten. Sie brauchen Sauerstoff zur Erzeugung der Bewegung. Schnell zuckende Muskelfasern können sich schneller zusammenziehen und wieder dehnen, verbrauchen dazu auch keinen Sauerstoff, halten diese Arbeit aber nicht sehr lange durch. Distanzpferde sollten demzufolge einen größeren Anteil langsamer Muskeltypen besitzen, Springpferde beispielsweise benötigen mehr schnelle Fasern zur Ausübung ihrer Disziplin.

Welche unterschiedlichen Knochentypen gibt es?

Das Skelett des Pferdes besteht aus einer harten Substanz, den Knochen, und dient als Stützgerüst für das Gewebe. Man unterscheidet zwischen verschiedenen Knochengruppen, deren Aufbau jedoch grundsätzlich ähnlich ist: 1. Röhrenknochen (Abb. 8; z. B. Röhrbein), 2. platte Knochen (z. B. Schädelknochen), 3. kurze Knochen (z. B. Sprunggelenksknochen), 4. unregelmäßige Knochen (z. B. Wirbel). Knochen bestehen aus lebenden Gewebefasern (Kollagen, ein faserreiches Protein) und Mineralkristallen (Kalzium und Phosphor), die von Nerven und Blutgefäßen durchzogen sind. Es gibt mit den harten, kompakten und schwammartigen zwei Typen von Knochen. Harte Knochen findet man im Mittelstück der innen mit gelbem Knochenmark gefüllten Röhrenknochen. Der schwammartige Knochen (Spongiosa) ist in den kurzen Knochen und an den Enden der langen Röhrenknochen zu finden. Seine Struktur ist weniger dicht und sein rotes Knochenmark ist maßgeblich an der Bildung der roten Blutkörperchen beteiligt.

Wie ist ein Knochen aufgebaut?

Von außen ist der Knochen von der Knochenhaut (Periost) überzogen. Eine feste, schützende Haut, die es Bändern und Sehnen ermöglicht, am Knochen anzusetzen. Die Knochenhaut besteht unter anderem aus knochenbildenden Zellen (Osteoblasten) und versorgt den Knochen über Blutgefäße mit Nährstoffen. Sie wird von vielen Nervenzellen durchzogen und ist darum äußerst schmerzempfindlich. Auf eine lange oder starke Reizung der Knochenhaut kann diese mit einer Neubildung von Knochensubstanz reagieren (z. B. Überbeine).

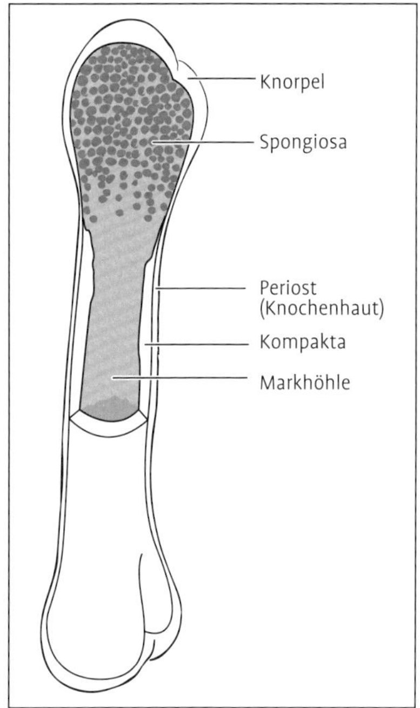

Abb. 8 Schematischer Aufbau des Röhrenknochens.

Was ist ein Gelenk und wie sind Gelenke aufgebaut (Abb. 9)?

Ein Gelenk ist die bewegliche Verbindung zwischen zwei Knochen. Die Gelenkoberfläche der Knochen besteht aus einer Kapsel aus glänzendem und flexiblem Knorpel und bildet mithilfe der Gelenkschmiere eine glatte und reibungsfreie Gelenkverbindung. Die Gelenkkapsel setzt sich aus einer äußeren Faserschicht und einer inneren Membran zusammen. Die äußere Faserschicht dient als mechanische Stütze. Die innere Auskleidung der Gelenkkapsel produziert die wichtige Gelenkflüssigkeit, die Synovia, deren Aufgabe es ist, die Schmierfähigkeit der Gelenkflächen herzustellen und zu erhalten.

Welche unterschiedlichen Gelenke gibt es?

Es gibt mit den faserartigen, knorpeligen und synovialen drei verschiedene Arten von Gelenken. Die faserartigen Gelenke sind unbeweglich und kommen vor allem im Schädel und zwischen den Schäften von längeren Knochen vor. Die knorpeligen Gelenke sind ebenfalls recht statisch und sitzen am Becken und der Wirbelsäule. Die synovialen Gelenke sind die beweglichsten und befinden sich überall dort, wo Aktion stattfindet. Die Gelenke werden nach Form und Funktion unterschieden. Das Pferd hat hauptsächlich Scharniergelenke. Dies sind Wechselgelenke mit eingeschränkter Drehbewegung, die jedoch vermehrtes Beugen und

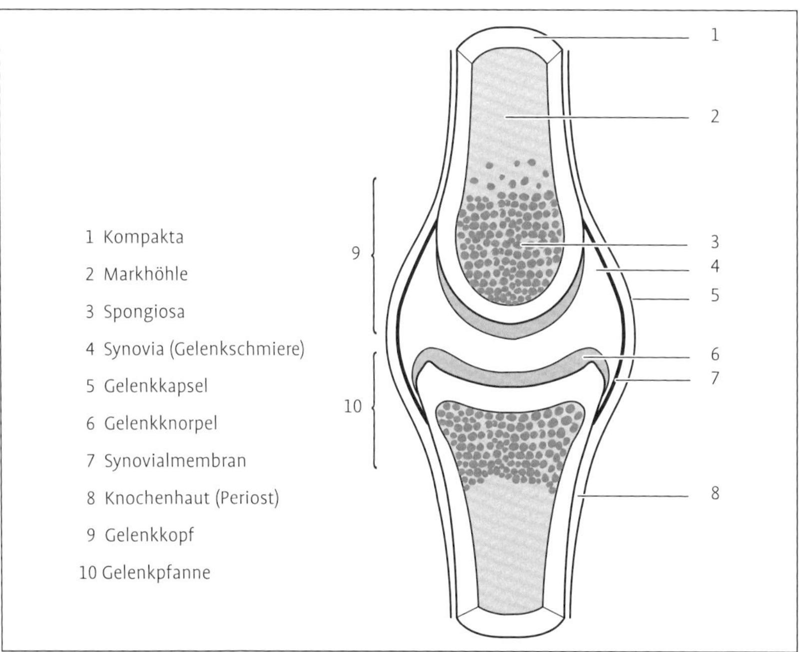

Abb. 9 Schematischer Aufbau eines Gelenks.

Strecken ermöglichen (Ellenbogen- oder Fesselgelenk). Die in Hüfte und Schulter vorhandenen Kugelgelenke sind in alle Richtungen flexibel. Zapfengelenke wie beispielsweise im Kopf zwischen Atlas und Axis lassen eine Drehbewegung um die eigene Achse zu. Bei Huf- und Krongelenk zum Beispiel handelt es sich um Sattelgelenke.

Wozu dient die Synovia?

Die Synovia ist die sogenannte Gelenkschmiere, die den Knorpel u. a. mit Mineralstoffen versorgt und das Gelenk dadurch geschmeidig hält. Synovia ist auch in Sehnenscheiden zu finden und erfüllt dort den gleichen Zweck.

Blut und Kreislauf

Wie verläuft der Blutkreislauf des Pferdes?

Es gibt den großen und den kleinen Blutkreislauf. Beide werden vom Herzen in Schwung gehalten und sind nicht unabhängig voneinander zu betrachten. Der große Kreislauf (Körperkreislauf) geht durch den gesamten Körper des Pferdes und transportiert das sauerstoffreiche Blut über die Arterien zu den Organen. Nach dem Sauerstoffverbrauch transportiert er das nun kohlendioxidhaltige Blut über die Venen wieder ab. Der kleine Blutkreislauf (Lungenkreislauf) führt kohlendioxidhaltiges Blut über die Venen zur Lunge, wo es mit Sauerstoff angereichert und von den Arterien wieder zum Herzen gebracht wird, um erneut durch den Körper gepumpt zu werden. Das Blut wird dabei von der Lunge (sauerstoffreich) über die linke Herzhälfte in den Körper gepumpt und gelangt anschließend (sauerstoffarm) über die rechte Herzhälfte wieder zur Lunge. Arterien führen generell sauerstoffreiches (helles) Blut und daher vom Herzen weg, Venen transportieren sauerstoffarmes (dunkles) Blut zum Herzen hin. Lungenarterien dagegen führen das sauerstoffreiche Blut zum Herzen hin, Lungenvenen dagegen führen das sauerstoffarme Blut vom Herzen weg und wieder zur Lunge.

Welche Bestandteile enthält das Blut?

- **Blutplasma** ist eine klare Flüssigkeit, bestehend aus Wasser, Eiweißen, Hormonen, Mineralien, Vitaminen, Salzen
- **Rote Blutkörperchen** (Erythrozyten) enthalten Blutfarbstoff mit Eisen (Hämoglobin) zum Sauerstofftransport (O_2)
- **Weiße Blutkörperchen** (Leukozyten) sind für die körpereigene Abwehr, z. B. bei Infektionen, verantwortlich
- **Blutplättchen** übernehmen die Blutgerinnung, z. B. bei Verletzungen, die Gerinnungszeit beträgt etwa 12 Minuten

Welche Aufgaben hat das Blut?

Die Aufgaben des Blutes sind vielfältig. Es ist im Körper an und zwischen den Organen für den Gasaustausch, den Transport von Nährstoffen, Stoffwechselprodukten, Abfallstoffen und Botenstoffen (Hormonen) sowie für die Wärmeregulierung und Wärmeübertragung zuständig.

Wie viel Blut hat ein Pferd?

Ein Pferd hat etwa 10 % seines Körpergewichts als Blut in seinen Adern. Das bedeutet bei einem Pferd mit 600 kg Körpermasse eine Blutmenge von etwa 60 l.

Wie wirkt sich das Training auf Herz und Kreislauf aus?

Durch Training des Organismus vergrößert sich das muskuläre Herz, wodurch auch das Schlagvolumen gesteigert werden kann. Weiterhin findet in der beanspruchten Muskulatur eine Neubildung von Kapillaren statt. Im Blut vermehren sich die Zahl der roten Blutkörperchen sowie die Laktattoleranz (Laktat ist das Salz der Milchsäure, die bei vermehrter Muskelarbeit entsteht) und die interzelluläre Mitochondrienaktivität (Mitochondrien sind die Energielieferanten der Zelle, deren Anzahl durch Training gesteigert werden kann. Der Organismus ist folglich durch Training zu einer erhöhten Energiebereitstellung in der Lage und kann dadurch mehr und ausdauernder Leistung bringen.

Zähne

Aus welchen Zähnen besteht das komplette Milchgebiss und wann brechen die Zähne durch?

Je Ober- oder Unterkiefer hat das Pferd folgende Zähne im Milchgebiss

- 2 Zangen (vorderste Schneidezähne) | Durchbruch mit 6 Tagen
- 2 Mittelzähne | Durchbruch mit 6 Wochen
- 2 Eckzähne | Durchbruch mit 6 Monaten
- 6 Prämolare (vordere) Backenzähne | Durchbruch bereits vor der Geburt

Haben Fohlen schon Zähne, wenn sie auf die Welt kommen?

Ja, die prämolaren Backenzähne sind bereits ausgebildet. Bei manchen Fohlen sind auch die Spitzen der Zangen bereits sichtbar, wenn sie auf die Welt kommen.

Aus welchen Zähnen besteht das komplette Erwachsenengebiss und wann wechseln die Zähne?

Je Ober- oder Unterkiefer hat das Pferd folgende Zähne im Erwachsenengebiss:

- 2 Zangen (vorderste Schneidezähne) | Wechsel mit 2½ Jahren
- 2 Mittelzähne | Wechsel mit 3½ Jahren
- 2 Eckzähne | Wechsel mit 4½ Jahren
- 6 vordere Backenzähne | Wechsel mit 2½, 3, 4 Jahren
- 6 Backenzähne | Durchbruch mit 1, 2, 3½ Jahren,
- Haken- oder Hengstzähne | Durchbruch mit 4½ Jahren (wenn überhaupt, kann aber auch bei Stuten vorkommen)
- Wolfszähne (nicht bei allen Pferden, unerwünscht, kleine spitze Wurzel kann starke Schmerzen verursachen) | Durchbruch mit ½ bis 3 Jahren

Was ist das Zahnkreuz?

Als Zahnkreuz wird eine vereinfachte Darstellung des gesamten Gebisses des Pferdes bezeichnet. In der Darstellung werden die Zähne von vorne vor dem Pferd stehend beschrieben und in den durch die Zeichnung eines Kreuzes entstandenen vier Vierteln eines Rechtecks dargestellt. Jede Kieferhälfte bekommt dabei ein eigenes Viertel. Die Zähne werden mit den Buchstaben I (Incisivi, Schneidezähne), C (Caninus, Hakenzähne), P (Prämolare) und M (Molare) abgekürzt und nummeriert.

Tab. 2 Das Zahnkreuz des Pferdes. Der linke Teil des Oberkiefers sowie der rechte Teil des Unterkiefers (vom Pferd aus) sind hier fett markiert. Die Hakenzähne (C) sowie die Wolfszähne (P1) sind nicht bei allen Pferden ausgebildet.

M3 M2 M1	P4 P3 P2 (P1)	C1	I3 I2 I1	**I1 I2 I3**	**C1**	**(P1) P2 P3 P4**	**M1 M2 M3**
M3 M2 M1	**P4 P3 P2 (P1)**	**C1**	**I3 I2 I1**	I1 I2 I3	C1	(P1) P2 P3 P4	M1 M2 M3

Was sind die Kunden und was ist der Kundenschwund?

Die Kunden sind Schmelzfalten in der Zahnoberfläche, die im Laufe der Zeit abgerieben werden. Anhand des sogenannten Kundenschwundes kann man das Alter des Pferdes ermitteln, da jährlich etwa zwei Millimeter Zahn abgerieben werden und die Kunden je nach Tiefe nach einer bestimmten Zeit verschwunden sind.

Kundenschwund Oberkiefer:

- Zangen 9 Jahre
- Mittelzähne 10 Jahre
- Eckzähne 11 Jahre

Kundenschwund Unterkiefer

- Zangen 6 Jahre
- Mittelzähne 7 Jahre
- Eckzähne 8 Jahre

Wie kann man an den Zähnen erkennen, wie alt ein Pferd ist?

Mithilfe der bereits bzw. noch nicht gewechselten Zähne des Pferdes sowie dem Kundenschwund an den Schneidezähnen kann man auf sein ungefähres Alter schließen. Ein Pferd mit bereits gewechselten Zangen wird ca. drei Jahre alt sein, da im Alter von 2½ Jahren die Zangen wechseln und im Alter von drei Jahren „groß genug“ bzw. in Reibung sind.

Innerhalb von welchem Zeitraum werden die Zähne ca. 2 mm abgenutzt?

Die Zähne des Pferdes reiben sich pro Jahr etwa 2 mm ab, wachsen jedoch im gleichen Maße nach.

Welche Gebissfehler gibt es?

Die häufigsten Gebissfehler des Pferdes sind der Über- oder Unterbiss. Dabei steht dann entweder der Ober- oder der Unterkiefer zu weit vor. Weitere Probleme können beispielsweise durch ausgefallene Zähne oder Frakturen entstehen. Bei allen Zahnproblemen des Pferdes liegt die größte Problematik im hinteren Bereich des Mauls, da die Backenzähne nicht mehr gleichmäßig abgenutzt werden können. In der Folge werden dann z. B. beim Überbiss die vordersten Backenzähne des Oberkiefers und die hintersten Backenzähne des Unterkiefers zu lang und verhindern später das gleichmäßige Mahlen des Kiefers, da sie sich vor bzw. hinter den gegenüberliegenden Zähnen verkanten. Durch ausgefallene Zähne oder Frakturen passiert das Gleiche. Ein Zahn ohne Gegenspieler wird zu lang, verhakt sich in der gegenüberliegenden Zahnreihe und verhindert das gleichmäßige Mahlen.

Reitlehre – Bewegung und Ausbildung von Pferd und Reiter

Grundlagen der Ausbildung

Welche (Reit-)Disziplinen gibt es?

Es gibt zahlreiche Disziplinen, die mit dem Pferd bestritten werden können. Die drei olympischen Disziplinen Dressur, Springen und Vielseitigkeit werden unter anderem ergänzt durch Fahren (ein- und mehrspännig), unterschiedlichste Westerndisziplinen (z. B. Reining, Cutting, Pleasure, Horsemanship, Trail, Western Riding etc.), Voltigieren, Distanzreiten, Parasport (Reiten und Fahren von körperlich oder geistig behinderten Menschen), therapeutisches Reiten, Polo, Breitensport, Gangpferdereiten und Pferderennen (Trab und Galopp).

Welche Aufgaben hat die FN?

Die Aufgaben der Deutschen Reiterlichen Vereinigung e. V. (Fédération Équestre Nationale, kurz FN) sind vielfältig. Neben der Organisation und Durchführung des gesamten Turniersports in Deutschland organisiert die FN unter anderem die Ausbildung im Reitsport, die Zusammenstellung und Pflege der Kader sowie Veranstaltungen wie das Bundeschampionat oder die Deutschen Meisterschaften. Die FN übernimmt mit dem Rahmenzuchtprogramm und dem Rahmenzuchtziel auch die übergeordnete Zuchtorganisation für den Großteil der Pferdezuchtverbände in Deutschland. Unter www.pferd-aktuell.de, der Homepage der FN, sind weitere Informationen sowie alle Ansprechpartner zu finden.

Gibt es für alle Reitweisen und Disziplinen das gleiche Regelwerk?

Nein, je nach Verband und Organisation gibt es verschiedene Regelwerke. Die von der FN organisierte Reiterei hat mit der LPO (Leistungsprüfungsordnung), der APO (Ausbildungsprüfungsordnung) sowie der WBO (Wettbewerbsordnung) und dem Aufgabenheft (Voltigieren, Fahren, Reiten) vier verpflichtende Regelwerke. Während in der LPO die Regelungen bezüglich turniersportlicher Leistungsprüfungen zu finden sind, werden in der WBO die Vorschriften für breitensportliche Wettbewerbe festgehalten. In der APO werden unter anderem die Ausbildungswege und -inhalte für Reitabzeichen oder Trainerscheine geregelt. Das Aufgabenheft enthält alle Aufgaben und Kürelemente sowie Standardparcours für Prüfungen und Wettbewerbe. Im Westernsport gibt es je nach veranstaltender Organisation die entsprechenden Regelwerke (z.B. EWU) und Patternbooks, die analog zu den FN-Regelwerken sowohl die Vorschriften als auch die zu reitenden Aufgaben enthalten. Im Rennsport und der Vollblutzucht dagegen ist die Rennordnung das grundlegende Regelwerk, in dem sämtliche Fragen bezüglich des Rennsports beantwortet werden.

Welche Mindestgröße muss ein Turnierplatz im Freien haben?

Welche Mindestmaße die Turnierplätze für die verschiedenen Disziplinen im Freien haben müssen, kann in den entsprechenden Regelwerken nachgelesen werden. Für Dressur, Springen und Fahren beispielsweise stehen die vorgeschriebenen Maße in der Leistungsprüfungsordnung der FN.

Aus welchen Gründen ist die Grundausbildung sinnvoll? Was sollte ein Pferd lernen?

Ein rittiges und hinsichtlich seiner Basis gut ausgebildetes Pferd ist aus verschiedenen Gründen von besonderer Bedeutung. Zum einen ist die Gesunderhaltung des Pferdes über das Reiten nur bei einem ausbalancierten und mit feinen Hilfen zu reitenden Pferd überhaupt möglich. Zum anderen ist die Sicherheit von Pferd, Reiter und Umwelt nur dann zu gewährleisten, wenn der Reiter grundsätzlich in der Lage ist, sein Pferd jederzeit an die Hilfen und damit unter Kontrolle zu bringen. Ein Pferd sollte gelernt haben, Gebiss, Reiter und Sattel zu akzeptieren, die drei Grundgangarten auf geraden und gebogenen Linien in verschiedenen Geschwindigkeiten durch den Reiter bestimmt zu absolvieren, sich jederzeit aus einer höheren in eine niedrigere Gangart durchparieren zu lassen und auch ohne begrenzenden Zaun in der freien Natur dirigierbar zu sein. Weiterhin sollte es ruhig stehen bleiben können und sowohl alleine als auch in der Gruppe zu reiten sein.

Aus welchen Gründen beugt gutes Reiten Verletzungen vor?

Durch gutes, das heißt gymnastizierendes Reiten werden die aktiven und passiven Bewegungsstrukturen des Pferdes trainiert und damit auf verschiedene Anforderungen vorbereitet. Muskeln, Sehnen und Bänder werden gestärkt und können sich dadurch sowohl selbst und gegenseitig als auch das Knochengerüst optimal unterstützen. Durch ausreichendes Training können Schwachstellen kompensiert und ausgeglichen werden. Je lockerer und trainierter ein Pferd geritten wird, desto besser ist es auf unvorhergesehene Ereignisse vorbereitet und die Gefahr von Verletzungen wird minimiert.

Grundgangarten

Welche Tempi gibt es im Schritt, Trab und Galopp?

Schritt: Mittelschritt, versammelter Schritt, starker Schritt.
Trab: Arbeitstrab, versammelter Trab, Tritte verlängern, Mitteltrab, starker Trab.
Galopp: Arbeitsgalopp, versammelter Galopp, Galoppsprünge verlängern, Mittelgalopp, starker Galopp, Renngalopp (hier ist der Galopp im Viertakt, da das Pferd das diagonale Beinpaar nacheinander aufsetzt, um sich im Körper mehr strecken zu können).

Wie sind Takt und Fußfolge im Schritt und wie viele Phasen gibt es jeweils?

Der Schritt ist eine schreitende Bewegung im Viertakt mit acht Phasen. Dreibeinstütze (drei Beine auf dem Boden) und Zweibeinstütze wechseln sich ab, es gibt keine Schwebephase, Schritte reihen sich aneinander.
Fußfolge: vorne rechts, hinten links, vorne links, hinten rechts. Die Fußfolge ist nacheinander diagonal und gleichseitig bzw. „gleichseitig aber nicht gleichzeitig".

Wie sind Takt und Fußfolge im Trab und wie viele Phasen gibt es jeweils?

Der Trab ist eine schwunghafte Bewegung im Zweitakt mit vier Phasen und jeweils einem Moment der freien Schwebe, Tritte reihen sich aneinander.
Fußfolge: vorne links und hinten rechts, Schwebephase, vorne rechts und hinten links, Schwebephase.

Wie sind Takt und Fußfolge im Galopp und wie viele Phasen gibt es jeweils?

Der Galopp ist eine schwunghafte Bewegung im Dreitakt mit sechs Phasen und einer Schwebephase, Sprünge reihen sich aneinander.
Fußfolge (Rechtsgalopp): hinten links, hinten rechts und vorne links, vorne rechts, Schwebephase.

Wie ist die Fußfolge im Rückwärtsrichten?

Beim Rückwärtsrichten soll das Pferd diagonal rückwärts treten und dabei die Hufe nicht durch den Boden ziehen, sondern anheben. Bei nicht diagonaler Fußfolge ist die Lektion fehlerhaft.

Welche Taktfehler können im Schritt entstehen?

Störung des zeitlichen Gleichmaßes: Die seitlichen Beinpaare werden fast gleichzeitig nach vorne geführt, das Pferd bewegt sich passartig.
Störung des räumlichen Gleichmaßes: ein Hinterbein fußt weiter vor als das andere, das Pferd tritt „kurz-lang".

Welche Taktfehler können im Trab entstehen?

Eiliger Bewegungsablauf: Die Phase der freien Schwebe ist durch eine eilige Fußungsfolge verkürzt | **Schleppender, zu wenig aktiver Bewegungsablauf:** Bei einem zu ruhig gerittenen Trab oder bei einem Pferd mit einem natürlicherweise langsamen Ablauf fußt das Hinterbein nicht genügend ab, wodurch das Pferd nicht durchschwingt | **Schwebetritte:** besonders fehlerhafte Form des verlangsamten Ablaufs im Trab, verlangsamte Tritte mit festgehaltenem Rücken, wenig aktive Hinterhand | **Ungleiche Hinterhand:** Wenn die diagonalen Beinpaare nicht gleich weit nach vorne durchschwingen bzw. ungleichmäßig hoch abfußen, kommt es zu einem ungeregelten bzw. ungleichen Bewegungsablauf. Der geregelte Zweitakt des Trabes und die Parallelität des diagonalen Beinpaares sind zeitweilig oder länger anhaltend gestört. Die Parallelität ist auch gestört, wenn die Hinterhand oder die Vorhand vorauseilend sind und die Hufe des diagonalen Beinpaares nicht gleichzeitig ab- und auffußen.

Welche Taktfehler können im Galopp entstehen?

Taktstörungen können durch einen entweder eiligen oder schwerfälligen und verlangsamten Ablauf, durch Verspannungen des Pferderückens oder durch Anlehnungs- und Gleichgewichtsprobleme entstehen. Die möglichen Taktfehler im Galopp sind vielfältig, weisen jedoch stets auf einen fehlerhaften oder hinsichtlich Balance und Rückentätigkeit ausbaufähigen Galoppsprung hin.

Viertaktgalopp: Es kann sowohl bei einem übereilten und unausbalancierten als auch bei einem zu wenig durchgesprungenen Galopp zum sogenannten „Vierschlaggalopp" (Viertakt) kommen, bei dem das diagonale Beinpaar nicht mehr gleichzeitig, sondern nacheinander aufsetzt. Es fußt dabei erst das äußere Vorderbein, dann das innere Hinterbein auf, sodass optisch häufig ein passartiger und „rollender" Eindruck entsteht. Ebenfalls im Vierschlag und daher als Taktfehler zu bezeichnen ist der häufig in Siegerehrungen oder Reitpferdeprüfungen gezeigte Bergaufgalopp. Auch hier fußt das diagonale Beinpaar nicht gleichzeitig auf (das innere Hinterbein ist zuerst am Boden).

Fehlende Schwebephase: Bei Pferden, die sehr schwunglos und wenig aufwendig galoppieren (sollen), kann es zu einem sehr deutlichen Verkürzen oder sogar dem Verschwinden der Schwebephase mit sehr kurzer Einbeinstütze kommen. Die Pferde fußen in diesen Fällen mit dem äußeren Hinterbein sehr weit unter den Körper, sodass sie dieses vor dem Abfußen des inneren Vorderbeins – auf das normalerweise die Schwebephase folgt – bereits wieder aufsetzen, wodurch die Schwebephase ausbleibt.

Kreuzgalopp: Der Kreuzgalopp ist ein gut erkennbarer und für den Reiter auch deutlich spürbarer Fehler im Bewegungsablauf des Galopps. Das Pferd galoppiert vorne in dem einen, hinten in dem jeweils anderen Galopp. Dieses kommt z. B. vor, wenn das Pferd noch nicht sicher ausbalanciert ist und wenn der Reiter das Pferd nicht genügend vor sich hat oder Verspannungen vorhanden sind.

Wie sind Takt und Fußfolge in Rennpass und Tölt?

Der Rennpass ist ein schwunghafter Viertakt mit acht Phasen, das Hinterbein fußt kurz vor dem gleichseitigen Vorderbein auf. Der Tölt ist eine gelaufene Gangart im Viertakt mit acht Phasen. Die Fußfolge entspricht der des Schritts, nur dass die Beine schneller auf- und abfußen und es dadurch nur Ein- und Zweibeinstützen, nicht aber Dreibeinstützen gibt.

Welche Prüfungen gibt es im Gangpferdereiten?

Viergang, Fünfgang, Dressurprüfungen, Passprüfungen, Speedpass, Passrennen, Töltprüfungen

Wie lauten die Gangarten beim Westernpferd?

Schritt (Walk), Trab (Jog, Trot), Galopp (Lope, Canter)

Reiterhilfen (Grundlagen)

Welche Reiterhilfen gibt es?

Der Reiter kann mithilfe seines Gewichts, seiner Schenkel und seiner Hände (Zügelfäuste) auf das Pferd einwirken bzw. mit ihm kommunizieren. Je nach Situation und gewünschter Wirkung dosiert er das Zusammenspiel seiner Hilfen in dem Maße, dass das Pferd im besten Fall genau so reagiert, wie der Reiter das möchte. Voraussetzung für korrekte Hilfengebung ist ein ausbalancierter Grundsitz mit losgelassener Muskulatur und ein Gefühl für die Bewegung des Pferdes.

Welche Unterschiede gibt es generell bei den Reiterhilfen?

Es gibt die Zügelhilfen aushaltend (durchhaltend), nachgebend, seitwärtsweisend und verwahrend, die Schenkelhilfen verwahrend, vorwärts-seitwärtstreibend und vorwärtstreibend und die Gewichtshilfen beidseitig belastend, einseitig belastend und entlastend. Was die einzelnen Hilfen bewirken, ergibt sich im Prinzip schon aus ihrem Namen. Je nach Situation können alle Hilfen ähnlich oder jeweils unterschiedlich gegeben werden (z. B. kann nur ein Schenkel oder Zügel seitwärts wirken, jedoch können beide gleichzeitig vorwärtstreibend oder verhaltend bzw. nachgebend sein). Auch die Dosierung der unterschiedlichen Hilfen unterscheidet sich je nach gewünschter Lektion oder Ausführung. Im Laufe der Ausbildung lernen sowohl Reiter als auch Pferd, die unterschiedliche feine Dosierung der Hilfen anzuwenden, wahrzunehmen und umzusetzen.

Was kann man unter Zügelhilfe verstehen?

In den Richtlinien Band I der Deutschen Reiterlichen Vereinigung e. V. sind die Zügelhilfen folgendermaßen beschrieben: „Die Zügelhilfen sind als Ergänzung zu den Gewichts- und Schenkelhilfen zu betrachten. Sie werden immer in Kombination mit Gewichts- und Schenkelhilfen gegeben. Dies ist eine Anforderung, die vom Reiter ein hohes Maß an Körperbeherrschung verlangt. Eine Voraussetzung für einfühlsames Einwirken auf das Pferd ist neben einem ausbalancierten und losgelassenen Sitz die korrekte Zügelhaltung. Um Zügelhilfen sinnvoll geben zu können, benötigt der Reiter zunächst eine leichte, elastische Zügelverbindung zum Pferdemaul. Diese Zügelhilfen können auf unterschiedliche Weise vom Reiter auf das Pferd übertragen werden. Bereits eine geringe Veränderung der Körperspannung bzw. der Körperhaltung wirkt sich über die Arme und Hände auf die Zügel und damit auf das Pferdemaul aus." Zügelhilfen gibt der Reiter durch Ein- und Ausdrehen des Handgelenks sowie durch sanftes „Spielen" mit dem zügelführenden Ringfinger. Grundsätzlich bleiben die Zügelfäuste geschlossen, aufrecht mit dem dachförmigen Daumen als höchstem Punkt, um das Handgelenk frei beweglich zu halten.

Was versteht man unter Gewichtshilfe?

Die Richtlinien Band I der Deutschen Reiterlichen Vereinigung e. V. beschreiben die Gewichtshilfen so: „Gewichtshilfen werden vom Reiter überwiegend durch minimale Gewichtsverlagerungen, d. h. durch die Veränderung seines Schwerpunktes, gegeben. Gutes Mitschwingen ist eine wichtige Grundvoraussetzung für die Gewichtshilfen, die durch fein abgestimmte Veränderungen der Körperhaltung erreicht werden. Je ausbalancierter und geschmeidiger der Reiter sitzt, desto besser reagiert das Pferd auf fein abgestimmte Gewichtshilfen." Sitzt der Reiter mit seinem Oberkörper an der Senkrechten, belastet er beide Gesäßknochen gleichmäßig mit seinem gesamten Gewicht. Verlagert er seinen Schwerpunkt zu einer Seite, in dem er den Steigbügel vermehrt austritt oder sein Becken nach vorne innen rollt und gleichzeitig den äußeren Schenkel aus der Hüfte verwahrend nach hinten legt, wirkt er durch sein Gewicht einseitig belastend ein. Nimmt der Reiter seinen Oberkörper ganz leicht nach vorne (z. B. beim Anreiten aus dem Halten oder beim Verlängern der Tritte und Sprünge), verlagert er sein Gewicht und damit den Schwerpunkt nach vorne und ermöglicht dem Pferderücken mehr Bewegung. Das Pferd geht durch entlastende Gewichtshilfen häufig etwas freier nach vorne, da es die Schwerpunktverlagerung ausgleichen möchte.

Was versteht man unter Schenkelhilfe?

Schenkelhilfe bedeutet die Einwirkung des Reiters mithilfe seiner Schenkel. Die Schenkelhilfe unterscheidet sich nach Intensität und Schenkellage. Man unterscheidet vorwärts- und seitwärtstreibende sowie verwahrende Schenkelhilfen. Die unterschiedlichen Hilfen bewirken beim Pferd unterschiedliche Reaktionen wie zum Beispiel Angaloppieren, Anhalten, Schenkelweichen oder das Ausführen einer halben Parade. „Schenkelhilfen veranlassen das Pferd, sich vermehrt vorwärts und/oder seitwärts zu bewegen, sie wirken grundsätzlich treibend. Alle Schenkelhilfen werden grundsätzlich aus einem ruhig anliegenden Schenkel gegeben." Der vorwärts- sowie der vorwärts-seitwärtstreibende Schenkel liegt nah am bzw. kurz hinter dem Gurt, da er hier die Bauchmuskulatur des Pferdes stimulieren kann, das jeweils betroffene (innere) Hinterbein zu aktivieren. Der verwahrende Schenkel wird aus der Hüfte heraus nach hinten verlagert und liegt etwas weiter hinten als der seitwärtstreibende Schenkel. Der verwahrende Schenkel begrenzt das Pferd auf der äußeren Seite und wirkt sowohl verwahrend als auch treibend. Er wirkt sich besonders auf das äußere Hinterbein aus. Durch das Verlagern des äußeren Schenkels aus der Hüfte nach hinten belastet der Reiter automatisch vermehrt seinen inneren Gesäßknochen. Je nachdem, welche Lektion geritten werden soll, wirken der innere und äußere Schenkel unterschiedlich stark.

Die Parade

Wie ist die korrekte Beschreibung einer halben Parade?

In den Richtlinien Reiten und Fahren Band I der Deutschen Reiterlichen Vereinigung e. V. wird die halbe Parade folgendermaßen erklärt: „Unter einer halben Parade wird das kurzzeitige Einschließen des Pferdes in die Gewichts-, Schenkel- und Zügelhilfen des Reiters verstanden. Halbe Paraden sind ein wesentlicher

Bestandteil der Kommunikation zwischen Reiter und Pferd und werden deshalb sehr häufig im Verlauf einer Trainingseinheit gegeben. Sie dienen der ständigen Feinabstimmung der Hilfen des Reiters auf die Reaktion des Pferdes und verbessern damit die feine Kommunikation. Sie werden je nach Zielrichtung in unterschiedlicher Intensität und Häufigkeit gegeben. Für einen kurzen Moment wird das Pferd durch die treibenden Schenkel- und Gewichtshilfen vermehrt bei aushaltender oder vorsichtig annehmender Zügelhilfe (z. B. durch Schließen der Hände) an die Reiterhand herangetrieben. Das gute Gelingen halber Paraden ist davon abhängig, dass der Reiter den richtigen Zeitpunkt findet. Der genaue Zeitpunkt einer halben Parade orientiert sich an der Bewegung des Pferdes. Dafür muss der Reiter im Verlauf seiner Ausbildung ein Gefühl entwickeln.“

Wie läuft eine halbe Parade ab?

Es ist nicht einfach, den Ablauf einer halben Parade (Abb. 10), der gemeinhin etwas schwammig als „Zusammenspiel aller Hilfen“ definiert wird, genau und präzise zu beschreiben. Außerdem ist neben dem Ablauf der halben Parade auch das Finden des richtigen Moments für den Einsatz der zusammenspielenden Hilfen ein schwieriges Projekt. Hängt es doch auch immer vom Gefühl des Reiters ab, wie er die Bewegungen seines Pferdes spürt und in wie weit er sich in dessen Bewegungsablauf einfühlen kann. Weiter bestimmt auch die Losgelassenheit des Reiters, inwieweit er sich auf das Pferd und dessen Bewegungen einlassen kann und wie beweglich er selbst in der Mittelpositur (Becken und Hüfte) ist. Für eine korrekte halbe Parade muss der Reiter ausbalanciert, losgelassen und hinsichtlich seiner Bewegungen koordiniert sein. Im Folgenden wird beschrieben, wie sich das Pferd die halbe Parade „selbst abholt“ und warum man eigentlich bei jedem Trabtritt eine gibt.

Um den Ablauf der halben Parade erklären zu können, muss man sich zunächst mit den Bewegungen und der Biomechanik des Pferdes beschäftigen, die sich auf den Reiter(sitz) und damit auch auf dessen Einwirkung auswirken. Für die schwunghaften Gangarten Trab und Galopp kann der Ablauf etwa folgendermaßen beschrieben werden:

- Das Pferd setzt sich in Bewegung und beugt die großen Gelenke der Hinterhand (Hüfte, Knie, Sprunggelenk), gleichzeitig spannt es seine Bauchmuskulatur an.
- Durch das Beugen der Gelenke und das Anspannen der Bauchmuskulatur kippt das Becken des Pferdes nach hinten, es richtet sich auf (wird steiler).
- Durch das Abkippen des Beckens wölben sich Brust- und Lendenwirbelsäule nach oben.
- Durch das Aufwölben des Pferderückens kippt das Reiterbecken nach hinten (Voraussetzung ist ein losgelassen sitzender Reiter, der diese Kippbewegung seines Beckens zulässt und mit der eigenen Bauchmuskulatur unterstützt, gleichzeitig die Rückenmuskeln loslässt).

- Wenn das Pferd den Rücken aufwölbt und mit dem Rücken nach oben durchschwingt, „drückt“ bzw. „wirft“ es den Reiter leicht nach oben hinten, die leicht am Körper anliegenden Oberarme gelangen mit dem Oberkörper nach hinten und trotz sich leicht öffnender Ellenbogengelenke wird die Zügelverbindung zum Pferdemaul leicht verkürzt (annehmende Wirkung).
- Der Reiter wird folglich minimal aus dem Sattel „katapultiert“. Da seine Beine jedoch den tonnenförmigen Rumpf des Pferdes umschließen, gleiten die Waden gering am zur Mitte hin dicker werdenden Pferdekörper nach oben und verhindern, dass der Reiter aus dem Sattel geworfen wird. Gleichzeitig lösen die nun an den Bauch des Pferdes gedrückten Waden einen treibenden Impuls aus.
- Am höchsten Punkt, also dem beginnenden zweiten Teil der Schwebephase strecken sich die großen Gelenke, kippt das Pferdebecken wieder nach vorne und auch die Rückenwölbung geht zurück. Bei einem losgelassen sitzenden Reiter kippt jetzt auch dessen Becken wieder nach vorne und der Reiter „fällt“ in der Landephase des Pferdes wieder in den Sattel (er „fliegt“ quasi dem Pferd hinterher). Während dieser „Landung“ gleitet der Reiter wieder tiefer in den Sattel, wodurch sich auch die Waden von der dicksten Stelle des Pferdebauches lösen und abwärts gleiten. Gleichzeitig geht auch der Oberkörper des Reiters leicht nach vorne, wodurch auch die Reiterhand wieder leicht in Richtung des Pferdemaules federt (nachgebende Wirkung). In dieser Landephase lässt der Reiter den Schwung des Pferdes nach vorne heraus. Anschließend beginnt der gleiche Zyklus von vorne, diesmal mit dem anderen Beinpaar (im Trab).

Der Reiter kann durch die unterschiedliche Dosierung seiner einzelnen Hilfen (Gewicht, Zügel, Schenkel) die halbe Parade beeinflussen. Sitzt er losgelassen und lässt sich auf den Bewegungszyklus ein, so gibt er dem Pferd bei jedem Ablauf einen treibenden und annehmenden Impuls. Verändert er eine dieser Hilfen bewusst und direkt (Beckenstellung, Wadendruck, Zügelverbindung), kann er noch deutlicher auf das Pferd einwirken und Richtungs- bzw. Tempowechsel sowie Aufmerksamkeit oder das Einleiten einer neuen Lektion initiieren.

Welche Hilfen benötigt man zum Reiten halber Paraden?

Zum Reiten halber Paraden benötigt der Reiter seine Zügel-, Gewichts- und Schenkelhilfen sowie Bewegungsgefühl, Losgelassenheit und das Timing für den richtigen Moment.

Welche Hilfen benötigt man zum Reiten einer ganzen Parade und wie läuft diese ab?

Die ganze Parade führt aus allen Grundgangarten immer zum Halten. Das Pferd soll ruhig und geschlossen auf allen vier Beinen stehen und sich dabei selbst tragen. Zum Reiten einer ganzen Parade benötigt man grundsätzlich die gleichen Hilfen wie zum Reiten einer halben Parade, da die ganze Parade aus einer Folge von halben Paraden resultiert. Lediglich die Dosierung und Stärke der einzelnen

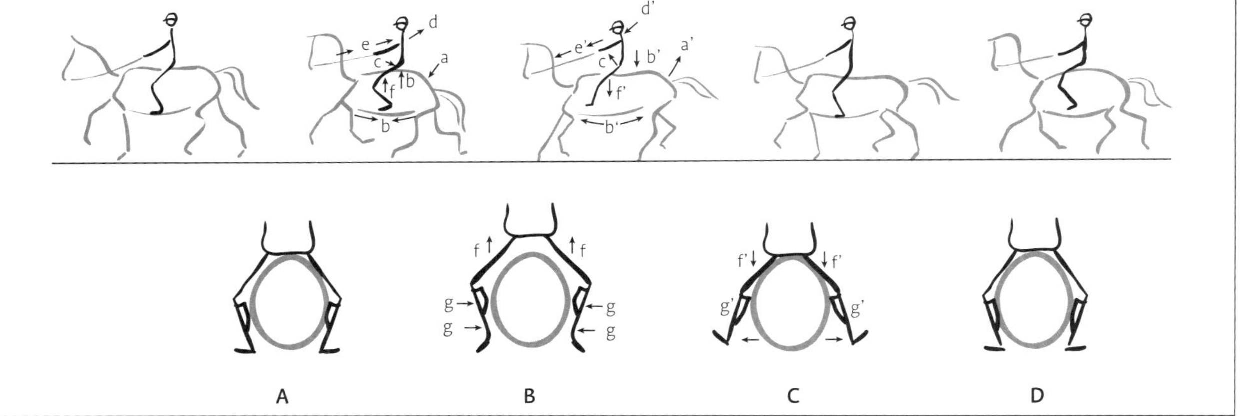

Abb. 10 Der Ablauf einer halben Parade hinsichtlich der Bewegungen bei Reiter und Pferd in schematischer Darstellung.

1 und 4 sowie A und D: Stützphase auf dem Boden zwischen Landung und der nächsten Schwebephase. Rücken und Becken von Reiter und Pferd sind in „Normalstellung".
2 und 5: Pferd in der Aufwärtsbewegung bzw. dem ersten Teil der Schwebephase
3: Pferd in der Landephase (Abwärtsbewegung) bzw. dem zweiten Teil der Schwebephase

2: a) Das Becken des Pferdes kippt ab, gleichzeitig
b) kontrahieren die Bauchmuskeln des Pferdes und der Pferderücken wird aufgewölbt,
c) dadurch kippt das Reiterbecken (im oberen Bereich) nach hinten,
d) dadurch wird der Oberkörper des Reiters nach oben hinten „geschoben",
e) wodurch sich das Zügelmaß verkürzt (annehmende Zügelhilfe bei jedem Schritt)
f) und die Schenkel des Reiters ein kleines Stück nach oben gezogen werden,
g) die dadurch näher an den Pferderumpf gedrückt werden (treibender Impuls bei jedem Tritt).

3: a') Das Becken des Pferdes richtet sich wieder auf, gleichzeitig
b') entspannen und dehnen sich die Bauchmuskeln und die Rückenwölbung geht zurück,
c') dadurch richtet sich auch das Reiterbecken wieder auf
d') und der Oberkörper des Reiters „fällt" nach vorne („fliegt der Bewegung des Pferdes hinterher") in die Ausgangsposition an der Senkrechten,
e') wodurch auch das Zügelmaß wieder verlängert wird
f') und die Schenkel wieder nach unten gestreckt werden,
g') was eine Lösung vom Pferderumpf zur Folge hat.

Hilfen variiert. So würde, wenn man sich an dem Schema der halben Parade orientiert, die durchhaltende (annehmende) Zügelhilfe den Impuls zum Anhalten nach der Landephase geben, während auch Beckenstellung und Wadenimpuls bis zum korrekten Halten gleich der „Schwebephase" wären. Hier ist darauf zu achten, dass Treiben und Annehmen (Schenkel- und Zügelhilfe) passend aufeinander abgestimmt werden, damit das Pferd eine Chance erhält, korrekt und geschlossen von hinten nach vorne zu halten. Im Moment der Landung, wenn das Pferd den Impuls zum Halten fühlbar angenommen hat, wird die durchhaltende Zügelhilfe gelockert, sodass sich das Pferd bereits im Halten wieder selbst tragen kann und die Lektion nicht auf der Vorhand beendet wird.

Wann werden Hilfen (z. B. die zum Angaloppieren) gegeben?

Eine Reiterhilfe hat immer dann den besten Erfolg, wenn sie in einem Moment gegeben wird, in dem das Pferd hinsichtlich seiner Fußfolge in der Lage ist, sie sofort umzusetzen. Dies ist dann der Fall, wenn sich das durch die Reiterhilfen angesprochene Pferdebein nicht in der Stützphase befindet. Das Pferd kann beispielsweise die Galopphilfe aus dem Trab sofort und am besten umsetzen, wenn das innere Hinterbein nach vorne schwingt. Dies liegt daran, dass das Pferd im Trab die diagonale Fußfolge hat und in dem Moment, in dem das innere Hinterbein (gleichzeitig mit dem äußeren Vorderbein) vorschwingt, dem „richtigen" Galopp am ähnlichsten ist. Durch den nun einwirkenden Impuls des inneren Schenkels wird das innere Hinterbein dieser vorschwingenden Diagonale beschleunigt und das Pferd kann in den Galopp wechseln (anspringen). Da die andere Diagonale gerade stützt, nimmt das äußere Hinterbein fast automatisch die Last (wie im Galopp) auf, um das innere Vorderbein zu entlasten und das Entwickeln des Galoppsprungs zu ermöglichen.

Skala der Ausbildung

Was ist die Ausbildungsskala?

Die Ausbildungsskala ist das Grundgerüst der Pferdeausbildung und ihre sechs Punkte bauen kontinuierlich aufeinander auf. Sowohl in der Gesamtausbildung des Pferdes als auch in der einzelnen Trainingseinheit werden die einzelnen Punkte der Ausbildungsskala erarbeitet und überprüft. Die Deutsche Reiterliche Vereinigung e. V. hat in ihren Richtlinien das Wesen der Ausbildungsskala beschrieben und soll daher auch hier zitiert werden: „Die sechs Punkte Takt, Losgelassenheit, Anlehnung, Schwung, Geraderichtung und Versammlung bilden die Skala der Ausbildung. Bei Berücksichtigung der Ausbildungsskala werden zunehmend Gleichgewicht und Durchlässigkeit verbessert. Mit dem Gleichgewicht müssen sich Pferd und Reiter unweigerlich in allen Ausbildungsphasen beschäftigen. Die Durchlässigkeit ist das grundsätzliche Ausbildungsziel, dass sich bei richtiger Arbeit mit dem Pferd immer weiterentwickelt. Gelingen kann dieses nur auf der Grundlage eines ganz sicheren Fundaments: Takt und Losgelassenheit sind einerseits Voraussetzungen, ohne die eine pferdegerechte Ausbildung nicht möglich ist, andererseits sind diese Punkte auch Gradmesser dafür, ob die Ausbildung des Pferdes (noch) auf dem richtigen Weg ist. Alle weiteren Grundsätze bzw. Ziele bauen darauf auf und sind wiederum voneinander abhängig. Die einzelnen Punkte werden nicht isoliert nacheinander abgearbeitet, sondern sie spielen von Beginn an eine ineinander übergreifende Rolle. Das lässt sich bei guten, erfahrenen Reitern erkennen, weil sie stets alle Ausbildungsgrundsätze berücksichtigen. Sie konzentrieren sich jedoch in Abhängigkeit von einer bestimmten Situation auf einzelne Schwerpunkte, die durch ihre enge Verzahnung immer auch die Beachtung der anderen Punkte erfordern. In der Regel ist es bei auftretenden Problemen in bestimmten Ausbildungsstufen des Pferdes notwendig, das Fundament der Ausbildung, nämlich Takt, Losgelassenheit, Anlehnung und Schwung und dadurch das Gleichgewicht wieder zu stabilisieren.“

Wie definiert man Takt?

Als Takt bezeichnet man das Gleichmaß (räumlich und zeitlich) aller Schritte, Tritte und Galoppsprünge des Pferdes.

Wie ist Losgelassenheit gekennzeichnet?

Die Losgelassenheit ist gekennzeichnet durch regelmäßiges An- und Entspannen der Muskulatur, setzt Zwanglosigkeit voraus und innere Gelassenheit.

Inwiefern hängen Takt und Losgelassenheit des Pferdes zusammen?

Takt und Losgelassenheit sind beim Pferd untrennbar miteinander verbunden. Der Takt ist das räumliche und zeitliche Gleichmaß in den Bewegungen des Pferdes, die durch die von den Muskeln des Pferdes verrichtete Arbeit entstehen. Stark vereinfacht gesagt ziehen sich beispielsweise für das Vorführen eines Vorderbeins bestimmte Muskeln zusammen (kontrahieren), während sich gleichzeitig andere Muskelgruppen strecken (dehnen). In der nächsten Bewegungsphase müssen sich diese Muskeln gegensätzlich verhalten, denn nun müssen sich die zusammengezogenen wieder dehnen und die gedehnten zusammenziehen. Nur wenn dieses Wechselspiel der Muskulatur im genau gleichen Ausmaß geschieht, kann das Pferd taktmäßig gehen, da nur bei einem gleichmäßigen Dehnen und Beugen der Muskulatur ein regelmäßiger Bewegungsablauf entstehen kann.

Wann ist ein Pferd losgelassen und woran kann man die Losgelassenheit erkennen?

Wenn das gerittene und an den Hilfen stehende Pferd in der Lage ist, seine Muskeln als Reaktion auf die Reiterhilfen gleichmäßig an- und abzuspannen, also nach der Kontraktion wieder vollständig und gleichmäßig zu dehnen, ist es losgelassen. Losgelassenheit kann man äußerlich erkennen, wenn sich das Pferd mit einem locker pendelnden Schweif, gleichmäßig abschnaubender Atmung und dem ruhig kauenden Maul bewegt.

Wann muss die Losgelassenheit beim Reitpferd erarbeitet werden?

Losgelassenheit ist nicht nur in der Lösungsphase von großer Bedeutung. Auch in versammelten Lektionen, wie beispielsweise der Piaffe oder den fliegenden Wechseln von Sprung zu Sprung, muss die Muskulatur gezielt losgelassen werden, um die Lektion gleichmäßig und ausdrucksvoll darbieten zu können. Es wird deutlich, dass bei einem Reitpferd sowohl in dessen Grundausbildung als auch in der täglichen Trainingseinheit und beim Erlernen neuer Lektionen die Losgelassenheit immer wieder erarbeitet werden muss.

Was ist die Lösungsphase des Pferdes?

Mit Lösungsphase wird der Beginn bzw. erste Abschnitt einer Trainingseinheit bezeichnet. Sie dient zum Lösen, Aufwärmen bzw. Gymnastizieren des Pferdes. In der Lösungsphase, die der Aufwärmphase eines jeden Sportlers ähnelt, soll das Pferd warmgeritten und in erster Linie dessen innere und äußere Losgelassenheit erarbeitet werden.

Wie gestaltet der Reiter die Lösungsphase?

In der Lösungsphase soll das Pferd auf die anschließende Arbeitsphase vorbereitet und gymnastiziert werden. Die Lösungsphase kann mit verschiedenen Lektionen und Linien gestaltet werden, die das Pferd lösen und dessen Losgelassenheit fördern sollen. Für jede Gangart gibt es verschiedene lösende Übungen. Das Reiten von großen gebogenen Linien, häufigen Handwechseln oder auf unterschiedlichen Untergründen wie zum Beispiel im Wald oder Feld kann in jeder Gangart zur Lösung des Pferdes beitragen. Im Schritt kann je nach Ausbildungsstand von Pferd und Reiter bereits mit dem Lösen begonnen werden. Hier eigenen sich Schenkelweichen und ganze Paraden sowie das Zügel-aus-der-Hand-Kauen-Lassen für die Lösungsphase. Auch Trab-Schritt-Trab- und Trab-Galopp-Trab-Übergänge sowie Leichttraben auf großen gebogenen Linien oder das Galoppieren im leichten Sitz können ein Pferd lösen. Stangenarbeit, Schlangenlinien, Schenkelweichen und das Verlängern und Verkürzen von Tritten und Sprüngen kann die Lösung des Pferdes ebenfalls fördern.

Wie lange dauert die Lösungsphase des Pferdes?

Wie lange die Lösungsphase eines Pferdes dauert, hängt immer von vielen verschiedenen Kriterien ab. Hier ist es entscheidend, welches Alter, welches Temperament und welchen Ausbildungsstand das Pferd jeweils hat. Bei einem jungen, gerade angerittenen Pferd wird sich in den ersten Monaten der Ausbildung zunächst alles um die Lösungsphase drehen, da ein Neuling unter dem Sattel zunächst mit Balancefindung und anderen Problemen beschäftigt ist, bevor er lernt, sich unter dem Reiter zu lösen und loszulassen. Bei einem sehr temperamentvollen, weiter ausgebildeten Pferd muss in der Lösungsphase sicherlich stärker an der inneren und äußeren Losgelassenheit gearbeitet werden als bei einem immer ausgeglichenen und vom Grundsatz her sehr rittigen Pferd. So gilt es, individuell auf das Pferd einzugehen und die Lösungsphase stets dessen Eigenschaften anzupassen. Bei manchen Pferden kann es hilfreich sein, mit ihnen zum Lösen vor der Trainingseinheit (im Schritt) ins Gelände zu reiten, im leichten Sitz zu galoppieren oder sie abzulongieren.

Warum braucht das Pferd nach der Arbeit eine Entspannungsphase?

Die Muskulatur des Pferdes ist während der Arbeit permanent mit An- und Abspannen beschäftigt. Der Muskelstoffwechsel wird demnach aktiviert und verbraucht viel Energie. Um diesen verbrauchten Energiespeicher wieder füllen zu können und um neue Muskelmasse für weitere Arbeitsphasen aufbauen zu können, braucht der Körper eine Zeit der Entspannung. Das Pferd braucht nicht nur körperlich sondern auch hinsichtlich seiner Psyche nach der Arbeit eine Entspannungsphase, damit es die gelernten Dinge verarbeiten und positiv umsetzen kann. Würde das Pferd permanent mit Arbeit konfrontiert, könnte es sich weder nachhaltig auf die Arbeit konzentrieren noch langfristig seine Muskulatur koordinieren.

Wie definiert man Anlehnung?

Anlehnung wird definiert als stete, weich-federnde Verbindung zwischen Reiterhand und Pferdemaul, wobei die Zügelverbindung letztlich nur den sichtbaren Indikator für eine gute Anlehnung darstellt. Mit Anlehnung wird die gesamte Verbindung zwischen Pferd und Reiter bezeichnet, die aus dem Zusammenspiel des losgelassenen Pferdes und seinem geschmeidig sitzenden Reiter resultiert.

Was heißt „am Zügel" gehen?

„Am Zügel" gehen wird auch als „in Beizäumung" gehen beschrieben. Ein gut gerittenes Pferd mit Vertrauen zur Reiterhand geht in Beizäumung, wenn es den Zügelkontakt annimmt, weich an diese Verbindung herantritt und sich dabei vom Gebiss „abstößt". Ein Pferd, das „am Zügel geht" akzeptiert mit elastischem Genick den Widerstand der Reiterhand und sucht die Anlehnung zu ihr. Die Stirn-Nasenlinie ist an der Senkrechten und das Genick der höchste Punkt.

Was bedeutet über oder hinter dem Zügel gehen?

Wenn sich ein Pferd nicht gut lösen und in Beizäumung reiten lässt, mündet das häufig in einer zu starken Handeinwirkung des Reiters, die in weiterer Folge verschiedene Abwehrreaktionen des Pferdes provozieren kann. Ein Pferd, das sich gegen die Zügeleinwirkung wehrt, geht gegen bzw. über den Zügel, wenn es seinen Unterhals anspannt und sich „frei macht", indem es sich nach oben heraushebt. Folge ist ein festgehaltener und weggedrückter Rücken, wodurch weder die Oberlinie noch die Hinterhand locker durchschwingen können. Der Oberhals kann nicht mehr tragen und sich im Gegensatz zum nicht erwünschten Unterhals kaum korrekt entwickeln.

Hinter dem Zügel gehen häufig Pferde, die sehr bzw. zu leicht im Maul oder Genick sind und nicht gerne an das Gebiss herantreten. Die Anlehnung ist bei diesen Pferden selten beständig und gleichmäßig. Die Gründe hierfür sind vielfältig und nicht immer vom Reiter ausgehend. Junge Pferde neigen zu Beginn ihrer Ausbildung dazu, sich hinter dem Zügel zu verstecken, wenn sie die vorwärtstreibenden Hilfen (Schenkel und Gewicht) noch nicht kennengelernt haben oder noch nicht ausbalanciert damit umgehen können. Auch Pferde, die das Vertrauen in die Reiterhand verloren haben, weil sie mit zu viel Zügel in Kombination mit zu wenig treibenden Hilfen geritten wurden, verstecken sich häufig hinter dem Zügel. Der sogenannte „falsche Knick“, ein Abkippen des Pferdes im Bereich des dritten oder vierten Halswirbels, kann eine unerwünschte Folge dieses Anlehnungsfehlers sein und sollte rechtzeitig vermieden werden. Auch anatomische Gegebenheiten wie beispielsweise der sogenannte Schwanenhals begünstigen diesen Anlehnungsfehler.

Wie korrigiert man das Über- oder Hinter-dem-Zügel-Gehen?

Wenn Pferde über oder hinter dem Zügel gehen, sollte vor reiterlichen Korrekturmaßnahmen stets kontrolliert werden, ob gesundheitliche Probleme beim Pferd (oder Reiter) vorliegen, die das Erreichen der Losgelassenheit ggf. erschweren oder sogar verhindern. Auch Sitz und Einwirkung des Reiters sollten zunächst überprüft werden, um daraus resultierende Rittigkeitsprobleme rechtzeitig erkennen zu können.

Pferde, die hinter oder über dem Zügel gehen, müssen lernen, wieder weich an das Gebiss heranzutreten, sich vertrauensvoll nach vorne unten zu dehnen und sich im Genick, Hals und Rücken los- bzw. fallenzulassen. In beiden Fällen sind lösende Übungen und das Zügel-aus-der-Hand-kauen-Lassen sehr wertvolle Elemente, um die korrekte Anlehnung erarbeiten zu können. Wichtig sind hier Geduld, Zeit und eine angepasste Gestaltung der Lösungsphase, um dem Pferd das Erlernen der richtigen Anlehnung von Grund auf zu ermöglichen.

Wie definiert man Dehnungshaltung und wie sieht sie aus (Abb. 11)?

Die Haltung eines Pferdes mit Worten zu beschreiben ist schwer, weshalb man sich das Bild eines in Dehnungshaltung gehenden Pferdes mit den entsprechenden Kriterien der Losgelassenheit einprägen sollte. In den Richtlinien Band I der Deutschen Reiterlichen Vereinigung e. V. wird die Dehnungshaltung des Pferdes folgendermaßen beschrieben: „Ein in korrekter Dehnungshaltung gehendes Pferd dehnt sich vertrauensvoll an die Reiterhand nach vorwärts-abwärts heran. Der positive Spannungsbogen bleibt erhalten. Die Dehnung sollte mindestens so weit erfolgen, dass sich das Pferdemaul etwa auf Höhe des Buggelenks befindet. Der Hals darf sich jedoch höchstens so weit dehnen, wie es die Erhaltung des Gleichgewichts des Pferdes zulässt. Ein positives Zeichen dafür ist, wenn es im Takt und Tempo unverändert bleibt. Die Stirn-Nasenlinie bleibt eher vor als an der Senkrechten.“

Abb. 11 Diese vierjährige Stute demonstriert die maximale Dehnungshaltung in sehr tiefer Haltung. Sie bleibt dabei im Gleichgewicht und hat die Stirn-Nasenlinie nahezu an der Senkrechten. Die Reiterin geht mit dem Oberkörper nach vorne, um eine maximale Dehnung zuzulassen. Das von alten Meistern viel gepriesene „Zügel-rauskauen-lassen-bis-zur-Schnalle“ wird hier in vorbildlicher Weise demonstriert.

Wie erreicht man die Dehnungshaltung?

Voraussetzung für das Erreichen der Dehnungshaltung ist die korrekte Erarbeitung der ersten drei Punkte der Skala der Ausbildung, da sich das losgelassen und taktmäßig gehende Pferd an die Reiterhand herandehnen muss. Die Dehnungshaltung des Pferdes, die nie über einen langen Zeitraum geritten werden sollte, kann am ehesten über das Zügel-aus-der-Hand-kauen-Lassen erreicht werden. Hier schreiben die Richtlinien Band I der Deutschen Reiterlichen Vereinigung e. V.: „Das Zügel-aus-der-Hand-kauen-Lassen sollte in jeder Gangart, erfahrungsgemäß am leichtesten beim Reiten auf dem Zirkel gelingen. Dabei kann es hilfreich sein, durch den dicht am Gurt liegenden inneren Schenkel das Pferd vermehrt an den äußeren Zügel heranzutreiben. Dadurch kommt der Reiter leichter mit dem inneren Zügel – unter Umständen gering seitwärts weisend eingesetzt – zum Loslassen, um anschließend mit beiden Zügeln leicht zu werden. Das Pferd nimmt dadurch die Dehnungshaltung besser an. Manche Pferde entspannen die Rückenmuskulatur leichter, wenn der Reiter die Gesäßknochen etwas weniger belastet. Das mehrmalige Zügel-aus-der-Hand-kauen-Lassen über kürzere Strecken und Zeiträume ist für das Lösen und die Kräftigung der Muskulatur wertvoller als ein zu lang andauerndes Reiten in unveränderter Dehnungshaltung. Hierbei kann das Pferd „auf die Vorhand“ kommen.“

Wie definiert man Schwung?

Der Schwung wird definiert als die Übertragung des energischen Impulses aus der Hinterhand über den schwingenden Rücken auf die Gesamt-Vorwärtsbewegung des Pferdes. Der Schwung als vierter Punkt der Skala der Ausbildung ist demzufolge als Ergebnis der reiterlichen Ausbildung zu beschreiben und setzt Takt, Losgelassenheit sowie eine korrekte Anlehnung voraus, bedeutet aber nicht, dass das Pferd schneller wird. Die Tritte und Sprünge werden größer, die Schwebephase länger.

Was ist die Schwebephase?

Die Schwebephase hat das Pferd in allen schwunghaften Gangarten wie Trab und Galopp. Der Moment der freien Schwebe entsteht dabei durch das Abstoßen des Pferdes vom Boden, woher auch der Schwung des Pferdes resultiert. In der Schwebephase berührt kein Bein des Pferdes den Boden. Je mehr Schwung das Pferd im Laufe seiner Ausbildung entwickelt, desto länger kann es die Schwebephase ohne hohes Tempo aushalten und desto ausdrucksvoller werden die Bewegungen.

Wie definiert man Geraderichtung?

Die Geraderichtung wird definiert als Prozess, der darauf ausgerichtet ist, sowohl auf gerader als auch auf gebogener Linie die Anpassung der Körperlängsachse des Pferdes und der Fußung der Vorder- und Hinterhufe auf einer Hufschlaglinie zu erreichen. Dieser Prozess führt zur Entwicklung einer beidseitig gleichmäßigen Muskulatur.

Was ist die natürliche Schiefe beim Pferd?

So wie es beim Menschen Rechts- und Linkshänder gibt, gibt es diese auch beim Pferd. Ob die Vorliebe für eine Seite des Pferdes von der Lage im Mutterleib, der Lieblingstrinkseite aus Fohlenzeiten oder von einer Steuerung im Gehirn resultiert, ist noch nicht genau erforscht. Dennoch es ist unbestreitbar, dass jedes Pferd von Geburt an zwei unterschiedlich ausgeprägte und unterschiedlich trainierbare Seiten des Körpers hat. Durch die sogenannte Geraderichtung (Bestandteil der Ausbildungsskala) wird die Dehnung der hohlen, kürzeren Seite und die Verkürzung und Kräftigung der längeren Zwangsseite erarbeitet, um die Anpassung der Körperlängsachse und die Fußung von Vor- und Hinterhand auf einer Linie zu erreichen. Dieser Prozess führt zur Entwicklung einer beidseitig gleichmäßigen Muskulatur, kann jedoch recht lange dauern. Im Rahmen der Erarbeitung der Geraderichtung muss kontinuierlich an der Erhaltung von Takt, Losgelassenheit,

Anlehnung und Schwung gearbeitet werden, da das Pferd durch die Umformung seiner Muskulatur immer wieder gefordert wird, sich neu auszubalancieren.

Mit welchen Übungen richtet man ein Pferd gerade?

Beim Geraderichten wird die schmalere Vorhand des Pferdes auf die breiteren Hüften der Hinterhand ausgerichtet. Dabei wird die Vorhand vor die Spur der Hinterbeine geführt, damit das Pferd „auf einer Hufschlaglinie“ läuft. Die Geraderichtung des Pferdes kann folglich durch das Reiten von gebogenen Linien und Seitengängen verbessert werden, wenn dabei die Vorhand vor die Hinterhand geführt werden kann. Besonders geeignete „Lektionen“ sind Schenkelweichen sowie das schultervorartige Reiten bzw. das Schulterherein. Auch Zirkellinien eignen sich beim jungen Pferd, das noch keine Seitengänge gelernt hat, um die beginnende Geraderichtung zu erarbeiten.

Warum dauert das Geraderichten bei manchen Pferden so lange?

Beim Geraderichten wird das junge Pferd zunächst aus seinem Gleichgewicht gebracht, da es seinen Körperschwerpunkt seitlich verschieben soll. Im Verlauf der geraderichtenden Arbeit muss das junge Pferd lernen, den Hals (seine Balancierstange) vor den Körper zu führen, dabei die kürzere Halsseite zu dehnen, die gegenüber liegenden schwächeren Muskeln der längeren Halsseite anzuspannen und die Fliehkräfte zu überwinden. Da der Schwerpunkt des Pferdes bei dieser Arbeit durch den Reiter zusätzlich nach oben verlagert wird, führen diese komplexen Vorgänge beim Pferd nicht selten zu großer Unsicherheit. Es ist von besonderer Bedeutung, die geraderichtende Arbeit nicht zu forcieren und dem Pferd genügend Zeit zur Entwicklung zu geben. Andernfalls sind verspannte Muskeln, eine immer „fester“ werdende Zwangsseite und überlastete Gliedmaßen die Folge.

Warum ist die Erarbeitung der Geraderichtung so wichtig?

Die Geraderichtung dient der Gesunderhaltung des Reitpferdes, das in Folge dieser wichtigen Arbeit seine Gliedmaßen und Muskeln gleichmäßig belasten, nutzen und ansteuern kann. Die Geraderichtung ist beim Reitpferd besonders wichtig, weil die Belastung durch den Reiter und das Reiten von Lektionen in Trab und Galopp auf relativ kleinem Raum zusätzlich verstärkt wird und nur der trainierte und geradegerichtete Körper in der Lage ist, die entstehenden Flieh- und Schwerkräfte zu überwinden.

Wie definiert man Versammlung?

Von Versammlung spricht man, wenn ein Pferd sich mit näher herangeschlossener Hinterhand und stärker angewinkelten Gelenken der Hinterbeine ausbalancieren kann, sich leichtfüßig und energisch bewegt und sich daraus in Selbsthaltung erhabener trägt. Die Schritte, Tritte und Sprünge des versammelten Pferdes werden kürzer und höher aber nicht langsamer.

Wie erreicht man Versammlung?

Die Versammlung ist der letzte Punkt der Ausbildungsskala und wird im Verlauf der gesamten Ausbildung angestrebt. Sie wird mithilfe versammelnder Übungen entwickelt und kann erst zur völligen Entfaltung kommen, wenn das Pferd durch ausreichendes Training sowohl Tragkraft als auch alle anderen Punkte der Skala der Ausbildung entwickelt hat.

Was wirkt versammelnd auf das Pferd?

Versammelnde Lektionen sind alle Übungen und Lektionen, mit deren Hilfe das Pferd zur vermehrten Lastaufnahme und damit zur Versammlung veranlasst wird. Zu den wichtigsten Übungen in diesem Zusammenhang – die auch bald mit jungen Pferden geritten werden können – gehören die Übergänge innerhalb einer Gangart und zwischen zwei Gangarten. Häufiges Vorwärtsreiten mit anschließendem Aufnehmen fördert und verbessert die Versammlung und stärkt die Muskulatur des Pferdes, die es für die Lastaufnahme braucht. Der ständige Wechsel zwischen Schub- und Tragkraft strengt das Pferd an und sollte von regelmäßigen Entspannungspausen unterbrochen werden. Weiterhin dient das Zirkel verkleinern und vergrößern sowie das Reiten von (kleinen) Wendungen der Versammlung. Auch alle Arten von Seitengängen, bei denen das Pferd in Bewegungsrichtung gestellt und gebogen ist, wirken versammelnd auf das Pferd bzw. sollten „in Versammlung" geritten werden. Dazu gehört neben Schulterherein, Travers, Renvers und Traversalen auch das Kurzkehrt im Schritt. Im Galopp dient auch das Reiten des Außengalopps der Versammlung, da sich das Pferd hier selbst tragen muss.

Warum ist die Ausbildungsskala wichtig für das tägliche Training vom Pferd?

Die Skala der Ausbildung baut hinsichtlich seiner Einzelkriterien Takt, Losgelassenheit, Anlehnung, Schwung, Geraderichten, Versammlung aufeinander auf, was sich sowohl auf die einzelne Trainingseinheit als auch die gesamte Ausbildung des Pferdes auswirkt. Nur ein taktmäßig und losgelassen in Anlehnung gehendes Pferd ist in der Lage, den Reiter in der individuellen Trainingseinheit „mitzunehmen" und nur ein gut und „im Pferd" sitzender Reiter kann mit dem Pferd Schwung, Geraderichtung und Versammlung erarbeiten. Selbst bei einem bereits weit ausgebildeten Pferd müssen in jeder Trainingseinheit die einzelnen Punkte der Skala der Ausbildung „neu" erarbeitet werden.

Wie lautet die Ausbildungsskala beim Westernpferd?

Takt, Losgelassenheit, Nachgiebigkeit, Aktivierung der Hinterhand, Geraderichten, absolute Durchlässigkeit

In welchen Punkten unterscheidet sich die Ausbildungsskala der Deutschen Reiterlichen Vereinigung von der Ausbildungsskala des Westernpferdes?

Die Ausbildungsskalen beider hier genannten Bereiche unterscheiden sich in den Punkten drei, vier und sechs. Statt Anlehnung heißt es in der Ausbildungsskala des Westernpferdes Nachgiebigkeit, an Stelle des Schwungs tritt die Aktivierung der Hinterhand und die Versammlung als letzter Punkt wird „absolute Durchlässigkeit“ genannt. Hier ähneln sich die Skalen jedoch wieder, da auch nach der Klassischen Reitlehre als Gesamtziel der Ausbildungsskala die Durchlässigkeit bezeichnet wird.

Wie wird „Nachgiebigkeit“ definiert?

Mit Nachgiebigkeit ist im weitesten Sinne die Verbindung zwischen Reiter und Pferd und die willige nachgebende Reaktion des Pferdes auf Reiterhilfen gemeint. Über Zügel, Gesäß und Schenkel ist der Reiter mit dem Pferd verbunden. Das Pferd folgt den von hinten nach vorne treibenden Hilfen des Reiters, sodass es zwischen durchhängendem Zügel und Schenkel eingerahmt wird. Das nachgiebige Pferd kann diese Haltung in dem vorgegebenen Rahmen selbständig erhalten. Es trägt sich selbst mit seiner eigenen Körperspannung und reagiert auf annehmende Zügelhilfen prompt und bereitwillig durch ein Nachgeben im Maul, Genick, Hals und Körper. Das Pferd muss im Rahmen der Ausbildung lernen, dem Druck mental und körperlich zu weichen. Korrekte Nachgiebigkeit kann nur bei einem gesunden und gut bemuskelten Pferd erarbeitet werden.

Was bedeutet „Aktivierung der Hinterhand“?

Aktivierung der Hinterhand bedeutet, dass das Pferd die in der Losgelassenheit erarbeitete Muskelarbeit – initiiert durch den Reiter – stärker aktiviert. Die Beuger und Strecker der Hinterhand arbeiten intensiver, dadurch weiter unter den Schwerpunkt und die Vorhand entlastend. Die Bewegungen werden flacher, länger und energischer. Durch die Aktivierung der Hinterhand ist das weiter ausgebildete Pferd auch bei geringem Tempo in der Lage, seinen Takt zur erhalten.

Was bedeutet (absolute) Durchlässigkeit?

Durchlässigkeit bedeutet wörtlich übersetzt, dass das Pferd die Reiterhilfen durchlässt, ausbalanciert und gehorsam akzeptiert sowie prompt befolgt. Das (absolut) durchlässige Pferd ist soweit ausgebildet, dass es in der Lage ist, alle Punkte der Ausbildungsskala jederzeit zu erfüllen. Die (absolute) Durchlässigkeit ist die Folge der korrekt erarbeiteten Ausbildungsskala.

Was passiert, wenn ein Pferd nicht ordnungsgemäß ausgebildet wird?

Ein nicht ordnungsgemäß, also ein nicht nach den Kriterien der Ausbildungsskala ausgebildetes Pferd, wird weder gesundheitlich noch hinsichtlich seiner weiteren Ausbildung langfristig und nachhaltig die gestellten Anforderungen erfüllen können, da die gesamte Grundausbildung auch zur Gesunderhaltung des Pferdes notwendig ist. Weiterhin kann es auch in der reiterlichen Ausbildung zu größeren Problemen führen, wenn die Grundausbildung nach der Skala der Ausbildung (die in allen Punkten aufeinander aufbaut) nicht stattgefunden hat.

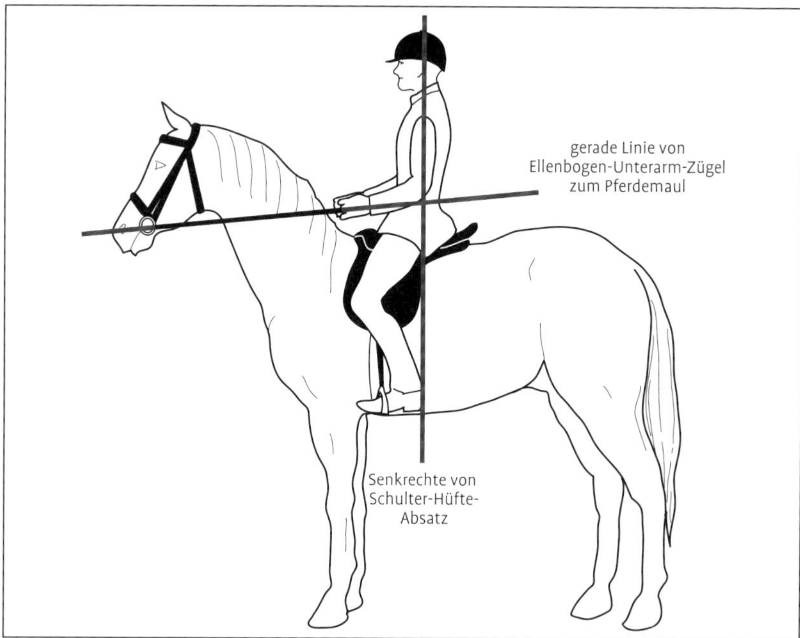

Abb. 12 Der korrekte Grundsitz des Reiters.

Sitz

Wie soll der korrekte Grundsitz des Reiters (Abb. 12) aussehen?

Der Grundsitz des Reiters soll disziplinunabhängig immer ähnlich aussehen, weist jedoch in manchen Punkten kleine Abweichungen auf. Das Gesäß soll mit unverkrampfter Muskulatur im tiefsten Punkt des Sattels sitzen, wobei das Gewicht des Körpers gleichmäßig auf beide Gesäßhälften und die innere Oberschenkelmuskulatur verteilt wird. Oberschenkel, Knie und Wade liegen ohne zu klemmen flach am Sattel an und in der Bewegung soll das Fußgelenk leicht nach unten durchfedern, sodass der Absatz zum tiefsten Punkt des Reiters wird. Ohr, Schulter, Hüfte und Absatz sollten genau wie Ellenbogen, Unterarm, Handgelenk, Zügel, Pferdemaul eine gerade Linie bilden (die Zügelverbindung soll von oben und von der Seite eine ungebrochene Linie darstellen, damit keine Hebelkräfte wirken können, die das feine Einwirken unmöglich machen). Der Reiter sitzt gestreckt und unverkrampft, seine Wirbelsäule folgt der natürlichen S-Form mit gleichmäßigen Bögen. In der Bewegung folgt der unverkrampft sitzende Reiter mit seinem Becken den Bewegungen des Pferdes. Damit der Bewegungsablauf des Pferdes nicht gestört oder ungewollt beeinflusst wird, sollte der Reiter mit seinem Schwerpunkt (der ist ungefähr im Bereich des Bauchnabels) genau über dem des Pferdes (etwa in der Mitte der Seitenbrust unter dem korrekt sitzenden Reiter) sitzen. Je nachdem, welchen Anforderungen der Reiter sich

Abb. 13 Der Entlastungssitz einer Reiterin im Springsattel mit entsprechend verkürzten Bügeln.

anpassen muss (Springen, Rennen, Stoppen, junge Pferde oder Ähnliches), sollte er zwar weitgehend mittig über dem Schwerpunkt sitzen bleiben, kann sich jedoch durch Vorbeugen oder geringfügiges Zurücklehnen den zu erwartenden Bewegungen des Pferdes anpassen.

Wie sieht der korrekte leichte Sitz aus?

Im leichten Sitz, der in erster Linie beim Reiten über Sprünge, im Gelände oder bei jungen Pferden zur Anwendung kommt, werden die Bügel deutlich verkürzt, sodass der Reiter sein Gesäß ohne viel Aufwand und ohne ein Verkrampfen der Schienbeinmuskulatur aus dem Sattel bekommt. Der Unterschenkel liegt fest am Sattel an und der Absatz soll ein weiches Federn nach unten ermöglichen. Der Oberkörper des Reiters wird leicht nach vorne gelehnt und die Hände werden im Bereich des Mähnenkamms geführt, sodass die gerade Linie zwischen Ellenbogen, Handgelenk und Pferdemaul erhalten bleibt. Durch den leichten Sitz ermöglicht der Reiter dem Pferderücken eine große Bewegungsfreiheit. Mit dem „Entlasten“ ist folglich keine Gewichtsreduktion gemeint (denn der Reiter belastet den Rücken über die Steigbügel in denen er steht und über den Sattel mit demselben Gewicht wie vorher), sondern die Entlastung dahingehend, dass sich der Rücken unabhängig vom Reiter und daher freier bewegen kann. Geht der Reiter mit verkürzten Bügeln nur etwas mit dem Oberkörper nach vorn und bleibt mit dem Gesäß nah am Sattel, so handelt es sich um die Vorstufe des leichten Sitzes und wird als Entlastungssitz (Abb. 13) bezeichnet.

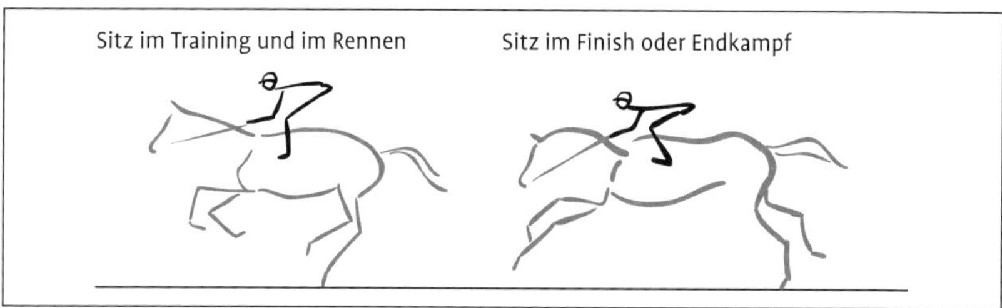

Abb. 14 Der moderne Rennsitz schematisch dargestellt.

Wie sieht der korrekte Rennsitz (Abb. 14) aus?

Der korrekte Rennsitz bringt dem Pferderücken maximale Bewegungsfreiheit und ist äußert aerodynamisch, damit im Rennen möglichst wenig Luftwiderstand durch den Reiter erzeugt und eine maximale Geschwindigkeit möglich wird. Der Sitz verlangt vom Reiter aufgrund der sehr kurzen Bügel und der Position über dem Pferd ein Höchstmaß an Balance, Geschicklichkeit, Bewegungsgefühl, Kraft und Kondition. Der heute moderne Rennsitz entspricht in etwa der Form eines Martiniglases. Der Reiter hat einen annähernd waagerechten Rücken (parallel zum Pferdehals), ist in der Hüfte stark gebeugt und hat fast senkrecht verlaufende Unterschenkel. Er steht mit den Zehenspitzen im Bügel, hat eine waagerechte Fußsohle und erhält seinen Halt, indem er sich mit den Knöcheln am Pferdeleib „festhält". Die Knie sind über dem Widerrist des Pferdes eng zusammen, berühren sich jedoch nicht. Die Hände hält der Rennreiter mit der einfachen Zügelbrücke rechts und links vom Mähnenkamm. Im Finish oder Endkampf „klappt" er sich vollständig zusammen und berührt mit seinem Bauch fast den Widerrist des Pferdes. Die Hände gehen in dieser Rennphase mit dem nickenden Pferdehals nach vorne und forcieren durch diese „schiebende" Bewegung das Tempo.

Wie soll der korrekte Sitz des Westernreiters aussehen?

Der Sitz des Westernreiters unterscheidet sich nicht wesentlich von dem des klassischen Reiters. Lediglich die Unterschenkel dürfen etwas weiter vorgenommen werden. Der Westernreiter sollte von vorne und von oben betrachtet symmetrisch auf dem Pferd sitzen und daher seine Beine im gleichen Abstand am Pferdeleib halten. Von oben betrachtet sollen die Schultern des Reiters mit der Wirbelsäule des Pferdes ein rechtwinkliges Kreuz ergeben.

Wie sieht der korrekte Grundsitz des Gangpferdereiters aus?

Der korrekte Grundsitz des Gangpferdereiters entspricht in allen Kriterien dem korrekten Sitz des klassischen Reiters. Beim Entlastungssitz neigt sich der Reiter bei gleicher Bügellänge etwas nach vorne, für den leichten Sitz werden die Bügel kürzer geschnallt.

Welche Sitzfehler gibt es?

Beim Sitz des Reiters gibt es zahlreiche kleinere und größere Sitzfehler, die sich immer, wenn auch in unterschiedlichem Maße, auf die Einwirkung des Reiters auswirken und selten alleine, das heißt in Reinform, auftauchen. Die beiden bekanntesten und deutlichsten Sitzfehler sind wohl Stuhl- und Spaltsitz bzw. entsprechende Tendenzen. Sehr häufig kommt auch das einseitige Einknicken in der Hüfte vor. In den Richtlinien der Deutschen Reiterlichen Vereinigung werden diese drei Sitzfehler folgendermaßen beschrieben:

„Beim **Stuhlsitz** wird das Gesäß aus dem tiefsten Punkt des Sattels nach hinten herausgeschoben. Der Oberkörper kann dabei hinter die Senkrechte kommen, das Zügelmaß wird zu lang, Oberschenkel und Knie werden hochgezogen, die Unterschenkel rutschen nach vorne. Da das Becken dauerhaft nach hinten gekippt wird, ist die Fähigkeit des Reiters mitzuschwingen, stark eingeschränkt. Häufig ist auch der Rücken rund, Kopf und Hals sind nach vorne geneigt."

„Der **Spaltsitz** ist die gegensätzliche Extremvariante zum Stuhlsitz. Beim Spaltsitz kippt der gesamte Körper des Reiters nach vorne. Der Reiter „klemmt" auf den zu weit zurückliegenden Oberschenkeln, auch die Unterschenkel liegen zu weit hinten. Die Belastung liegt zu sehr auf den Oberschenkeln, der Reiter federt nicht nach unten in die Steigbügel. Die beiden Gesäßknochen werden kaum belastet. Der Sitz ist insgesamt instabil, der Reiter kann sich deshalb nicht loslassen. Durch ungünstig liegende Sättel und Sattelpauschen, die den Oberschenkeln des Reiters nicht genügend Platz lassen, ist häufig eine Tendenz zum Spaltsitz zu beobachten."

„Ein weiteres Problemfeld beim Reitersitz ist die **Sitzschiefe**, die sich meistens vom Reiter unbemerkt einschleicht. Der Reiter sitz von vorne bzw. hinten gesehen nicht in der Mitte des Sattels. Sein Becken ist nach rechts oder links verschoben, seine Hüfte bzw. Taille „eingeknickt". Dies führt zu einer ungleichmäßigen, falschen und ständig einseitig wirkenden Gewichtsbelastung. Der schief sitzende Reiter kann sich kaum selbst korrigieren, weil er diese Haltung oftmals nicht bewusst wahrnimmt. Ein Ausbilder muss hier helfen, um Sitzfehler und gegebenenfalls deren Ursache zu erkennen. Das gilt in besonderer Weise für das Erkennen der Sitzschiefe."

Wie lassen sich Sitzfehler korrigieren?

Grundsätzlich muss vor einer Sitzkorrektur immer überprüft werden, ob der Sattel korrekt liegt oder ob durch eine falsche Lage des Sattels der Reiter in diese falsche Position geschoben wird. Ist der Sattel als Ursache auszuschließen, so muss der Sitzfehler zunächst genau analysiert werden, bevor dessen Probleme behoben werden können. Jeder Ausbilder muss sich im Klaren darüber sein bzw. im Ernstfall detailliert informieren, welche (muskulären) Ursachen der jeweilige Sitzfehler hat und dann mit gezielten Übungen am Boden, an der Longe oder beim Reiten selbst daran arbeiten. Wichtig ist das langfristig angelegte und gezielte Training der falsch ausgeprägten (geschwächten oder verkürzten) Muskulatur, um den Fehler nachhaltig beheben zu können. Eine Pauschallösung gibt es nicht, da sich jeder Sitzfehler bei jedem Reiter unterschiedlich (stark) zeigt und selten ein Sitzfehler alleine zu beheben ist. Gleichzeitig resultieren häufig viele kleinere Fehler aus einem größeren Ursprungsproblem, weshalb es so wichtig ist, dieses zu finden und zu beheben. Die Lösung der kleineren Folgeprobleme ergibt sich dann häufig von allein.

Lektionen und individuelle Hilfen

Wie wird das Pferd angetrabt?

Zum Vorbereiten des Antrabens muss der Reiter das Pferd kurz mit seinen Hilfen einschließen (halbe Parade), damit es aufmerksam wird. Beim aufmerksamen Pferd wird das Antraben durch das Einwirken des vorwärtstreibenden Schenkels ausgelöst. In dem Moment, in dem das Pferd die Trabbewegung mit den Hinterbeinen beginnt, gibt der Reiter leicht die Zügel vor, um die Bewegung nach vorne herauszulassen (entspricht der „Landephase“ der halben Parade).

Mit welchen Hilfen wird ein Pferd angaloppiert?

Zum Angaloppieren wird der äußere Schenkel aus der Hüfte heraus etwas nach hinten verlagert und (dadurch) der innere Gesäßknochen vermehrt belastet. den Impuls zum Angaloppieren gibt nun der innere Schenkel treibend am Gurt, gleichzeitig gibt die innere Hand leicht vor, um das Anspringen des höher und weiter herausspringenden inneren Vorderbeins herauslassen zu können. Vorbereitet und begleitet werden die Hilfen zum Angaloppieren stets durch halbe Paraden.

Über welche Gangart reitet man einen einfachen Galoppwechsel?

In der klassischen Dressur wird der einfache Galoppwechsel über Schritt, im Westernreiten über Trab oder Schritt geritten.

Was ist ein fliegender Galoppwechsel?

Der fliegende Galoppwechsel ist das Umspringen des Pferdes im Galopp vom Rechts- in den Linksgalopp oder umgekehrt. Beim fliegenden Wechsel ändert das Pferd seine Fußfolge während der Schwebephase und „landet“ im neuen Galopp. Der fliegende Wechsel kann in zwei Phasen oder Nachgesprungen sein. In diesen Fällen springt das Pferd erst hinten oder vorne um und erst im nächsten Galoppsprung oder nach dem Landen wird das zweite Beinpaar „nachgeholt“. Junge Pferde sollten den fliegenden Wechsel sowohl unter dem Sattel als auch im Freilauf bei jedem Richtungswechsel „von alleine“ springen, da dies ein Zeichen für gute Balance ist.

Wie sieht Schulterherein aus und was macht das Pferd in dieser Lektion?

Beim Schulterherein wird die Vorhand des Pferdes so weit in die Bahn hineingeführt, dass die äußere Schulter des Pferdes vor die innere Hüfte des Pferdes gerichtet ist. Die Hinterhand bleibt auf dem Hufschlag und bewegt sich nahezu geradeaus. Der innere Hinterfuß bewegt sich auf der Linie des äußeren Vorderfußes, d. h. das Pferd läuft auf drei Hufschlägen (von vorne sind nur drei Beine zu sehen, das innere Hinterbein ist hinter dem äußeren Vorderbein versteckt). Das Pferd ist gleichmäßig um den inneren Schenkel gebogen, die Hinterbeine kreuzen nicht. Beim Schultervor tritt das Pferd mit dem inneren Hinterbein zwischen die Spur der beiden Vorderbeine, es ist weniger gebogen und soll durch diese Übung vor allem lernen, hinten schmaler und in Richtung des Schwerpunktes zu treten.

Wie ist die Hilfengebung für das Schultervor bzw. Schulterherein?

Der Vorbereitung durch halbe Paraden folgt ein vermehrtes Belasten des inneren Gesäßknochens. Dabei liegt der äußere Schenkel verwahrend hinter dem Gurt, um begrenzend auf die Hinterhand und gleichzeitig vorwärtstreibend wirken zu können. Der innere Schenkel treibt das Pferd am Gurt liegend vermehrt vorwärts und an den äußeren Zügel heran. Der innere Zügel führt die Vorhand in die Bahn hinein und erhält bei weicher Anlehnung die Stellung. Der äußere Zügel ist verwahrend und wirkt begrenzend auf die Schulter sowie die Stellung des Pferdes.

Was ist Travers und wie wird es geritten?

Beim Travers ist das Pferd in Bewegungsrichtung gestellt und gebogen. Die Vorhand bleibt auf dem Hufschlag und läuft geradeaus, die Hinterhand wird in die Bahn hineingeführt und läuft kreuzend auf der dritten und vierten Hufschlaglinie. Die Hilfengebung ist im Prinzip genauso, wie bei allen Lektionen, bei denen das Pferd in Bewegungsrichtung gestellt und gebogen ist (Schulterherein, Traversale, Renvers), lediglich die Stärke und Dosierungen der einzelnen, zusammenwirkenden Hilfen und Einleitung sowie Beenden variiert von Lektion zu Lektion und von Pferd zu Pferd (siehe Schulterherein). Der weich geführte innere Zügel wirkt je nach Lektion seitwärtsweisend oder stellend und kann, wenn nötig, für die Ausführung der Lektion nachgefasst werden.

Was ist eine Traversale?

Die Traversale ist eine Vorwärts-Seitwärts-Bewegung im versammelten Trab oder Galopp. Das Pferd ist gestellt und gebogen und bewegt sich wie im Travers entlang einer gedachten Diagonale, sein Körper ist dabei parallel zur langen Seite. In Dressurprüfungen werden halbe, ganze, doppelte und Zickzacktraversalen gefordert.

Wie ist die Hilfengebung für die Traversale?

Wenn man davon ausgeht, dass die Traversale wie ein Travers entlang einer Diagonalen Linie zu reiten ist, können auch die Hilfen analog zum Travers beschrieben werden. Grundsätzlich lässt sich auch hier sagen, dass die Hilfen sich sehr stark ähneln und lediglich in ihrer Dosierung variieren. Wichtig ist, dass sich der Reiter bei der Traversale nicht im Oberkörper verdreht, um das Pferd „rüberzudrücken“, sondern deutlich den inneren Gesäßknochen belastet und den äußeren Schenkel verwahrend hinter dem Gurt auch seitwärtstreibend einsetzt. Es ist darauf zu achten, dass das Pferd sich vom inneren Zügel abstößt und loslässt, weshalb der innere Schenkel das Pferd im Rahmen der diagonalen Hilfengebung an den äußeren Zügel herantreibt. Die Traversale ist hinsichtlich Gleichgewicht, Kraftaufwand und Koordination sehr anspruchsvoll für das Pferd, weshalb sie nicht zu lange am Stück geübt werden und immer darauf geachtet werden sollte, das Pferd auch mal ohne Stellung und Biegung seitwärts zu reiten.

Was bezeichnet man als Schaukel?

Die Schaukel ist eine Dressurlektion. Das Pferd wird dabei abwechselnd einige Tritte Rückwärts und im Schritt wieder vorwärts geritten. Zur „Schaukel“ wird die Lektion, wenn die Abfolge zwischen Rückwärts und Vorwärts mehrmals wiederholt wird.

Longieren

Wann und warum wird ein Pferd longiert?

Pferde können an der einfachen Longe oder der Doppellonge ohne Reitergewicht gymnastiziert und gearbeitet werden. Grundsätzlich können alle Pferde longiert werden, vor allem wird es jedoch zur Gewöhnung eines jungen Pferdes an Sattel oder Geschirr, zur Korrektur von Problempferden, zum Muskelaufbau, zum Ablongieren vor dem Reiten (vor allem bei jungen Pferden), zur Sitzschulung des Reiters, bei Anfängern oder zur Abwechslung der Arbeit angewandt. Die Doppellonge ermöglicht eine weiterführende Ausbildung des Pferdes auch in versammelten Lektionen oder Seitengängen sowie die Arbeit am langen Zügel. Für Fahrpferde ist sie eine unumgängliche Arbeit vor der Arbeit an der Kutsche. Pferde werden longiert, damit Takt, Losgelassenheit und Anlehnung auch ohne Reitergewicht erarbeitet werden können. Beim Anreiten ist das Longieren des jungen Pferdes sinnvoll, um deren Muskeln auf das Tragen eines Reiters durch entsprechendes Training vorzubereiten.

Welche Ausrüstung wird beim Longieren benötigt?

Sowohl zum Arbeiten als auch zur öffentlichen Präsentation eignet sich eine aus Trense, Gurt, Beinschonern, Ausbindern, Longe und der Peitsche bestehende Ausrüstung. Der Gurt sollte gut gepolstert sein und an keiner Stelle auf dem Widerrist aufliegen, die Gamaschen oder Bandagen sollten die Pferdebeine vor Verletzungen (von außen) schützen. Die etwa 7 m lange Longe sollte gut in der Hand liegen und griffig sein und der Longierende sollte Handschuhe tragen. Mit der Peitsche bzw. deren Schlag sollte man das Pferd zur treibenden Unterstützung jederzeit erreichen können. Welches Gebiss und welche Hilfszügel jeweils geeignet sind kann nicht pauschal empfohlen werden. Wichtige Entscheidungskriterien sollten dabei neben dem Temperament und der Sensibilität des Pferdes vor allem seine Selbsthaltung und Balance in der Bewegung sowie der aktuelle Ausbildungsstand sein. Hier muss der Ausbilder, der sich regelmäßig mit dem

Pferd beschäftigt und dessen Eigenschaften kennt, individuell entscheiden welche Auswahl er trifft.

Wie wird ein Pferd an der Longe gearbeitet?

Der Ablauf einer Longiereinheit verändert sich im Laufe der Ausbildung kontinuierlich, da das Pferd mit der Zeit lernt, sich schneller loszulassen, und bei dem erfahrenen Pferd intensivere Arbeitsphasen durchgeführt werden. Doch ob Anlongieren, Vorführung oder weitergehende Ausbildung, das Pferd wird stets mit vollständiger Ausrüstung, aber ohne eingeschnallte Ausbindezügel auf den Longierplatz geführt. Im täglichen Training longiert man das erfahrene Pferd zunächst einige Runden ohne Ausbinder im Schritt. Da dies bei einem jungen Pferd oder in fremder Umgebung in den meisten Fällen nur schwer möglich ist, kann hier zunächst Schritt geführt und dann direkt mit der ausgebundenen Arbeit begonnen werden. Die Ausbinder geben dem Pferd Halt und ermöglichen dem Longierenden eine bessere Kontrolle. Im heimatlichen Training muss man zu Beginn der Longenarbeit in den ersten Phasen des Ausbindens sehr behutsam vorgehen, da junge Pferde die starre Begrenzung des Ausbinders erst kennenlernen müssen. Die Ausbindezügel sollten zunächst lang eingeschnallt und sehr langsam verkürzt werden, damit sich das junge Pferd mit der Zeit daran gewöhnen kann und sich nicht vor der neuen starren Einschränkung erschreckt. Erst wenn die Pferde an den Ausbinder gewöhnt sind, sollte man die Hilfszügel zu Beginn der Arbeit direkt in der gewünschten Länge verschnallen. Die Hilfszügel sollten immer so verschnallt werden, dass das Pferd bei entspannter Haltung von Kopf und Hals die Stirn-Nasenlinie etwa eine Handbreit vor der Senkrechten hält. Besonders zu Beginn der Arbeit sollten die Ausbinder etwa gleichlang sein, um dem Pferd auf dem Kreisbogen außen genügend Anlehnung zu bieten und damit ein Ausfallen über die äußere Schulter zu vermeiden. Erst im Verlaufe der Arbeit, wenn das Pferd sich losgelassen hat, kann der innere Ausbinder zur Erreichung einer stärkeren Stellung und Biegung etwas kürzer verschnallt werden. Ein Ausfallen über die äußere Schulter sollte stets vermieden werden. Während einer Longiereinheit sollte die Verschnallung der Ausbinder sowie jede andere Tätigkeit am Pferd in der Nähe des Hufschlags und nicht in der Zirkelmitte durchgeführt werden. Dazu muss das Pferd (das nie selbstständig in die Zirkelmitte kommen darf) außen angehalten werden und der Longenführer die Longe verkürzend zum Pferd gehen.

Welche Ausbinder sollten an der Longe verwendet werden?

Ob seitliche Ausbinder oder Dreieckszügel verwendet werden, hängt vom Pferd, seinem Ausbildungsstand und dem jeweiligen Anlass ab. Seitliche Ausbinder geben dem Pferd sicheren Halt und ermöglichen eine stabile Anlehnung. Sie haben jedoch den Nachteil, dass das Pferd, wenn es sich fallen lässt und nach unten abstreckt, mit der Stirn-Nasenlinie hinter die Senkrechte kommt und ein korrektes „Vorwärts-Abwärts“ nicht realisiert werden kann. Dieses Problem tritt beim Dreieckszügel nicht so stark auf, da die Verschnallung zwischen den Vorderbeinen eine gute Dehnung des Pferdes bei bestehender Verbindung zulässt. Dreieckszügel haben jedoch den Nachteil, dass sie dem Pferd besonders seitlich keine so stabile Anlehnung geben können, wie es bei den oben genannten Ausbindern der Fall ist.

Welche Hilfen können bei der Longenarbeit gegeben werden?

Beim Longieren stehen mit Longe, Peitsche und Stimme drei Hilfen bzw. Einwirkungsmöglichkeiten zur Verfügung, die der Longenführer dosiert einsetzen muss. Die wichtigste Hilfe ist – besonders zu Beginn der Longenarbeit – die Stimmhilfe. An der Tonlage, Tonhöhe und der Kürze bzw. Länge der Kommandos erkennen die Pferde schnell, was von ihnen verlangt wird. Mithilfe der Stimme kann der Longenführer sein Pferd sowohl beruhigen als auch antreiben. Wichtig ist dabei, dass das Pferd an bestimmte und immer gleichlautende klare Kommandos gewöhnt wird. Diese geben ihm Sicherheit und fördern einen guten Gehorsam. Die beiden anderen Hilfen Longe und Peitsche sollen das Pferd einrahmen und ihm den richtigen Weg weisen. Die Peitsche sollte auf das Sprunggelenk des Pferdes zeigen, die ausgedrehte Longe muss leicht anstehen. Hat der Longenführer das Pferd so zwischen den Hilfen, kann er die treibenden oder beruhigenden Stimmhilfen durch bremsendes Annehmen der Longe oder treibendes Vorschwingen der Peitsche unterstützen. Durch den Kontakt zum Pferdemaul und die möglichst gleichmäßig anstehende Verbindung kann der Longenführer in Verbindung mit Stimme und Peitsche sein Pferd auf jeden Tempo- oder Gangartwechsel vorbereiten und dessen Aufmerksamkeit auf sich lenken. Wie beim Reiten sollten die Hilfen auch an der Longe sehr dosiert eingesetzt werden, um größtmögliche Wirkung erzielen zu können. Dazu gehört auch, dass weder Longe noch Peitsche ruckartig oder übermäßig eingesetzt werden dürfen. Beides würde dem Pferd das Vertrauen nehmen und eine zielorientierte Arbeit mit einem losgelassenen Pferd verhindern.

Anreiten

Wann reitet man ein junges Pferd am besten an?

Wenn es psychisch und physisch dazu in der Lage scheint. Das bedeutet, wenn es körperlich bereits einen Großteil seines Wachstums abgeschlossen und im Wesen die erste Kindlichkeit abgelegt hat, sodass es in der Lage ist, sich auf die Arbeit zu konzentrieren. Die meisten Pferde werden im 4. Lebensjahr angeritten, Junghengste häufig schon direkt nach der Körung. Spätreife Pferde(rassen) wie beispielsweise Isländer werden meist nicht vor dem 5. oder 6. Lebensjahr angeritten. Spätreife oder sehr groß gewachsene Warmblüter sollte man ebenfalls nicht zu früh anreiten, um dem Skelett und dem gesamten Bewegungsapparat genügend Zeit zur Reifung zu lassen. Vollblüter werden häufig schon sehr früh im Jährlingsalter angeritten. Dies ist möglich, da sie keine so komplexe Leistung erbringen müssen wie die klassischen Reitpferde.

Wie reitet man am besten ein junges Pferd an?

Für das Anreiten eines jungen Pferdes gibt es kein Pauschalrezept. Wichtig ist, je nach Methode und Disziplin, dass es weder für den Reiter noch für das Pferd gefährlich wird. Weiterhin sollte mithilfe des Anreitens der Grundstein für die weitere Ausbildung gelegt werden und es daher mit Bedacht und Vorsicht erfolgen. Jeder Ausbilder findet im Lauf der Jahre für sich die beste Methode in der er sich persönlich sicher fühlt und mit der er gefahrlos arbeiten kann. Sicherheit und Ruhe sind die wichtigsten Aspekte beim Anreiten, um weder Pferd noch Mensch zu gefährden. Generell sollten beim Anreiten die wichtigsten Verhaltenseigenschaften des Pferdes beachtet und sorgfältig in die Arbeit mit einbezogen werden.

Ausrüstung

Wozu braucht man Gamaschen und Bandagen?

Mithilfe von Gamaschen und Bandagen kann man das Pferdebein vor Verletzungen, Schlägen und Stößen schützen. Hinsichtlich Farbe, Material und Form sind den Produzenten keine Grenzen gesetzt. Je nach Disziplin gibt es verschiedene Varianten und Ausführungen. Wichtig ist, dass sie sich zum Beispiel in der Vielseitigkeit nicht mit Wasser vollsaugen und dadurch sehr schwer werden können. Bei Gamaschen muss darauf geachtet werden, dass sie gut passen und keine Scheuerstellen am Bein verursachen. Bandagen dienen auch der Optik, so werden zum Beispiel bei Zuchtschauen oder Galapräsentationen häufig vier weiße Bandagen angelegt, um die Gliedmaßen gleichmäßig erscheinen zu lassen. Wichtig ist, dass weder Gamaschen noch Bandagen das Pferdebein wirklich „stützen“ können. Die Kraft, die bei einem Gewicht von 500 kg und einer Geschwindigkeit von 50 km/h an einem Pferdebein entsteht, kann kein Material, das sich für das Anbringen an ein Pferdebein eignet, abfangen und stützen. Hinzukommt, dass die Kräfte in senkrechter Richtung von oben nach unten auf das Bein wirken und die Bandagen beispielsweise quer zum Bein gewickelt werden und in diesem Zusammenhang ohnehin nicht stützen könnten.

Wie heißen die Bestandteile des Sattels (Abb. 15)?

Ein Sattel besteht aus dem Sattelbaum, der darüber liegenden Sitzfläche mit dem Vorder- und Hinterzwiesel sowie der Sattelkammer im vorderen Bereich am Widerrist. Unter dem Sattelbaum sind die Sättel gepolstert, zwischen den Polstern befindet sich ein mehr oder weniger breiter Kanal, der für die Wirbelsäule Platz lässt. Die Sattelblätter befinden sich rechts und links seitlich unter dem Sattelbaum und schützen vor allem die Beine und Kleidung des Reiters vor dem Schweiß des Pferdes. Zwischen dem oberen Sattelblatt (Deckblatt) und dem Schweißblatt des Sattels sind die Strupfen für den Sattelgurt befestigt. Die Steigbügel werden in der Sturzfeder eingehängt. Auf dem Schweiß- oder Sattelblatt werden teilweise zusätzliche Pauschen angebracht, die die optimale Lage des Reiterschenkels unterstützen sollen.

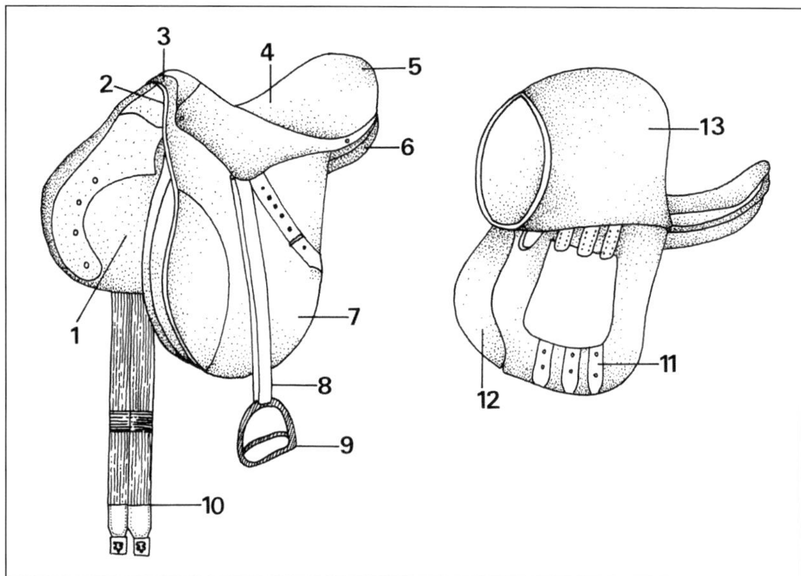

Abb. 15 Die Bestandteile des Sattels: 1 Schweißblatt, 2 Sattelkammer, 3 Vorderzwiesel, 4 Sitzfläche, 5 Sattelkranz, 6 Sattelpolster, 7 Sattelblatt, 8 Steigbügelriemen, 9 Steigbügel, 10 Sattelgurt, 11 Gurtstrupfen, 12 Sattelpausche, 13 Deckblatt.

Welche Sattelarten gibt es?

Es gibt für jede Reitweise und Disziplin verschiedene Sattelmodelle. So gibt es zum Beispiel spezielle Sattelbäume und Sattelformen je nach Einsatzzweck für Dressur, Springen, Vielseitigkeit, Distanzreiten und auch rassespezifische Sättel für Isländer, Westernpferde und Barockpferderassen. In der Regel sind alle Reitsättel mit einem Sattelbaum als Basis bzw. festem Kern ausgestattet, auf dem sich dann je nach Einsatzzweck alle anderen Lederteile aufbauen. Die gebräuchlichsten Sattelbäume sind aus Kunststoff, Leimholz mit Metallverstärkung oder aus Leder mit Metallverstärkung. Darüber hinaus gibt es sogenannte baumlose Sättel ohne festen Sattelbaum, welche gemäß FN auf Reitturnieren keine Zulassung haben.

Wie wird ein Sattel korrekt angepasst?

Der Sattel eines Pferdes muss ihm im Stand, Schritt, Trab, Galopp, verschiedenen Lektionen oder Sprüngen und zusätzlich auch unter unterschiedlichen Reitern passen. Überprüfbare und vor allen Dingen reproduzierbare Messdaten vom Pferd und Reiter sind daher extrem wichtig und sollten vom Sattelfachmann in jedem Fall dokumentiert werden. In der Praxis hat sich herausgestellt, dass der Sattel am besten angepasst werden kann, wenn das Pferd nach der Bewegung aufgewärmt ist, weil dann der Brustkorb zwischen den Vordergliedmaßen angehoben wird und sich die Sattellage am besten darstellt. Das Pferd sollte für die Aufnahme der Messdaten geschlossen auf einem ebenen Untergrund stehen. Zur Sattelvermessung und -anpassung gibt es verschiedene Systeme, die den gemessenen Pferderücken mehr oder weniger reproduzieren können, damit der Sattel anschließend entsprechend dieser Daten auf Maß gepolstert werden kann. Maßsysteme, die es dem Sattler ermöglichen, den Sattel im aufgelegten Zustand zu kontrollieren, sodass er in seiner Werkstatt von unten die Kissenform und Auflage auf einem reproduzierbarem „Dummy“ beurteilen kann, sind nach heutigem Stand der Technik die modernste Form der Sattelanpassung. Ein solches System wurde vom BVFR, dem Bundesverband der Sattlermeister Deutschlands, erfunden und hat als bundeseinheitliches Sattelmesssystem auch bei Gutachten bestand. Die Nutzung eines einheitlichen Systems wie diesem ermöglicht eine individuelle Qualitätssicherung im Sinne der Pferde.

Kann jeder Sattel für jedes Pferd angepasst werden?

Nein, denn ob ein Sattel für ein Pferd angepasst werden kann, hängt gleichermaßen von der Form des Pferderückens und der des Sattelbaums ab. Der Sattelbaum ist das Herzstück eines jeden Sattels und muss als Rohling schon in seinem Schwung und der Winkelung der Taille zur Oberlinie des Pferdes passen. Wenn das Sattelkissen dieser Form folgt, lässt sich über die Ortweitenänderung (am Kopfeisen) und die Kissenfüllung ein individuell passender Sattel finden bzw. anpassen. Als Faustregel würde demzufolge ein geschwungener Sattelbaum eher für ein Pferd mit geschwungener Oberlinie passen und ein gerader Sattelbaum eher auf einen geraden Pferderücken bzw. auch auf einen Remonterücken. Ein gut ausgebildeter Sattler bzw. Sattlermeister kennt die Sattelbäume unterschiedlicher Sattelmarken und kann daher von Vorneherein bestimmte Modelle vorschlagen oder aussortieren.

Was sind die Vor- und Nachteile von Sätteln mit oder ohne Sattelbaum?

Grundsätzlich hat der Sattel die Aufgabe, das Reitergewicht möglichst gut auf dem Pferderücken zu verteilen und dem Reiter gleichzeitig einen direkten Kontakt zum Pferd zu ermöglichen. Zur Rückenform passende Sattelbäume können diese an sie gestellten Anforderungen gut erfüllen, schlecht passende Sattelbäume dagegen fügen dem Pferd auf lange Sicht eher Schmerzen zu. Western-, Wanderreit- und Barockpferdesättel beispielsweise haben häufig eine sehr große Auflagefläche, wodurch sie den Druck – trotz ihres zum Teil hohen Eigengewichts – noch besser verteilen können. Ein Sattelbaum kann, ohne direkten Kontakt zur Sattellage zu bekommen, das Reitergewicht über das auf den Pferderücken individuell angepasste Sattelkissen gleichmäßig und flächig verteilen. Baumlose Sättel haben den Vorteil, dass sie den direkten Kontakt zum Pferd, seinen Bewegungen und seiner Wärme ermöglichen, was vor allem im therapeutischen Reiten von großer Bedeutung ist. Der Nachteil von baumlosen Sätteln liegt in der punktuellen Belastung des Pferderückens durch die Sitzbeinhöcker des Reiters. Dieser Druck kann nicht vom Pferderücken weggeleitet werden und kann bei der Verwendung von Steigbügeln an baumlosen Sätteln seitlich zusätzlich verstärkt werden.

Welche Folgen hat ein schlecht sitzender Sattel?

Ein schlecht sitzender Sattel kann gravierende Auswirkungen auf Gesundheit und Rittigkeit des Pferdes sowie den Reitersitz haben. Durch die Fehllage des Sattels wird zum einen der Reiter falsch hingesetzt (er kann beispielsweise durch den Sattel zu weit nach hinten, zu weit nach vorne, zu einer Seite oder hinsichtlich seiner Beinposition falsch gesetzt werden, was er selbst – ohne einen Wechsel des Sattels – nicht korrigieren könnte). Zum anderen können beim Pferd durch den schlecht sitzenden Sattel, dessen Fehllage durch das Reitergewicht noch weiter verstärkt wird, Muskelschäden, Fehlhaltungen, Schonhaltungen und sogar Taktfehler verursacht werden. Je stärker der Sattel an einer Stelle drückt, desto eher kommt es zu Muskelschwund oder Satteldruck. In dem Bestreben, das Pferd möglichst beidseitig gleichmäßig zu gymnastizieren und zu losgelassener Mitarbeit zu motivieren, ist ein gut passender Sattel eine Grundvoraussetzung.

Welche Zäumungen sind zu unterscheiden?

Im Reitsport können generell die Zäumungen mit und ohne Gebiss unterschieden werden. Neben zahlreichen Trensen- und Kandarenzäumen die mit Gebiss zu verwenden sind, gibt es auch verschiedene gebisslose Zäumungen, die in unterschiedlichen Bereichen zum Einsatz kommen. Die meisten gebisslosen Zäumungen wirken auf das Nasenbein und oder das Genick des Pferdes. Beispielhaft seien hier das (mechanische) Hackamore, das Sidepull oder das Bosal genannt.

Wie heißen die einzelnen Bestandteile der Trense (Abb. 16)?

Die Zäumung eines Pferdes besteht in der Regel aus einem Reithalfter mit Nasenriemen und Genickteil zum Verschnallen, einem Genickstück mit Kehlriemen, einem Stirnriemen und zwei Backenstücken. Dazu gehören weiterhin das Gebiss und die Zügel. Es gibt auch gebisslose Zäumungen, die dann meist kein Reithalfter mehr haben, weil die Einwirkung über den Nasenrücken erfolgt.

Welche Reithalfter gibt es (Abb. 16)?

Es gibt traditionell das Hannoversche Reithalfter, das Englische Reithalfter, das (englisch) kombinierte Reithalfter, das Mexikanische Reithalfter und das Bügelreithalfter. Das Englische sowie das Kombinierte Reithalfter gibt es in der „normalen“ einfachen Verschnallversion und in der „schwedischen“ Variante, wo die von der rechten Kopfseite des Pferdes kommende Strupfe des Reithalfters vor dem Einschnallen noch durch eine Umlenkrolle auf der linken Seite des Reithalfters geleitet wird. Mittlerweile sind auf dem Markt weitere neue Reithalfter- und Zäumungsvariationen erschienen, die entweder das empfindliche Genick oder

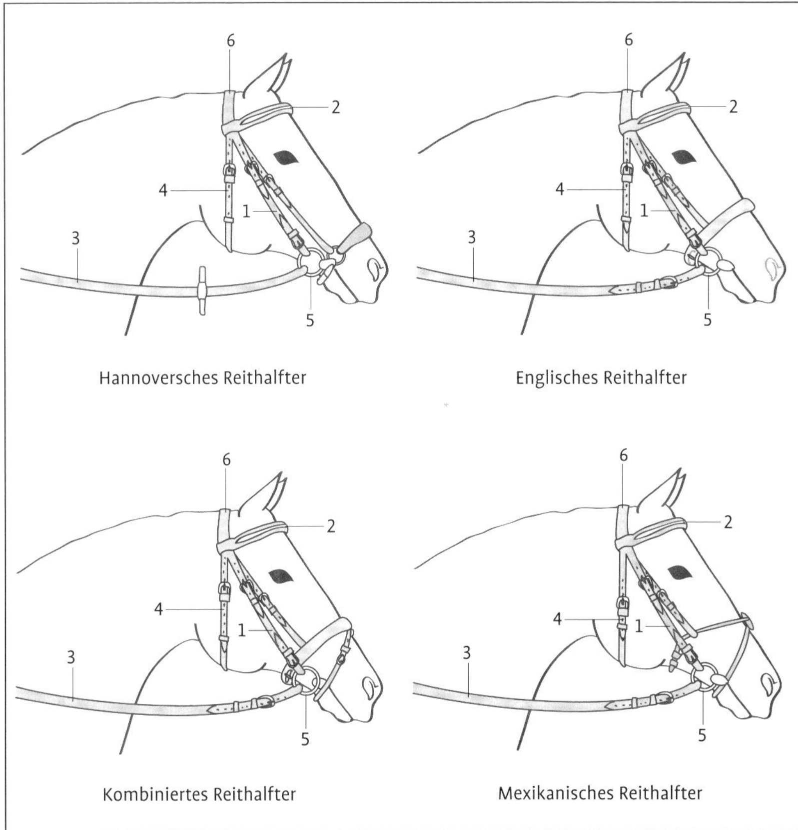

Abb. 16 Die Bestandteile der Trense: 1 Backenstück, 2 Stirnriemen, 3 Zügel, 4 Kehlriemen, 5 Trensengebiss, 6 Genickstück.

den Nasenrücken (oder beides) schonen sollen. Das Bügelreithalfter ist laut LPO nicht mehr auf Turnieren zugelassen.

Wie sollen Reithalfter verschnallt werden?

Das Englische Reithalfter sollte ein bis zwei Fingerbreit unter dem Jochbein verschnallt werden (je weniger Platz zwischen dem Ende der Maulspalte und dem Jochbein ist, desto höher muss das Reithalfter verschnallt werden um keine Hautfalte zu quetschen) und darf nur so eng geschlossen werden, dass zwischen Nasenriemen und Nasenbein bequem zwei Finger Platz finden. Gleiches gilt für das Kombinierte Reithalfter, in welches zusätzlich zum Nasenriemen noch ein sogenannter Sperr- oder Pullriemen eingezogen wird. Der Pullriemen darf das

Reithalfter nicht hinunterziehen oder den Druck auf den Nasenrücken mehr als notwenig (zwei Finger müssen Platz finden) verstärken.

Die schwedische Variante des Englischen oder Kombinierten Reithalfters sollte generell genauso verschnallt werden, wie das „normale" Reithalfter mit einfacher Verschnallung. Durch die Umlenkrolle sollen die auf die Nase des Pferdes wirkenden Kräfte besser verteilt werden, es können gerade dadurch jedoch starke Hebelkräfte zum Einsatz kommen, wodurch sich das Reithalfter (unbewusst) sehr eng zuziehen lässt. Hier ist besondere Vorsicht geboten, um dem Pferd keinen Schaden zuzufügen.

Das Hannoversche Reithalfter sollte unterhalb des Gebisses, aber mindestens drei Finger breit über dem oberen Nüsternrand verschnallt werden. Dies ist wichtig, damit dem Pferd im Bereich der Lufttrompete (das ist der Bereich der Nase, wo rechts und links vom knöchernen Nasenbein Aussparungen im Knochen zu finden sind und dem Pferd durch das Aufblähen der Nüstern das Weiten der Atemwege zum vermehrten Lufteinstrom ermöglicht wird) nicht die Atemwege zugeschnürt werden und es in der Folge zu Atemnot kommt. Hier ergibt sich ein anatomisch bedingtes Problem des Hannoverschen Reithalfters: Ist die Maulspalte des Pferdes zu kurz, so ist unter Umständen nicht genügend Platz zum korrekten Verschnallen des Reithalfters. Bei diesen Pferden sollte eine Alternative verwendet werden. Zwischen Reithalfter und Nasenbein sollten auch hier zwei Finger genügend Platz finden.

Das Mexikanische Reithalfter wird häufig falsch verschnallt, denn eigentlich sollte der obere Riemen des Reithalfters knapp unterhalb des Jochbeins und nicht genau über diesem mit nur wenig Fleisch gepolsterten Knochen verlaufen. Die beiden Riemen des Reithalfters kreuzen sich genau über dem Nasenrücken. Die Kreuzungsstelle sollte beispielsweise durch Leder oder Lammfell abgepolstert werden und ebenfalls Platz für zwei Finger lassen.

Wie wirken die unterschiedlichen Reithalfter?

Durch die Trichterform des sich nach unten hin verjüngenden Pferdekopfes entsteht beim Schließen des Englischen und des kombinierten Reithalfters ein enormer Druck auf das Genick. Der Genickriemen des Reithalfters verläuft genau hinter dem Hinterhauptsbein über das dort ansetzende Nackenband. Beim Zuziehen des Reithalfters unten verstärkt sich folglich der Druck sowohl auf das Nasenbein als auch den empfindlichen Bereich im Genick. Moderne Trensen führen diesen relativ schmalen Riemen zwar bereits über das Genickstück der Trense und können den Druck durch die breitere Auflagefläche etwas abmildern, dennoch wirken starke Kräfte auf den Bereich des Nackenbandansatzes. Das Hannoversche Reithalfter dagegen ist durch das fleischige Kinn des Pferdes vor dem „Hinunterrutschen" beim Schließen des Reithalfterriemens geschützt. Es wird folglich kaum Druck in der Genickregion verursacht. Dieses Reithalfter wirkt in erster Linie auf die Nase und das Maul, da es hier die Lage des Gebisses stabilisiert und die Zügelhilfen etwas direkter ankommen. Das Mexikanische Reithalfter wird durch die sich kreuzenden Riemen ebenfalls nicht so stark am Pferdekopf hinuntergezogen. Die Hauptwirkung bei diesem Reithalfter entsteht über den Druck am Nasenrücken. Bei Verwendung des Englischen, Kombinierten oder Schwedischen Reithalfters muss besonders bei Varianten mit viel Polster darauf geachtet werden, dass dieses dicke Polster nicht an den Seiten des Kopfes die dünne Haut an dieser Stelle zwischen die Zähne drückt, sodass sich das Pferd beim Abkauen zwangsläufig auf die Maulschleimhaut beißen muss.

Welche Gebisse gibt es?

Grundsätzlich lassen sich Gebisse in zwei Kategorien einteilen. Es gibt die Stangengebisse und die gebrochenen Gebisse. In jeder Kategorie gibt es jedoch hinsichtlich Material und Ausführung zahlreiche Varianten. Als Material kommen beispielsweise Leder, Metalle, Metallmischungen, Kunststoff, Gummi oder Nathe infrage. Die Gebisse gibt es in unterschiedlicher Stärke, einfach bis mehrfach gebrochen und die Stangen mit oder ohne Anzüge (Bäume), die unterschiedlich lang und beweglich sein können. Je nachdem, ob und wenn ja welche Art von Wettkampf ein Reiter mit seinem Pferd bestreiten möchte, geben die jeweils zuständigen Regelwerke einen guten Einblick in die verschiedenen erlaubten Gebisse. Die ein- oder zweifach gebrochenen Gebisse werden je nach Gestaltung des Trensenrings als Wasser-, D-Ring-, Knebel- oder Olivenkopftrensen bezeichnet. Pelhams gibt es als Stangengebiss oder in der gebrochenen Variante. Sie können mit dem Englischen oder Kombinierten Reithalfter sowie einer Kinnkette verwendet werden. Pelhams werden einzeln verschnallt und haben Ösen zum Einschnallen von zwei Zügelpaaren im Bereich des Gebisses und am Ende des Anzugs. Hier kann auch ein Steg verwendet werden, sodass der Reiter nur einen Zügel in der Hand halten muss. Kandaren sind Stangengebisse mit unterschiedlich langen Anzügen, bei denen der Kandarenzügel am Ende des Anzugs verschnallt wird. Kandaren werden ausschließlich mit dem Englischen Reithalfter und immer in Kombination mit einer Unterlegtrense (und separat daran verschnallten Zügeln) verwendet. Im Bereich des Westernsports kommen neben den Trensen (Snaffle) in unterschiedlichen Metall- und Mundstückvarianten vor allem die Gebisse (Bits) mit unterschiedlich langen Anzügen (Shanks) zum Einsatz. Diese Gebisse gibt es mit unterschiedlichen Varianten des Mundstücks, das es gebrochen, als Stange oder als Stange mit Zungenfreiheit (Port) oder mit eingebauten Kupferrollen geben kann. Die Anzüge (Shanks) sind unterschiedlich beweglich.

Ist es erlaubt, auf dem Turnier verschiedene Gebisse und Hilfsmittel zu benutzen?

Je nach Disziplin und Prüfungsklasse sind unterschiedliche Gebisse und Hilfsmittel erlaubt. Die jeweils gültigen Bestimmungen sind in der Leistungsprüfungsordnung der Deutschen Reiterlichen Vereinigung e. V. (FN) oder in den anderen disziplinspezifischen Regelwerken zu finden.

Was sind typische Gebisse?

Typische bzw. häufig verwendete Gebisse sind vor allem die, die in der Leistungsprüfungsordnung (LPO) der Deutschen Reiterlichen Vereinigung e. V. als für bestimmte Leistungsprüfungen zulässig aufgelistet werden. Darunter fallen vor allem die Wassertrense, das Olivenkopfgebiss, die Knebeltrense, Stangengebisse, Pelhams und Kandaren sowie Unterlegtrensen. Die meisten Gebisse gibt es in verschiedenen Materialien (Leder, Kunststoff, Gummi, Metalle) und anatomischen Passformen und fast alle (außer den Stangen) sind in einfach oder doppelt gebrochener Ausführung zu bekommen.

Welche Hilfszügel gibt es?

Die Auswahl an Hilfszügeln auf dem Markt der Reitsportprodukte ist groß. In Turniersportprüfungen und Reitabzeichen auf unterster Ebene bzw. auf dem Abreiteplatz von Springprüfungen sind jedoch – je nach Bestimmung in der LPO – verschiedene „klassische" Hilfszügel erlaubt, die auch an dieser Stelle Erwähnung finden sollten. Zunächst gibt es den klassischen Ausbinder, der auf beiden Seiten des Pferdes vom Sattelgurt bis zum Pferdemaul geführt und am Gebiss eingehakt wird. Dann gibt es den sogenannten Stoßzügel (er ist derzeit auf Turnieren nicht zugelassen), der am Gurt befestigt und zwischen den Pferdebeinen hindurch bis zur sogenannten Brücke am Pferdemaul geführt wird. Die Brücke verbindet beide Gebissringe und hat mittig einen Ring zum Einhaken des Stoßzügels. Weiter gibt es den Dreieckszügel, der unten mittig am Gurt befestigt wird, zwischen den Beinen des Pferdes hinauf zum Maul verläuft und dort durch den Gebissring zurück zum Sattelgurt (seitlich) geführt wird, wo er dann verschnallt werden kann. Ergänzend zum Dreieckszügel gibt es den sogenannten Laufferzügel, der nicht zwischen den Pferdebeinen, sondern seitlich am Sattelgurt seinen Ursprung hat, durch die Gebissringe am Maul verläuft und im oberen Bereich des Sattels oder Longiergurtes wieder verschnallt werden kann. Ein in Springprüfungen häufig gesehener Hilfszügel ist das gleitende Ringmartingal. Dies besteht aus einem Halsriemen oder Vorderzeug und der daran befestigten Ringgabel, die ebenfalls zwischen den Beinen des Pferdes am Sattelgurt befestigt wird. Die Zügel werden von Gebissseite aus durch die Ringe des Martingals geführt und können dann wie beim Reiten ohne Hilfszügel vom Reiter genutzt werden. Ein weiterer Hilfszügel, der nur in der Hand von versierten Profis zum Einsatz kommen sollte, ist der Schlaufzügel. Dieser wird wie der Dreiecks- oder Laufferzügel zwischen den Beinen des Pferdes oder seitlich am Sattelgurt befestigt und anschließend durch die Gebissringe geführt und von der Reiterhand gehalten. Weitere Hilfszügel, die jedoch nur selten zum Einsatz kommen sind das Chambon und das Gogue. Vom Halsverlängerer aus Gummi sollte man Abstand halten, da der über das Genick durch die Gebissringe bis zum Sattelgurt geführte Hilfszügel wie ein Expander wirken kann und langfristig, wenn das Pferd permanent mit seinem Unterhals gegen den Druck des Gummis arbeitet, genau die gegenteilige Wirkung erzielt, weil es ständig die falschen Muskeln trainiert.

Pferdesportler ausbilden

Wie sieht guter Reitunterricht aus?

Guter Reitunterricht zeichnet sich in erster Linie dadurch aus, dass der Reiter spür- und sichtbar weiterkommt und nicht zu viele Kommandos und Anweisungen (auf einmal) erhält. Der Reitunterricht hat sich in den letzten Jahren deutlich gewandelt, so dass mittlerweile eher handlungsorientiert als anweisungsgebunden unterrichtet wird bzw. werden soll. Die durch den Schüler selbst durchgeführte vollständige Handlung steht dabei im Mittelpunkt, denn der Reitschüler soll lernen, auch in Abwesenheit seines Reitlehrers das Pferd sinnvoll und zielführend zu arbeiten. Eine wichtige Grundvoraussetzung ist hier, dass der Schüler im Reitunterricht lernt zu fühlen, um korrekte oder falsche Bewegungsmuster von sich und dem Pferd auch ohne Feedback von unten zu bemerken und zu korrigieren. In gutem Reitunterricht findet außerdem ein Dialog zwischen Schüler und Lehrer statt, der durch Rückmeldungen, Feedback und das Besprechen des Erlebten stattfindet. Der Schüler sollte immer wieder aufgefordert werden, seine eigene Handlung zu reflektieren und das Erfühlte zu beschreiben. Davon unabhängig sollte in der Reitstunde eine Überforderung vermieden und bestimmte methodische Grundsätze beachtet werden. Dabei sollte der Unterricht stets vom Bekannten zum Unbekannten, vom Leichten zum Schweren und vom Einfachen zum Komplexen gestaltet werden.

Was ist mit der „vollständigen Handlung“ im Reitunterricht gemeint?

Die sogenannte vollständige Handlung kommt aus der Berufspädagogik, soll die Schüler zum selbstständigen Handeln anregen und ihnen generelle Handlungskompetenz für das gesamte Berufsleben vermitteln. Die vollständige Handlung beinhaltet verschiedene Phasen, die vom Schüler selbstständig und eigenverantwortlich durchgeführt werden sollen. Hierzu gehören Informieren, Planen, Entscheiden, Durchführen, Kontrollieren und Beurteilen. Stellt der Handelnde am Schluss fest, dass das Ziel nicht erreicht wurde, beginnt der Handlungszyklus von Neuem. Auch im Reitunterricht kann das System der vollständigen Handlung angewendet werden, zum Beispiel bei neuen Lektionen. Sinnvoll ist es hier, mittels Videoanalyse das Gelingen der Arbeit für den Reitschüler sichtbar zu machen.

Was sind Grundvoraussetzungen für guten Reitunterricht?

Grundvoraussetzung für guten Reitunterricht ist ein fachkundiger und konzentrierter Reitlehrer mit pädagogischem Geschick und verschiedenen Ideen, der die Stunden anspruchsvoll, abwechslungsreich und angemessen gestaltet. Der Reitlehrer sollte sich dem Reiter-Pferd-Paar anpassen und auf dessen individuelle Probleme, Ziele oder Wünsche und dessen Lernverhalten eingehen. Sowohl Reitlehrer als auch -schüler sind pünktlich und im Umgang miteinander höflich. Der Reitlehrer spricht laut und deutlich, der Reitschüler beginnt keine Diskussionen, beteiligt sich aber interessiert am gegenseitigen Austausch. Abhängig vom

Ziel der Stunde und der aktuellen Situation wird der Unterricht handlungsorientiert oder auch mal anweisungsgebunden gestaltet. Der Reitschüler erhält konstruktives Feedback und darf seine eigenen Empfindungen und Wünsche mit einbringen. Der Reitlehrer ist einfühlsam und kann sich auf jeden Reitschüler einstellen. Ziel des Reitunterrichts sollte sein, dass der Schüler auch ohne den Reitlehrer in der Lage ist, sein Pferd in Richtung der eigenen Ziele zu arbeiten, und nicht nur auf Unterstützung von unten angewiesen ist. In gutem Unterricht wird ganzheitlich an Pferd und Reiter gearbeitet und das Gefühl des Schülers angesprochen.

Wann und warum sollte Reitunterricht (schriftlich) geplant werden?

Viele erfahrene Reitlehrer brauchen sich nicht mehr auf jede einzelne Stunde mit einem schriftlichen Plan vorzubereiten. Bei weniger erfahrenen Unterrichtenden, großen Zielen sowie langfristiger Saisonplanung kann ein schriftlicher Unterrichtsplan durchaus hilfreich sein. Die Dokumentation von Voraussetzungen, theoretischen Hintergründen, Methoden und Wegen hilft allen Beteiligten bei der Strukturierung und Umsetzung.

Wie sollte eine Unterrichtsplanung aufgebaut sein?

Die (schriftliche) Unterrichtsplanung sollte folgende Kriterien zumindest Stichpunktartig enthalten:

1. **Thema und Ziel der Stunde:** Was möchte der Reiter lang- und kurzfristig mit seinem Pferd erreichen und was soll das Thema der Stunde sein?
   Zum Beispiel kann das Langziel das Reiten einer L-Dressur, das Kurzziel für die Stunde das korrekte Reiten eines Kurzkehrts und das Thema der Stunde die korrekte Hilfengebung zum Reiten der Lektion sein.
2. **Lernvoraussetzungen:** Welche Voraussetzungen bringen Pferd, Reiter und Umgebung mit – was muss im Unterricht beachtet werden?
   Zum Beispiel muss ein vierjähriges, frisch angerittenes Pferd mit einem fortgeschrittenen Anfänger auf einem großen Außenplatz neben der Autobahn anders unterrichtet werden als das M-fertige Dressurpferd unter einer erfolgreichen jungen Reiterin in der Reithalle einer Privatanlage.
3. **Sachanalyse:** Welche theoretischen Hintergründe sind für die zu planende Stunde von Bedeutung?
   Zum Beispiel müssen für eine Springstunde, in der als Stundenziel ein Standardparcours der Klasse L korrekt geritten werden soll, in der Sachanalyse unter anderem der Galopp mit Fußfolge und Tempo, die Abmessungen der Hindernisse, die Arten der Sprünge, die Maße von Distanzen und Kombinationen, der gesamte Parcours und die korrekte Hilfengebung erläutert werden. Auch mögliche Probleme und vorhandene Alternativen in der Unterrichtsgestaltung sollten in der Planung berücksichtigt werden.

4. **Methodik und Didaktik:** Was wird im Unterricht wie (Methodik) und warum (Didaktik) gemacht?
   Zum Beispiel kann es Sinn machen, einem Reitschüler das Erlernen korrekter Hufschlagfiguren durch Vorlaufen oder entsprechend platzierte Pylonen zu erleichtern. Das Vorlaufen (Methode) wird gemacht, damit (Didaktik) der Schüler sich die Linie ansehen und einprägen kann, bevor er sie selbst reiten muss. Die Pylonen (Methode) werden aufgestellt, damit (Didaktik) der Reiter sichtbare Punkte hat, an denen er sich beim Reiten der Hufschlagfigur orientieren kann. Die Didaktik bezieht sich jedoch nicht nur auf die gewählten Methoden, sondern auch auf die Auswahl des Lerngegenstands. Sie resultiert aus den Lernvoraussetzungen und den Zielen des Schülers und begründet den Unterrichtsaufbau sowie -inhalt.
5. **Stundenverlaufsplanung:** Was wird im Unterricht in welcher Reihenfolge gemacht?
   Zum Beispiel folgt in einer Stunde, in der im Gelände ein kleiner Parcours über feste Hindernisse gesprungen werden soll, auf die individuelle Lösungsphase die Arbeitsphase, in der zunächst unterschiedliche Galopptempi geritten werden, bevor das Springtraining mit leichte Einzelhindernissen beginnt, auf die sich eine gerittene Folge dieser bereits überwundenen Sprünge anschließt. Als Abschluss wird dann der ganze Parcours gesprungen, bevor eine Entspannungsphase und das Trockenreiten folgt.
6. **Skizze:** Wie wird etwas im Unterricht aufgebaut?
   Hier können zum Beispiel die Pylonen oder der Parcours aufgezeichnet werden.
7. **Benötigte Utensilien:** Hier sollte aufgelistet werden, was im Unterricht an zusätzlichem Material gebraucht wird, damit es rechtzeitig vorbereitet werden kann.
   Zum Beispiel kann hier die Anzahl an benötigten Stangen und Hindernissen für eine Springstunde vermerkt werden.

Wie sollte Reitunterricht grundsätzlich aufgebaut sein?

Der Aufbau einer guten Reitstunde hängt im Detail von Reiter und Pferd sowie ihren Lernvoraussetzungen ab. Generell wird eine Unterrichtseinheit in Einleitung (Aufwärmen und Lösen von Reiter und Pferd), Hauptteil (Arbeitsphase, Erarbeitung von Thema und Lernziel der Stunde) sowie Schluss (Ausklang, „cool-down“ des Pferdes) unterteilt.

Züchtung

Zyklus der Stute und Bedeckung

Wie ist der Zyklus der Stute?

Die Stute hat einen Zyklus von ca. 21 Tagen. Den Zeitpunkt vom ersten Tag der Rosse bis zum ersten Tag der nächsten Rosse wird als Zyklus bezeichnet. Etwa die ersten sieben Tage des Zyklus' werden als Rosse bezeichnet, das ist der Zeitraum, in dem die Stute paarungsbereit ist und der Eisprung stattfindet. Von Tag acht bis 21 dauert die sogenannte Zwischenrosse. Hier ist die Stute nicht paarungsbereit und schlägt den Hengst deutlich ab. Sowohl bei der Rosse- als auch bei der Zyklusdauer können Schwankungen von etwa drei Tagen (länger oder kürzer) vorkommen. Es ist jedoch unwahrscheinlich, dass die Zyklusdauer einer bestimmten Stute zwischen den Zyklen variiert, wobei die Zyklen im Frühjahr z. T. deutlich länger sein können.

Welche Möglichkeiten gibt es beim Belegen einer Stute / Welche Bedeckungsverfahren gibt es?

Zur Belegung einer Stute gibt es verschiedene mögliche Verfahren. Das natürlichste Verfahren ist die Weidebedeckung. Hier wird der Hengst einer Stutenherde zugeführt und deckt die Stuten selbstständig und ungesteuert. Etwas weniger natürlich, aber immer noch mit direktem Kontakt von Stute und Hengst ist der Natursprung bzw. Sprung aus der Hand. Hier werden Hengst und Stute von Menschen gehalten und zum richtigen Zeitpunkt (ermittelt durch Abprobieren und Follikelkontrollen durch den Tierarzt) einander zugeführt. Die Stute ist meist zum Schutz des Hengstes gefesselt und wird zusätzlich vom Menschen fixiert. Nach der Bedeckung werden beide wieder getrennt. In der Warmblutzucht hat sich mittlerweile als Standardbedeckungsmethode die sogenannte künstliche Besamung etabliert. Hierbei wird der Hengst mit Hilfe einer künstlichen Scheide auf dem Phantom abgesamt und das Sperma anschließend mittels Verdünnung, Zentrifugierung und Kühlung aufbereitet. So kann der Samen per Post bzw. Kurier über sehr weite Strecken verschickt werden, um bei der Stute via Insemination zum richtigen Zeitpunkt (ermittelt durch Abprobieren und Follikelkontrolle durch TA) in die Gebärmutter eingeführt zu werden. Eine Sonderform der Konservierung von künstlichem Sperma ist das Tiefgefrierverfahren. Hier wird das Sperma mithilfe von „Frostschutzmittel" so aufgearbeitet, dass es in flüssigem Stickstoff bei −196 °C über viele Jahre gelagert werden kann.

Wie und wann wird die Stute auf Trächtigkeit untersucht?

Es gibt verschiedene Möglichkeiten, die Stute auf Trächtigkeit zu untersuchen.

Ultraschall:

Die erste Möglichkeit bietet sich bereits 14 Tage nach der Besamung. Dies ist der Zeitpunkt, an dem die Gebärmutter „merkt", dass sich ein Ei einnisten wird und sich entsprechend darauf vorbereitet. Zu diesem Zeitpunkt kann man eine mögliche Trächtigkeit allerdings nur auf dem Ultraschall erkennen und die Untersuchung ist noch sehr ungewiss, da das Ergebnis nicht immer eindeutig ist, weil meist noch keine Frucht, sondern nur ein flüssigkeitsgefüllter Bereich in der Gebärmutter dargestellt werden kann. Die Frucht ist zu dieser Zeit noch frei beweglich in der Gebärmutter. Am 18. bis 21. Tag ist die Ultraschalluntersuchung schon sicherer, da die Frucht schon deutlich erkennbar ist und etwa ab dem 21. Tag ihr pulsierendes Herz darstellbar wird. Je später die Stute im Verlauf der Trächtigkeit untersucht wird, desto weniger eignet sich hierfür der Ultraschall. Der Fetus wächst mit der Zeit so stark, dass er sich bald nicht mehr mit dem Schallkopf erfassen und abbilden lässt.

Abprobieren:

Beim sogenannten Abprobieren werden Hengst und Stute zueinander geführt und kontrollierter Kontakt zwischen den beiden zugelassen. Mit dem Abprobieren sollen Zykluszustand und Deckbereitschaft der Stute getestet und sowohl Hengst als auch Stute vor dem anschließenden Bedecken bzw. Ab- und Besamen stimuliert werden. Etwa vom 18. bis 21. Tag nach der letzten Bedeckung oder Besamung kann man über das Abprobieren bereits herausfinden, ob die Stute rossig wird oder nicht. Wenn sie nicht rossig wird ist das zwar kein eindeutiges Zeichen für eine Trächtigkeit, die Rosse hingegen zeigt zweifelsfrei eine erfolglose Befruchtung an und spart ggf. Tierarztkosten für weitere Untersuchungen.

Rektaluntersuchung:

Eine zu diesem Zeitpunkt nicht rossige Stute kann zwischen dem 20. und 28. Tag auch rektal untersucht werden, denn jetzt zeigt die Kontraktilität (Bereitschaft, sich zusammenzuziehen) der Gebärmutter an, ob die Stute tragend ist (Gebärmutter zieht sich bei Berührungen sofort zusammen) oder nicht (Gebärmutter reagiert nicht auf Berührungen). Die rektale Palpation gibt ebenfalls recht früh Auskunft über eine potenzielle Trächtigkeit und kann noch relativ lange (bis die Frucht zu weit nach vorne abgesackt ist) zur Diagnose herangezogen werden. Im späteren Verlauf der Trächtigkeit hingegen ist das Fohlen dann schon wieder durch seine Größe im rektal palpierbaren Bereich fühlbar.

Hormonuntersuchungen:

Auch die Hormonuntersuchung ist eine Methode zur Trächtigkeitsdiagnostik. Ab dem 21. Tag nach der Besamung kann im Blut eine Progesteronbestimmung durchgeführt werden. Ab dem 35. Tag, am besten zwischen dem 60. und 65. Tag, aber nicht später als am 120. Tag, kann im Blut der Stute das sogenannte PMSG (Pregnant Mare Serum Gonadotropin) nachgewiesen werden. Im Urin der tragenden Stute findet sich ab dem 120. Tag das Hormon Östrogen.

Zusammenfassung:
Ab dem 40. Tag ist das Ei fest eingenistet, weshalb die Trächtigkeit sicherer und die Untersuchung aussagekräftiger wird. Viele Züchter lassen ihre Stuten am 21. und am 40. Tag per Ultraschall untersuchen, da die Kombination dieser beiden Untersuchungen ein relativ sicheres Ergebnis bringt.

Was sind die Risiken einer Mastdarmuntersuchung (Rektaluntersuchung)?

Die Mastdarmuntersuchung wird häufig von Tierärzten angewendet, um bei Koliken den Zustand der Därme zu fühlen. Weiterhin spielt diese Untersuchung in der Gynäkologie eine große Rolle, da sowohl die Zyklus- und Follikelkontrollen vor der Bedeckung, als auch die Trächtigkeitsuntersuchung nach der Besamung oder Bedeckung über die sogenannte rektale Palpation oder eine rektale Ultraschalluntersuchung durchgeführt werden. Auch Untersuchungen des Beckens können über den Mastdarm erfolgen. Die Gefahren dieser Untersuchung liegen in der dünnen Darmwand des Pferdes, die bei dieser Untersuchung stets verletzungsgefährdet ist. Da diese Untersuchung nur von geschulten Tierärzten durchgeführt werden darf, sollte kein Laie auf die Idee kommen, sie selbst zu probieren. Bei einer Verletzung der Darmwand muss sofort gehandelt werden, da es sonst zu schweren inneren Verletzungen und Blutungen kommen kann, die das Pferd unter Umständen nicht lange überlebt.

Warum ist eine Zwillingsträchtigkeit so gefährlich?

Das Pferd ist hinsichtlich seiner Natur ein eingebäriges Tier. Der gesamte Organismus und Geschlechtsapparat der Stute ist nicht für die Versorgung von zwei Fohlen ausgerichtet. Zwei Föten können demzufolge sowohl in der Trächtigkeit als auch während der Geburt zu erheblichen Problemen führen. Häufig stirbt mindestens ein Zwilling während der Geburt oder sogar schon in der Trächtigkeit ab. Während der Geburt kann der zweite Zwilling im Mutterleib ersticken, wenn durch das Platzen der Fruchtblase schon zu viel Fruchtwasser ausgetreten ist. Durch den bei zwei Fohlen deutlich verringerten Platz im Leib der Stute können sich die Fohlen nicht immer in die richtige Geburtsposition drehen, was zu größten Komplikationen im Geburtsverlauf führen kann. Auch die Stute kann während dieser Phase durch die doppelte Anstrengung der Geburt Kreislaufprobleme bekommen.

Geburt

Wie heißen die Phasen der Geburt?

Die Geburtsphasen heißen Eröffnungsphase, Austreibungsphase und Nachgeburtsphase.

Wie verläuft die Geburt?

Die Geburtsphasen Eröffnungsphase, Austreibungsphase und Nachgeburtsphase schließen sich unmittelbar aneinander an. Bereits vor der Eröffnungsphase lässt sich am wachsenden Euter mit Harztropfen und den einfallenden Beckenbändern die nahende Geburt erahnen. Die Eröffnungsphase der Geburt wird durch hormonelle und nervöse Mechanismen im Körper der Stute ausgelöst. Man geht davon aus, dass das Fohlen selbst die Signale für die Einleitung der Geburt an das Gehirn der Stute sendet. Durch diese Signale wird der gesamte Geburtsvorgang eingeleitet. Mit den einsetzenden Wehen (deutliche Schmerzen für die Stute, kolikartige Symptome) beginnt die Eröffnungsphase, die 30 Minuten bis zu vier Stunden dauern kann und je nach Stute, deren Schmerzempfinden und ihrer Geburtserfahrung unterschiedlich ausgeprägt ist. Die Schmerzen (Wehen) wechseln mit Phasen der absoluten Ruhe und werden ausgelöst durch das Fohlen, das sich in dieser Geburtsphase in die richtige Position dreht. Zur Geburt liegt das Fohlen mit seiner Wirbelsäule nach oben und dem Kopf auf den gestreckten Vorderbeinen in Richtung des Muttermundes. Diese Lage des Fohlens wird als Vorderendlage in oberer Stellung bezeichnet und ermöglicht in den meisten Fällen eine problemlose Geburt. Mit dem Platzen der äußeren Fruchtblase und einem schwallartigen Abfluss des Fruchtwassers aus dem Geburtskanal geht die Eröffnungsphase in die Austreibungsphase über. Bereits fünf Minuten nach dem Platzen der äußeren Eihaut erscheinen zwischen den Schamlippen kurz nacheinander die von der inneren Eihaut umhüllten Vorderbeine und der darauf liegende Kopf des Fohlens. Durch die nun folgenden Austreibungs- oder Presswehen wird das Fohlen stoßweise in etwa fünf bis 30 Minuten durch den Geburtskanal geschoben. Wenn der Brustkorb als dickste Stelle des Fohlens den knöchernen Beckenring (die engste Stelle im Geburtskanal) hinter sich gebracht hat, setzt in der Regel die eigenständige Atmung des Fohlens ein. Hier ist es besonders wichtig darauf zu achten, ob die direkt über dem Kopf des Fohlens liegende innere Eihaut im Verlauf der Austreibungsphase von alleine gerissen ist. Falls dies nicht der Fall ist, sollte man die Eihaut direkt an den Nüstern des Fohlens aufreißen, damit es nicht in der eigenen Fruchthülle erstickt. Wenn das Fohlen vollständig auf der Welt ist, reißt die Nabelschnur normalerweise bei den ersten Aufstehversuchen des Fohlens an der dafür vorgesehenen Stelle. Mit der Trennung von Stute und Fohlen durch das Reißen der Nabelschnur verliert die Plazenta ihre Funktion und die Nachgeburtsphase beginnt. Die Plazenta löst sich in dieser Phase durch die nun einsetzenden Nachwehen von der Gebärmutter und wird ebenfalls durch den Geburtskanal ausgetrieben. Die noch nicht vollständig abgelöste Nachgeburt darf nicht gewaltsam entfernt, sondern muss komplett von der Stute ausgetrieben werden. Die Nachgeburt sollte innerhalb von 15 bis spätestens 120 Minuten nach der Geburt des Fohlens vollständig abgegangen sein. Während der Nachgeburtsphase beginnt das Fohlen meistens schon fünf bis zehn Minuten nach der Geburt mit den ersten Aufstehversuchen und kann bald darauf auch stehen. Bis spätestens zwei Stunden nach der Geburt müssen Fohlen mit der lebenswichtigen Biestmilch versorgt werden, da diese Milch lebenswichtige Antikörper und weitere Schutzstoffe enthält. Es sollte ebenfalls darauf geachtet werden, dass das Fohlen kurz nach der Geburt ausreichend Darmpech absetzt, damit es nicht zu einer Darmpechverhaltung kommt, was mit starken Schmerzen für das Fohlen verbunden sein kann.

Welche Utensilien braucht man bei einer Fohlengeburt?

Bei einer Geburt sollten folgende Utensilien bereitliegen: abgekochte Handtücher, Eimer (mit heißem Wasser), saubere Geburtsstricke, Seife, Jod (und einen Eierbecher), ein Einmalklistier (zum Eingeben in den After des Fohlens; gibt es beim Tierarzt), saubere Schnur (ggf. zum Abbinden der Nabelschnur sowie zum Hochbinden der Nachgeburt), eine Schere sowie eine Wurmkur für die Stute. Wichtig ist für ungeübte Geburtshelfer vielleicht noch ein Spickzettel mit den wichtigsten Informationen sowie ein aufgeladenes Handy mit der Nummer des diensthabenden Tierarztes (ggf. kann man den Tierarzt im Vorfeld der Geburt schon einmal „vorwarnen", dass möglicherweise bald eine Nachtschicht nötig wird).

Was ist bei der Fohlengeburt zu beachten?

Bei der Geburt eines Fohlens gibt es zahlreiche Dinge, die im Vorfeld, während der eigentlichen Geburt und nach der Geburt bei Stute und Fohlen zu beachten sind. Wichtig ist, die Stute etwa sechs Wochen vor dem errechneten Geburtstermin in den Stall zu bringen, in dem sie auch abfohlen soll. So ist gewährleistet, dass ihre Milch die stallspezifischen Antikörper enthält, die das Fohlen nach der Geburt aufnehmen muss, um gegen Infektionen gewappnet zu sein. Der Geburtsstall sollte sauber sein und keine alten Kotreste (von anderen Pferden) enthalten. Krippe, Tränke und Boden der Box sollten vor dem Einstallen der Stute gründlich gesäubert werden. Vor der Geburt sollte das Euter der Stute regelmäßig kontrolliert und berührt werden, um die Stute an die Berührungen durch das Fohlen zu gewöhnen. Für die Geburt sollten alle wichtigen Utensilien rechtzeitig bereitgelegt werden, um im entscheidenden Fall nicht lange suchen zu müssen. Während des Geburtsverlaufs sollten die anwesenden Personen möglichst Ruhe bewahren und sich nur derjenige mit der Stute direkt beschäftigen, den sie am besten kennt. Eingreifen sollte man nur, um der Stute zu helfen oder wenn es nicht weitergeht, und dann auch nur auf bestimmte Art und Weise. Zu Beginn der Austreibungsphase muss sehr genau auf die Lage des Fohlens geachtet werden. Bei Erscheinen von nur einem Bein oder der Hufsohlen (anstelle der Hufoberseite) sollte sofort der Tierarzt gerufen werden, da dies für eine falsche Lage des Fohlens spricht. Helfen kann man der Stute zum Beispiel in der Austreibungsphase, indem man während der Wehen an beiden Vorderbeinen (oberhalb der Fesseln) in Richtung der Sprunggelenke am Fohlen zieht. Vorher sollte man darauf achten, die Fruchthülle von der Nase des Fohlens zu entfernen, damit es bei einsetzender Atmung nicht erstickt. Nach der Austreibungsphase sollte die Nachgeburt am Schweif hochgebunden werden, damit die Stute nicht darauf tritt und sie zerreißt. Wenn das Fohlen im Stroh liegt, sollte seine Atmung kontrolliert und auf die Aufstehversuche geachtet werden. Auf keinen Fall sollte man den Schluckreflex kontrollieren, indem man dem Fohlen den Finger ins Maul steckt. Die Gefahr der Bakterienaufnahme wäre in diesem Fall zu groß. Das Suchen und Finden des Euters sowie erste Trinkversuche sollten ebenfalls kontrolliert und ggf. begleitet werden. Ebenfalls sollte auf das vollständige Abgehen der Nachgeburt geachtet werden. Notfalls muss auch hier der Tierarzt gerufen werden.

Welche Komplikationen können bei einer Geburt entstehen?

Die häufigsten Komplikationen bei der Geburt sind eine falsche Lage des Fohlens, vorzeitige Ablösung der Plazenta, ein zu frühes Abreißen der Nabelschnur, Nachgeburtsverhaltung und der fehlende Schluckreflex beim Fohlen.

Wie heißt die Lage des Fohlens bei der Geburt?

Das Fohlen kommt im Normalfall in Vorderendlage, oberer Stellung und gestreckter Haltung zur Welt. Das bedeutet, dass das Vorderteil des Fohlens zum Hinterteil der Stute zeigt, die Wirbelsäule des Fohlens oben ist, die Vorderbeine nach vorne gestreckt werden und das Fohlen Kopf und Hals auf den Vorderbeinen nach vorne gestreckt ablegt.

Hormonzyklus der Stute

Wie verläuft der Hormonzyklus der Stute?

Die einzelnen, auf den Zyklus einer Stute einwirkenden Hormone lassen sich ab der Initiierung nach der Zyklusruhe im Frühjahr wie ein Kreislauf darstellen, der sich etwa alle 21 Tage wiederholt. Durch vermehrte Sonneneinstrahlung, die von der Netzhaut aufgenommen und verarbeitet wird, sinkt der Melatoninspiegel, was im Gehirn die Ausschüttung von GnRH bewirkt. Das GnRH (Gonadotropinreleasinghormon) bewirkt ebenfalls am Gehirn die Ausschüttung des Follikelstimulierenden Hormons (FSH), was am Eierstock das Wachstum der Follikel bewirkt. Die heranwachsenden Follikel (flüssigkeitsgefüllte Bläschen) produzieren in ihrer Flüssigkeit ebenfalls ein Hormon, das Rossehormon Östrogen. Dieses Hormon hat vielfältige Wirkungsweisen. Zum einen ist es für die Wesensänderung der Stute zuständig und verursacht die äußeren Rossesymptome wie häufiges Urinieren, Zärtlichkeit, Zickigkeit, Blitzen etc. In der Gebärmutter und der Scheidenregion wirkt es ebenfalls, da durch Östrogen die Schleimhäute vermehrt durchblutet werden, der Muttermund sich öffnet und der Brunstschleim produziert wird. Östrogen wirkt außerdem über eine Rückkopplung am Gehirn. Die größer werdenden Follikel produzieren immer mehr Östrogen, sodass der Östrogenspiegel am Gehirn ansteigt (es kommt immer mehr Östrogen am Gehirn an). Wenn der Follikel groß genug geworden ist und dadurch sehr viel Östrogen produziert, wird im Gehirn die Produktion von FSH eingestellt und ein anderes Hormon ausgeschüttet. Das „neue" Hormon heißt LH (luteinisierendes Hormon) und bewirkt am Eierstock das Platzen des Follikels (Eisprung oder Ovulation) und anschließend die Bildung des Gelbkörpers. Während die Eizelle nun vom Eileitertrichter aufgefangen und über den Eileiter in Richtung Uterus geleitet wird, baut sich am Eierstock der ehemalige Follikel in einen sogenannten Gelbkörper um. Dieser Gelbkörper produziert dann das Hormon Progesteron. Progesteron wird auch Schwangerschaftsschutzhormon genannt, da es den Geschlechtstrakt und das Gehirn auf eine mögliche Schwangerschaft/Trächtigkeit vorbereitet. Es sorgt für die Schließung des Muttermundes und bereitet die Gebärmutterschleimhaut auf das Einnisten der Frucht vor. Am Gehirn stoppt das Progesteron die Ausschüttung von GnRH (nicht die Bildung) und unterbindet damit zunächst jeden weiteren Zyklus. Es dauert etwa 14 Tage, bis die Gebärmutter registrieren kann, ob sich eine befruchtete Eizelle eingenistet hat oder nicht. Im Falle einer Einnistung passiert zunächst nichts und das Progesteron wird weiter vom Gelbkörper ausgeschüttet. Falls keine Befruchtung stattgefunden hat und damit auch keine befruchtete Eizelle in der Gebärmutter angekommen ist, schüttet die Gebärmutterschleimhaut das Hormon Prostaglandin (PGF 2α) aus, das den Abbau des Gelbkörpers bewirkt. Sobald der Gelbkörper verschwunden ist, kann er kein Progesteron mehr produzieren, welches am Gehirn die GnRH-Ausschüttung verhindert, sodass erneut GnRH ausgeschüttet wird und ein neuer Zyklus beginnen kann. Die Hormone kommen also in einem „normalen“ Zyklusgeschehen ohne Trächtigkeit in der folgenden Reihenfolge vor: GnRH | FSH | Östrogen | LH | Progesteron | Prostaglandin | GnRH usw.

Wie kann man eine Zwillingsträchtigkeit vermeiden?

Um eine Zwillingsträchtigkeit zu vermeiden, gibt es eigentlich nur zwei Möglichkeiten. Zum einen kann der Tierarzt eine der beiden Früchte mit einem entsprechenden Gerät „abdrücken“. Bei diesem Vorgang wird die eine Frucht mechanisch zerquetscht. Es besteht in diesem Fall die Hoffnung, dass die andere Frucht überlebt und es so zu einer „normalen“ Trächtigkeit kommen kann. Je dichter die beiden Embryonen zusammenliegen, desto unwahrscheinlicher ist es, dass einer von beiden durchkommt. Es kommt also vor, dass beide Früchte absterben, doch es gibt eine realistische Chance, dass eine überlebt. Anders beim zweiten Verfahren. Die Zwillingsträchtigkeit der Stute kann durch Verabreichen des Hormons Prostaglandin „abgebrochen“ werden. In diesem Fall wird der für die Trächtigkeit zuständige Gelbkörper abgebaut und die schon minimal entwickelten Früchte ausgeschieden bzw. resorbiert. Die zweite Methode ist zwar die sicherere, hat aber, da es sich um einen hormonellen Eingriff handelt, möglicherweise unerwünschte Nebenwirkungen. Die Gabe von Hormonen kann sich immer negativ auf den gesamten Zyklus auswirken und möglicherweise eine erneute Trächtigkeit in derselben Saison verhindern. Eine Zwillingsträchtigkeit sollte dennoch nicht riskiert werden, falls es noch nicht zu spät für einen Abbruch ist.

Fohlen

Warum haben Fohlen so lange Beine bei der Geburt?

Der Grund, warum Fohlen schon bei der Geburt sehr lange Beine haben, liegt in ihrer Entwicklungsgeschichte und der notwendigen Fähigkeit, direkt nach der Geburt mit der Mutter im Galopp mithalten zu können. Fohlen sind sogenannte

Nestflüchter und müssen, sobald sie auf der Welt sind, mit ihrer Mutter und der restlichen Herde in allen Gangarten Schritt halten können. Die langen Beine im Verhältnis zu dem recht kurzen Körper (Fohlen stehen immer im Hochrechteckformat) ermöglichen eine verhältnismäßig große Übersetzung und damit schnelles Fortbewegen trotz insgesamt noch deutlich geringerer Körperhöhe.

Was bedeutet Absetzen?

Mit Absetzen wird das Trennen von Stute und Fohlen nach ca. 6 Monaten bezeichnet.

Wann werden Fohlen abgesetzt?

Fohlen werden abgesetzt, wenn sie in der Lage sind, sich durch Futteraufnahme ohne die Milch der Mutter selbst zu ernähren. Weiterhin müssen sie auch ohne den Schutz der Mutter in der freien Natur überleben. In wilden Herden bleiben Fohlen meistens fast ein Jahr bei der Mutter, bis sie das nächste Fohlen zur Welt bringt. In Stallhaltung werden Fohlen meistens im Alter von einem halben Jahr abgesetzt, damit sich die dann häufig wieder tragende Stute in Ruhe der fortschreitenden Trächtigkeit widmen kann. Viel früher sollte das Absetzen nicht erfolgen, um den heranwachsenden Fohlen eine optimale und stressfreie Entwicklung zu gewährleisten.

Zuchtorganisation

Was ist die Aufgabe einer Zuchtorganisation (z. B. Zuchtverband)?

Die Aufgaben eines Zuchtverbands sind vielfältig und im weitesten Sinne von der Europäischen Union geregelt. In Deutschland unterliegt jeder Zuchtverband einer über ihm stehenden Zuchtorganisation, die die wichtigsten Rahmenbestimmungen regelt, kontrolliert und EU-Gesetze umsetzt. Diese Organisationen (in Deutschland z. B. die FN oder das Direktorium für Vollblutzucht) unterliegen in ihren Vorschriften und Verordnungen verschiedenen Gesetzen wie zum Beispiel dem Tierzuchtgesetz, die deren Aufgaben regeln. Generell ist ein Zuchtverband eine Züchtervereinigung zur Förderung der Pferdezucht, der eine Satzung mit einem Zuchtprogramm, der Zuchtmethode, dem Zuchtziel und der Zuchtorganisation innerhalb des Verbandes im Rahmen seiner Mitgliederversammlung verabschiedet. Weiterhin ist der Verband für die Führung der Zuchtbücher, für die Registrierung und Aufnahme der Pferde inklusive Identifikation und Kennzeichnung, für die Ausstellung von Zuchtpapieren und für die Durchführung bestimmter Veranstaltungen wie Fohlenschauen, Stuteneintragungen und Hengstkörungen zuständig. Er selektiert die Zuchttiere und berät seine Züchter hinsichtlich der Anpaarungen. Er hilft seinen Züchtern bei der Vermarktung der Zuchtprodukte und informiert über die aktuellsten Meldungen, Veränderungen und Bestimmungen in Sachen Zucht.

Wie ist die Zuchtorganisation in Deutschland geregelt (Abb. 17)?

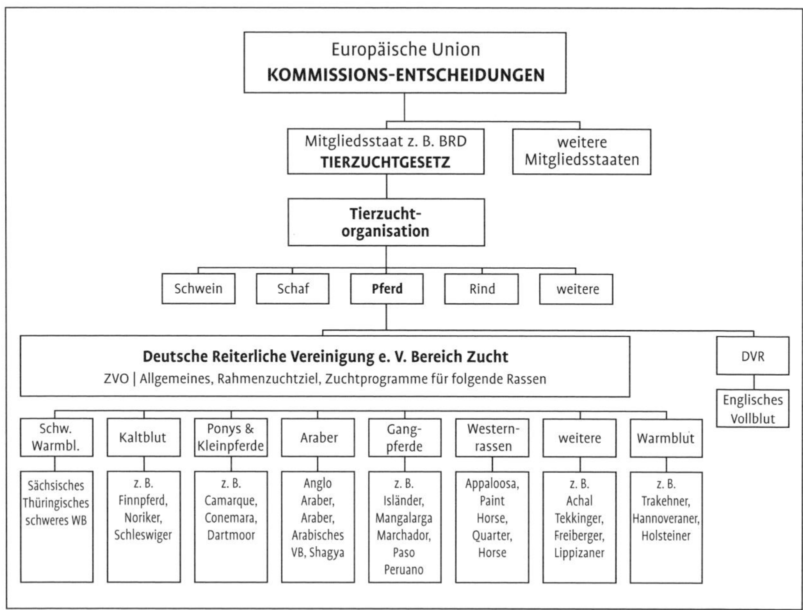

Abb. 17 Schema der Zuchtorganisation in Deutschland.

Was ist ein Zuchtprogramm?

Jede Zuchtorganisation strebt mit ihrer Population die Erreichung eines bestimmten Zuchtzieles an. Um dieses angestrebte Zuchtziel und den damit verbundenen Zuchtfortschritt möglichst schnell erreichen zu können, sind fundierte Zuchtplanung und die Erstellung und Organisation eines Zuchtprogramms von großer Bedeutung. Im Zuchtprogramm werden alle Maßnahmen angegeben, die zur Erreichung des züchterischen Fortschritts geeignet sind. Die Deutsche Reiterliche Vereinigung e. V. (FN) veröffentlicht in der ZVO (Zuchtverbandsordnung) ein für alle Zuchtverbände gültiges Rahmenzuchtprogramm, dessen Umsetzung und Gestaltung von den einzelnen Züchtervereinigungen übernommen wird. Jeder Verband ist an die Vorgaben aus der ZVO gebunden und muss in seinem Zuchtprogramm sein Zuchtziel, die Zuchtmethode, die vorgesehenen Leistungsprüfungen, die verbandsspezifischen Eintragungskriterien und den Umfang der Zuchtpopulation erläutern. Der wichtigste Bestandteil eines jeden Zuchtprogramms ist die Selektion (Abb. 18) auf unterschiedlichen Ebenen.

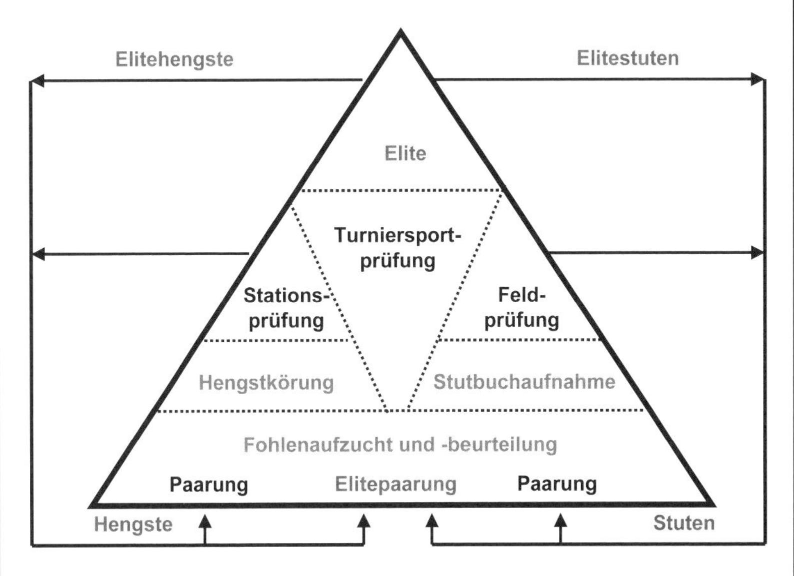

Abb. 18 Die Zuchtplanung der Deutschen Reiterlichen Vereinigung e. V. Darstellung der einzelnen Selektionsstufen beim Reitpferd (nach Bruns 2004).

Welchen Rassestandard haben die verschiedenen Pferderassen?

Welche Rassestandards die verschiedenen Pferderassen haben, ist in den Satzungen der jeweiligen Verbände geregelt und nachzulesen. Jeder Zuchtverband, der eine oder mehrere Rassen betreut, muss die Zuchtziele und Rassestandards der Rassen festlegen und genau definieren.

Was ist ein Zuchtziel?

Ein Zuchtziel ist das vom Zuchtverband bzw. einer Rasse definierte Ziel, das die Züchter dieser Rasse mit ihren Zuchtprodukten anstreben sollten. Jede Rasse definiert ihr eigenes Ziel, die Deutsche Reiterliche Vereinigung e. V. hat für alle Warmblutzuchtverbände ein sogenanntes Rahmenzuchtziel erarbeitet. An diesem Rahmenzuchtziel orientieren sich die Reitpferdezuchten. Dies ist deswegen möglich, weil die Pferde im gleichen Sport eingesetzt werden und daher auch ähnliche Eigenschaften aufweisen sollten. Das Zuchtziel sollte sich weiterhin an der Marktlage orientieren und veränderbar sein. Mode spielt in der Pferdezucht bzw. dem Pferdeverkauf, wie in jedem anderen Lebensbereich eine große Rolle, da die Züchter abhängig sind von den Kunden, die ihre Produkte kaufen. Die Zuchtverbände versuchen ihr Zuchtziel mit der im Zuchtprogramm beschriebenen Zuchtmethode zu erreichen.

Was ist eine Zuchtmethode und welche Zuchtmethoden gibt es?

Die Zuchtmethode ist die Art und Weise, in der die Zuchtprodukte eines Zuchtverbandes gezüchtet werden dürfen. Man unterscheidet Rein- und Kreuzungszucht, wobei die Reinzucht je nach Zuchtverband unterschiedlich definiert wird. Reinzucht heißt generell, dass das Stutbuch eines Zuchtverbandes „geschlossen" ist, das heißt, es darf nur mit den Pferden gezüchtet werden, die bereits in diesem Stutbuch eingetragen sind. Der Englische Vollblüter beispielsweise hat die strikteste Reinzucht als Zuchtmethode. Hier dürfen nur diejenigen neugeborenen Fohlen eingetragen werden, deren Eltern bereits in diesem Zuchtbuch registriert sind und deren Vorfahren mindestens acht Generationen reingezogen sind, also ebenfalls in diesem Zuchtbuch eingetragen sind. Der Trakehner hat eine etwas gelockerte, dennoch sehr strenge Reinzucht, dürfen hier doch nur Trakehner, Englische Vollblüter und Araber zur Einsatz kommen. Keine andere als eine der genannten drei Rassen kann demnach in diesem Zuchtbuch eingetragen werden. Es gibt weitere Zuchtverbände bzw. Rassen, die sich die Reinzucht als Zuchtmethode auf die Fahnen geschrieben haben. Wie genau die Reinzucht in der jeweiligen Rasse definiert wird, ist im jeweiligen Zuchtprogramm nachzulesen. Die Kreuzungszucht ist mehr oder weniger das Gegenteil der Reinzucht, da hier Tiere miteinander verpaart werden, die zwei unterschiedlichen und nicht verwandten Rassen angehören. Die Inzucht (Verwandtenanpaarungen) und die Linienzucht (Hengst und Stute gehen in den hinteren Ahnenreihen auf die gleichen Vorfahren zurück) werden vor allem in der Reinzucht angewendet.

Welche Vorteile bzw. Nachteile kann Linienzucht bzw. Inzucht haben?

Bei der Linienzucht und bei der Inzucht werden miteinander verwandte Individuen gepaart. Die Verwandtschaft kann weiter hinten in der Ahnenreihe zu finden sein (Linienzucht) oder bereits in den ersten Generationen. Der Vorteil dieser Zuchtmethode ist sicherlich die Konzentration auf die Eigenschaften der häufiger in der Abstammung vorkommenden Vorfahren. Dies können sportliche Leistungen, Charaktereigenschaften oder aber auch Farben sein. Je enger die Pferde verwandt sind, desto sicherer werden diese Eigenschaften weitergegeben, weil sie ja auf beiden Seiten (bei Mutter und Vater) vorhanden sind. Nachteile können sein, dass sich nicht nur die positiven sondern auch die negativen Eigenschaften sehr sicher weitervererben. Hat der drei Mal im Pedigree vorkommende leistungsstarke Rapphengst mit der tollen Arbeitseinstellung beispielsweise außerdem sehr kleine Bockhufe, so kann es sein, dass er zum Beispiel nicht nur seine Farbe, sondern auch die Bockhufe ganz sicher weitergibt. Bei zu enger Inzucht oder Inzestzucht kann es außerdem zu den sogenannten Inzuchtschäden kommen, wobei das Pferd unter allen Haustierrassen hierfür kaum anfällig ist. In Reinzucht gezogene Pferde geben ihre positiven wie negativen Eigenschaften daher sehr sicher weiter. Die Erreichung des Zuchtziels kann bei dieser Zuchtmethode manchmal länger dauern, ist dann aber sehr sicher und durchgezüchtet (konsolidiert).

Welche Vorteile bzw. Nachteile kann Kreuzungszucht haben?

Die Anwender der Kreuzungszucht nutzen einen züchterischen Effekt, um ihre Zuchtprodukte schnell dem Zuchtziel und daher der Marktlage anpassen zu können, da man die Merkmale der Ausgangsrassen miteinander kombinieren möchte. Weiterhin kann es bei der Anpaarung zweier Individuen aus zwei unterschiedlichen Rassen/Populationen zum sogenannten Heterosiseffekt kommen. Vereinfacht gesagt ist das eine möglichst positive „Überraschung", die sich ausschließlich aus der Kreuzung dieser beiden nicht verwandten Mitglieder aus zwei unterschiedlichen Populationen ergeben kann. Die Nachkommen sind in diesem Fall besser als die Vorfahren, es hat also einen deutlichen Leistungsschub gegeben. Ein Heterosiseffekt lässt sich meist nicht gezielt wiederholen und die bei einer solchen Paarung entstehenden Besonderheiten lassen sich von den entstandenen Kreuzungsprodukten auch nicht weitervererben. Man spricht bei diesen „Supertieren" auch von Endprodukt, da es zwar an sich genial ist, diese Genialität aber nicht weitergeben kann. Wiederholbar sind Heterosiseffekte wenn überhaupt nur bei der Kreuzung von zwei unterschiedlichen, aber in Reinzucht gezüchteten Rassen, da sich hier das Aufeinandertreffen der einander fremden und gut zusammenpassenden Gene durch die Reinzucht der Ausgangsrassen relativ sicher wiederholen lässt. Das „Produkt" wird folglich nur durch eine wiederholte Anpaarung der in Reinzucht gepflegten Ausgangsrassen wiederholt werden können. Durch Kreuzungszucht kann das Zuchtziel schnell einer sich wechselnden Marktlage angepasst werden. Die Produkte erreichen in kurzer Zeit eine besondere Qualität, die jedoch nicht zuverlässig weitervererbt werden kann. Gefahren der Kreuzungszucht sind die Aufspaltung der unerwünschten Merkmale unter den Nachkommen und damit die negativen Überraschungen dieser Zuchtmethode. Hier verteilen sich die Merkmale unter den Nachkommen und es kann durchaus vorkommen, dass ein Zuchtprodukt alle negativen und unerwünschten Eigenschaften seiner Eltern abbekommt.

Warum können fremde Rassen in eine Linie eingekreuzt werden und warum kann dieses zu einer Rassenverbesserung führen?

Je nach Zuchtmethodik ist das Einkreuzen bestimmter Rassen erlaubt und kann die Pferde der Ausgangsrasse verbessern. Durch das Einkreuzen „holt" sich eine Population fremde Eigenschaften „herein", die es in der eigenen Population in dieser Ausprägung noch nicht oder nicht in ausreichender Qualität und Quantität hat. So soll zum Beispiel das Einkreuzen des Englischen Vollblüters die Härte und Eleganz der Pferde verbessern. Das Einkreuzen von Arabern soll Typ und Ausdauer mitbringen. Wichtig ist immer, dass die eingekreuzten Rassen ihre Eigenschaften relativ sicher vererben, da es sonst in der anderen Rasse nicht zu einer Verbesserung kommen kann. Meist dauert es auch einige Generationen (in der Regel mindestens zwei), bis die Verbesserung in der Rasse tatsächlich sichtbar wird. Die F1-Generation (die erste Kreuzung) kann auch durch Heterosiseffekte oder die unerwünschte Aufspaltung der Merkmale unter den Nachkommen

z. T. ganz anders aussehen als es ursprünglich geplant war. Erst ein Weiterzüchten mit diesen Kreuzungsprodukten kann eine Aussage darüber geben, ob sich das Einkreuzen gelohnt, also ob es zu der gewünschten Rassenverbesserung beigetragen hat.

Vererbung

Was ist Vererbung und wie findet sie statt?

Vererbung ist die Weitergabe von Erbinformationen von den Eltern auf ihre Nachkommen. Diese Erbinformationen werden als Gene bezeichnet und befinden sich auf den sogenannten Chromosomen, von denen das Pferd zweimal 32 besitzt. Dieser Chromosomensatz liegt bei jedem Lebewesen in doppelter Anzahl vor, da es je einen von einem seiner beiden Elternteile bekommt. Jedes einzelne dieser Gene auf den Chromosomen ist für unterschiedliche Merkmale (z. B. Augenfarbe) verantwortlich. Da jedoch die Merkmale bei Mutter und Vater jeweils unterschiedlich ausgeprägt sein können, kann es auch vorkommen, dass für ein Merkmal zwei unterschiedliche Informationen weitergegeben werden (z. B. hat der Vater grüne, die Mutter blaue Augen). Jetzt kommt es darauf an, welches Gen sich durchsetzt (dominant ist) und welches zurücksteckt (rezessiv ist). Das dominante Gen wird sich immer gegenüber einem rezessiven durchsetzen, denn nur, wenn zwei rezessive Gene aufeinandertreffen, kann sich dieses Merkmal beim Nachkommen durchsetzen. Beim Wiedergeben von Vererbungsvorgängen werden dominante Merkmale immer mit großen, rezessive Merkmale mit kleinen Buchstaben gekennzeichnet. Wenn zwei große oder zwei kleine Buchstaben aufeinandertreffen heißt das homozygot, wenn ein großer und ein kleiner „Buchstabe“ kombiniert werden und sich der dominante durchsetzt, so heißt das heterozygot.

Was ist die Meiose und welche Bedeutung hat sie in der Vererbung?

Wenn sich Lebewesen vermehren, verschmelzen Samen- und Eizelle miteinander zur sogenannten Zygote. Die Zygote ist Grundlage neuen Lebens, da sich aus ihr durch Zellteilung alle anderen Körperzellen ergeben. Würden jedoch die Körperzellen mit dem doppelten (diploiden) Chromosomensatz (also zweimal 32 Chromosomen) zur Zygote verschmelzen, so hätte jeder neue Nachkomme doppelt so viele Chromosomen wie seine Eltern (von jedem Elternteil bekäme es insgesamt 64 Chromosomen, deren Nachkommen 128 usw.). Damit dies nicht passiert und immer die gleiche Ausgangsanzahl an Chromosomen weitergegeben wird, müssen die Körperzellen halbiert werden, bevor sie zu Samen- und Eizelle (sog. Keimzellen) werden können. Diese (Reife-)Teilung wird als Meiose (Abb. 19) bezeichnet und hat einen festen Ablauf. Das Ergebnis der Meiose sind immer zwei Zellen mit einem haploidem (also halbierten) Chromosomensatz.

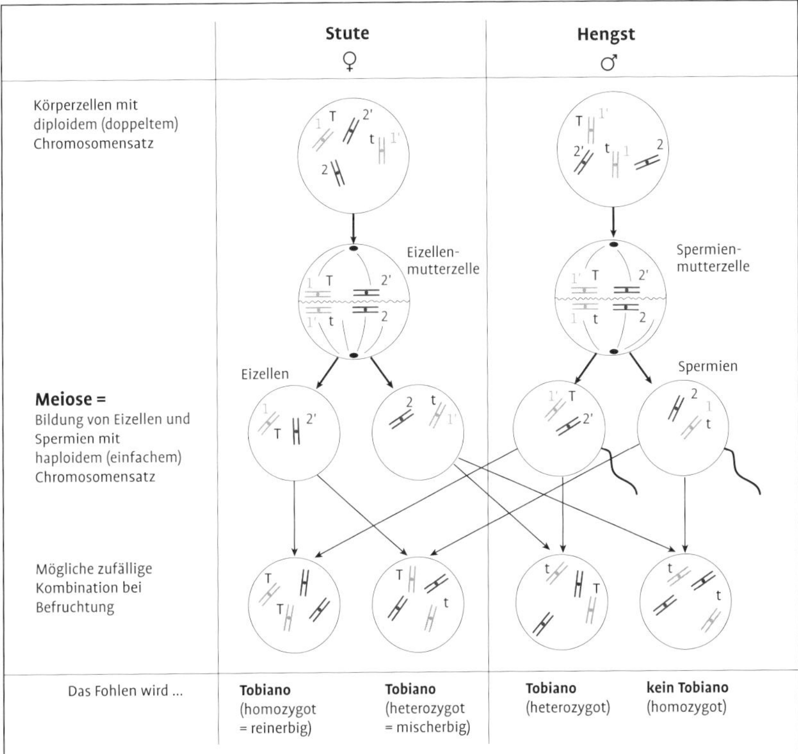

Abb. 19 Der Ablauf der Meiose (schematisch).

Was ist die Mitose und welche Bedeutung hat sie in der Vererbung?

Nach der Verschmelzung von Samen und Eizelle (den Keimzellen) zur Zygote beginnt das neue Leben zu wachsen, indem sich die aus der Zygote entstandenen Zellen teilen. Diese Zellteilung geschieht durch die Mitose. Das Ergebnis der Mitose sind zwei Zellen, die eine Kopie der Ausgangszelle darstellen.

Wie werden die Faktoren zur Bestimmung der wichtigsten Pferdefarben (Rappe, Brauner, Fuchs, Schimmel) in der Literatur dargestellt?

E/e = Ausbreitungsfaktor schwarz: E (vollständige Ausbreitung des schwarzen Pigments über den ganzen Körper) oder e (Unterdrückung des schwarzen Pigments);

A/a = Zuteilungsfaktor von E (wo ist die schwarze Farbe am Körper verteilt): A (Schwarzfärbung nur im Langhaar und den Beinen; nur von Bedeutung wenn

Tab. 3 Kreuzungsschema der Kreuzung zweier mischerbiger Brauner

		Brauner, Genotyp AaEe			
		AE	**Ae**	**aE**	**ae**
Brauner, Genotyp AaEe	**AE**	Brauner AAEE	Brauner AAEe	Brauner AaEE	Brauner AaEe
	Ae	Brauner, AAEe	Fuchs AAee	Brauner AaEe	Fuchs Aaee
	aE	Brauner, AaEE	Brauner AaEe	Rappe aaEE	Rappe aaEe
	ae	Brauner, AaEe	Fuchs Aaee	Rappe aaEe	Fuchs aaee

Schwarz überhaupt im Pferdekörper vorhanden ist), a (keine Beschränkung der Schwarzfärbung);
G = fortschreitende Schimmelung (die Haare des Pferdes werden mit der Zeit weiß): G (fortschreitende Schimmelung ist vorhanden, dieses Merkmal überdeckt alle anderen Farben), g (keine Anlage für Schimmelung im Erbgut vorhanden).

Wie können die Pferdefarben mithilfe der o. g. Faktoren dargestellt werden?

Schimmel: das „G" muss mindestens einmal vorkommen, für alle anderen Farben muss das „g" doppelt vorkommen
Rappe: das „E" muss mindestens einmal vorkommen, „a" muss doppelt vorkommen
Brauner: das „E" muss mindestens einmal vorkommen, ein „A" muss vorkommen
Fuchs: das „e" muss doppelt vorkommen, A/a ist egal

Wie werden Vererbungsvorgänge dargestellt?

Es gibt verschiedene Möglichkeiten, Vererbungsvorgänge darzustellen. Eine weit verbreitete Methode ist die Anwendung des sogenannten Kreuzungsschemas wie in Tab. 3 am Beispiel der Paarung von zwei mischerbigen Braunen dargestellt wird.

Welche Aussagen lassen die Ergebnisse eines Kreuzungsschemas zu?

Mithilfe der Ergebnisse eines Kreuzungsschemas können die zu erwartenden Pferdefarben und damit ihre Wahrscheinlichkeiten dargestellt werden. Die Paarung zweier mischerbiger Brauner (Buchstabenkombination AaEe) kann Braune, Füchse und Rappen im Verhältnis von 9 : 4 : 3 ergeben. Die Wahrscheinlichkeit für einen Braunen ist mit neun möglichen Nachkommen demnach am höchsten, die Wahrscheinlichkeit für einen Rappen mit drei möglichen rein schwarzen

Nachkommen am geringsten. Dennoch ist es interessant, dass die Paarung von zwei braunen Pferden sowohl Füchse als auch Rappen ergeben kann.

Eintragung der Zuchttiere

Was ist ein Stutbuch?

Das Stutbuch (Zuchtbuch) ist das Verzeichnis eines Verbandes, in dem alle Mitglieder der Population (Rasse) eingetragen sind. Das Zuchtbuch unterteilt sich grob in Hengstbuch, Stutbuch und ab 2019 das Fohlenbuch. Alle im jeweiligen Verband registrierten Pferde werden in diesen Büchern geführt, sodass mithilfe einer DNA-Überprüfung herausgefunden werden kann, um welches Pferd es sich tatsächlich handelt (Voraussetzung ist, dass feststeht, in welchem Verband das Pferd registriert wurde).

Wann kann ein Hengst in das Hengstbuch eines Verbandes eingetragen werden?

Ein Hengst kann nach positivem Körurteil und abgelegter Leistungsprüfung die dauerhafte Deckgenehmigung erhalten und in das Hengstbuch seines Verbandes eingetragen werden. Die Regularien zum Erhalt der dauerhaften Deckgenehmigung werden kontinuierlich geändert und angepasst. Sie können im Zuchtprogramm des jeweiligen Zuchtverbandes oder bei der Deutschen Reiterlichen Vereinigung e.V. eingesehen werden. Neben den für junge Hengste organisierten Stations- und Feldprüfungen gelten weiterhin eine bestimmte Anzahl an Erfolgen in der schweren (Dressur und Springen) oder der mittelschweren (Vielseitigkeit) Klasse ebenfalls als Hengstleistungsprüfung. Diese Art der Leistungsprüfung kann jedoch erst im fortgeschrittenen Alter des Hengstes erreicht werden, da Starts in diesen Klassen erst ab einem Alter von sieben Jahren zulässig sind. Je nachdem, wann die Hengste die endgültige Leistungsprüfung ablegen, dürfen sie bis dahin unter Umständen vorübergehend nicht in den Deckeinsatz. Einen Überblick über die möglichen Wege zum Ablegen der Hengstleistungsprüfung gibt Abb. 20. Die Eintragungswege werden regelmäßig überarbeitet und reformiert. Hier dargestellt ist der Stand im Januar 2019.

Was bedeuten die Begriffe Interieur und Exterieur?

Das Interieur beschreibt das Wesen des Pferdes und seine inneren Eigenschaften. Das Exterieur wiederum beschreibt die äußerliche Erscheinung und die Form des Körpers vom Pferd. Das Interieur ergibt sich aus Charakter, Temperament, Leistungsbereitschaft und dem Willen des Pferdes. Das Exterieur wird bei der Betrachtung eines ungesattelten Pferdes sichtbar und setzt sich aus dessen Körperform und der Ausprägung der einzelnen Partien zusammen. Das Exterieur wird bestimmt von der Länge, Stärke und Lage der Knochen im Einzelnen sowie zueinander und den daran befindlichen Muskeln. Während die Situation der Knochen nicht durch Arbeit verändert werden kann, lassen sich die äußeren, muskulär bedingten Linien durch Training und Muskelaufbau verbessern, die

<table>
<tr><th>2,5-j.</th><th>3-jähriger Hengst</th><th>4-jähriger Hengst</th><th colspan="2">5-jähriger Hengst</th><th>6-j. Hengst</th><th>7-j.</th><th>8-j. …</th></tr>
<tr><td rowspan="11">K
Ö
R
U
N
G</td><td rowspan="4">14-tägige Veranlagungsprüfung
→ nach Leistungsnachweis vorläufig HB I eingetragen für das laufende Zuchtjahr als 3-jähriger Hengst</td><td>Sportprüfung für Hengste (Teil I)
→ nach Leistungsnachweis vorläufig HB I eingetragen für das laufende Zuchtjahr als 4-jähriger Hengst</td><td colspan="2">Sportprüfung für Hengste (Teil II)
→ nach Leistungsnachweis endgültig HN I eingetragen</td><td colspan="3"></td></tr>
<tr><td rowspan="3">***</td><td>***</td><td colspan="2">Qualifikation zum Bundeschampionat
→ nach Leistungsnachweis endgültig HB I eingetragen</td><td colspan="2"></td></tr>
<tr><td colspan="2">2 × Sportprüfung für Hengste (Teil II)
→ nach Leistungsnachweis endgültig HB I eingetragen</td><td colspan="3"></td></tr>
<tr><td>***</td><td colspan="2">Qualifikation zum Bundeschampionat
→ nach Leistungsnachweis endgültig HB I eingetragen</td><td colspan="2"></td></tr>
<tr><td colspan="6">50-tägige Hengstleistungsprüfung (3-jährige Hengste erst ab Oktober)
→ nach Leistungsnachweis endgültig HB I eingetragen</td><td></td></tr>
<tr><td rowspan="6">Kein Leistungsnachweis ***</td><td>14-tägige Veranlagungsprüfung
+</td><td colspan="2">Sportprüfung für Hengste (Teil II)
→ nach Leistungsnachweis endgültig HB I eingetragen</td><td colspan="3"></td></tr>
<tr><td>Sportprüfung für Hengste (Teil I)
→ nach Leistungsnachweisen vorläufig HB I eingetragen für das laufende Zuchtjahr als 4-jähriger Hengst</td><td>***</td><td colspan="2">Qualifikation zum Bundeschampionat
→ nach Leistungsnachweis endgültig HB I eingetragen</td><td colspan="2"></td></tr>
<tr><td rowspan="2">14-tägige Veranlagungsprüfung
→ *** nicht ausreichend für den vorläufigen HB I-Eintrag</td><td>***</td><td colspan="2">Qualifikation zum Bundeschampionat
→ nach Leistungsnachweis endgültig HB I eingetragen</td><td colspan="2"></td></tr>
<tr><td>***</td><td colspan="2">2 × Sportprüfung für Hengste (Teil II)
→ nach Leistungsnachweis endgültig HB I eingetragen</td><td colspan="2"></td></tr>
<tr><td colspan="4">50-tägige Hengstleistungsprüfung (3-jährige Hengste erst ab Oktober)
→ nach Leistungsnachweis endgültig HB I eingetragen</td><td colspan="2"></td></tr>
<tr><td colspan="2">***</td><td colspan="4">Disziplinspezifische Eigenerfolge in Turnierprüfungen
→ nach Leistungsnachweis endgültig HB I eingetragen</td></tr>
</table>

Nicht in HB I eingetragen ***	Vorläufig HB I eingetragen	Endgültig HB I eingetragen

Abb. 20 Mögliche Wege zur vorläufigen bzw. endgültigen Eintragung in das Hengstbuch I (HB I). Stand Januar 2019.

Pferde wirken runder und ihr Körperbau harmonischer. Schlecht trainierte Pferde dagegen wirken oft eher unharmonisch und kantig, da sie die Muskulatur an den (für das Auge des Betrachters eines Sport- oder Reitpferdes) falschen Stellen zu stark oder nicht genügend ausgeprägt haben.

Warum kann das Exterieur für das Zuchtziel sehr bedeutsam sein?

Das Exterieur hängt in vielen Punkten sehr eng mit der Reitbarkeit eines Pferdes zusammen. So kann sich zum Beispiel die Ausprägung der Sattellage oder der Schulter unmittelbar auf die Reitbarkeit eines Pferdes auswirken. Auch die Winkelung der Hinterhand hat direkte Auswirkungen auf Reiteigenschaften und Trainierbarkeit hinsichtlich Versammlung und Kraftentwicklung aus der Hinterhand. Wissenschaftler haben herausgefunden, dass verschiedene Exterieurmerkmale tatsächlich mit bestimmten Reiteigenschaften korrelieren (zusammenhängen). Da das Zuchtziel der Warmblutrassen zumeist ein leichtrittiges und bewegungsstarkes Reitpferd mit harmonischem Exterieur sein soll, ist die Exterieurbewertung folglich ein wichtiger Bestandteil der Selektion in Richtung Zuchtziel.

Was steht im Pferdepass (Equidenpass) und warum muss man ihn immer mit sich führen?

Im Pferdepass sind die wichtigsten Daten des Pferdes vermerkt. Hierzu zählen Züchter, Besitzer, Geburtsdatum, Abstammung, Farbe, Abzeichen (schriftlich und als Diagramm), Lebensnummer, Mikrochipnummer (sofern vorhanden) und die Impfungen. Auch züchterische Vermerke (Körung, Stuten- oder Hengstleistungsprüfung, Stutbuch- oder Hengstbucheintrag) oder Besitzerwechsel können im Pass eingetragen sein. Weiterhin wird im Pass vermerkt, ob es sich um ein Schlachttier handelt und wenn ja, mit welchen Medikamenten das Pferd bis dahin behandelt wurde. Der Pass muss deshalb stets mitgeführt werden, damit das entsprechende Pferd jederzeit zweifelsfrei identifizierbar ist (EU Vorschrift). Bei Turnieren muss der Pass zur Identifikation sowie zum Nachweis der erfolgten Impfungen ebenfalls mitgebracht werden.

Wozu dient die Lebensnummer und wofür stehen die Zahlen?

Die 15-stellige Lebensnummer dient der Identifikation und Beschreibung eines Pferdes und ist nach einer EU-weit einheitlichen ISO-Norm aufgebaut. Jede Lebensnummer wird nur einmal vergeben und ist Bestandteil der Registrierung aller Equiden in der EU. Anhand dieser Nummer können Land, Rasse, Zuchtverband, Geburtsjahr und die Registriernummer des Pferdes beim jeweiligen Verband abgelesen werden. Die Ziffern haben folgende Bedeutung: Die 1. bis 3. Ziffer beschreibt den Ländercode (z. B. DE oder DEU für Deutschland), die 4. Ziffer ist die Kennziffer für das Geburtsdatum (die Drei steht für alle Pferde, die bis zum 21.12.1999 geboren sind, die Vier für alle Pferde, die ab dem 01.01.2000 auf die Welt kamen), die 5. und 6. Ziffer ist die Kennziffer der Rasse, die 7. und 8. Ziffer ist die des zuständigen Verbandes. An 9. bis 13. Stelle steht die Verbandsregistriernummer, die vom Verband für das jeweilige Pferd vergeben wird. Die letzten beiden Ziffern (14 und 15) beschreiben das Geburtsjahr des Pferdes.

Welche Pferdrassen gibt es und wie unterscheiden sie sich?

Es gibt zahlreiche Pferderassen, die sich hinsichtlich Herkunft, Entwicklungsgeschichte, Aussehen, Nutzungsrichtung, Verwendungszweck, Reitbarkeit, Sportlichkeit, Robustheit und vieler weiterer Faktoren unterscheiden. Es würde den Rahmen sprengen, hier alle Pferderassen aufzuführen.

Wie wird ein Pferd identifiziert?

Mithilfe seiner Abzeichen, Farbe und Wirbel kann ein Pferd ziemlich genau identifiziert werden. Weiterhin kann man ein Pferd anhand erworbener Abzeichen wie zum Beispiel eines Brandes oder Mikrochips erkennen oder eine genaue Identifizierung über eine DNA-Typisierung vornehmen. Die einfachste (moderne) Methode ist die Identifikation via Mikrochip. Hierzu wird ein Chiplesegerät an den Hals des Pferdes gehalten und die erscheinende Nummer mit der im Pass vermerkten Chipnummer verglichen. Handelt es sich jedoch um ein Pferd ohne (funktionstüchtigen) Chip, so müssen andere Identifikationsverfahren zur Anwendung kommen. An erster Stelle steht hier natürlich eine Überprüfung der offensichtlichen Merkmale Geschlecht, Farbe und (natürliche und erworbene) Abzeichen sowie besondere Narben oder alte Verletzungen. Weiterhin können der bis Ende des Jahres 2018 verwendete Heißbrand bzw. die Nummer des Brandes Auskunft über die Rasse geben. Schwierig wird es beispielsweise bei einem rein schwarzen Pferd ohne Abzeichen oder erkennbares Brandzeichen. Hier können die Wirbel am Körper des Tieres Auskunft über seine Identität geben, denn sowohl die Wirbel am Kopf, am Mähnenkamm oder auch am gesamten Körper können bei der Identifizierung eines Pferdes hilfreich sein. Die absolut genaue Identität lässt sich allerdings nur mit einer DNA-Überprüfung feststellen, die über Haare oder Blut erfolgt.

Welche Fellfarben gibt es bei Pferden?

Es gibt folgende Grundfarben: **Rappe** (Deckhaar und Langhaar des Pferdes sind schwarz), **Brauner** (Deckhaar ist braun, Langhaar, Beine und Tasthaare sind schwarz; | Unterscheidung in Schwarzbrauner, Dunkelbrauner, Brauner und Hellbrauner), **Fuchs** (Deckhaar und Langhaar sind rötlichbraun; | Unterscheidung in Dunkelfuchs, Fuchs und Hellfuchs), **Schimmel** (Die weiße Körperfarbe entsteht durch ein Zunehmen der weißen Haare im Körper des Pferdes, wobei die Hautfarbe außer bei den Abzeichen schwarz ist. Wimpern sind immer weiß, Grundfarbe bei der Geburt Rappe, Brauner oder Fuchs), **Schecke** (Kennzeichnend ist das Vorhandensein von großen, zusammenhängenden Farbflecken. Scheckfärbung kommt in allen Farben vor und ist entsprechend zu bezeichnen. Die Hautfarbe der weißen Flecken ist immer rosa), **Palomino** (Fellfarbe wie „frisch geputztes Gold“, Mähne und Schweif sind weiß), **Isabell** (gelbes Deckhaar mit großer Variationsbreite nach hell und dunkel, Behang, Mähne und Schweif sind Hell), **Falbe** (gelbes Deckhaar mit großer Variationsbreite nach hell und dunkel, Behang, Mähne und Schweif sind schwarz), **Albino** (weißes Deckhaar, Langhaar und Wimpern, rosa Haut, rot scheinende Augen aufgrund einer farblosen Iris).

Welche Abzeichen können Pferde am Kopf haben (Abb. 21)?

Am Kopf können die Pferde (laut der Fédération Equestre Internationale, FEI) je nach Kopfregion verschiedene Abzeichen haben. Die Abzeichen sind von der Stirn beginnend abwärts über Nasenrücken und Maul bis zur Kinngrube anzugeben. Die Beschreibung der Abzeichen am Kopf soll deutlich ausgeführt werden und unter Beachtung der Wirbel sowie unter Bezugnahme auf die obere Augenlinie und auf die Mittellinie erfolgen. Folgende Abzeichen können sich also beispielsweise ergeben: Stirnhaare, Flocke, Stern, Strich, Blesse, durchgehende Blesse (geht bis auf den Rand der Oberlippe durch), Schnippe, Oberlippe bzw. Unterlippe weiß, Ober- bzw. Unterlippe weiße(r) Fleck(e), Krötenmaul, Milchmaul, Laterne.

Welche Abzeichen können Pferde an den Beinen haben (Abb. 22)?

Die Beschreibung der Abzeichen an den Gliedmaßen ist immer in der Reihenfolge vorne links, vorne rechts, hinten links, hinten rechts vorzunehmen. Wie am Kopf müssen auch die Abzeichen der Hintergliedmaßen genauestens beschrieben werden. Die obere Begrenzung ist unter Verwendung der anatomischen Bezeichnungen festzuhalten. Hier wird unterschieden zwischen Ballen, Krone, Fessel (Mitte Fesselkopf), Fuß (Mitte Karpalgelenk bzw. Sprunggelenk), Vorderfußwurzel- bzw. Sprunggelenk und Bein (bis Ellenbogen bzw. Knie). Farbige Flecke in weißen Abzeichen müssen ebenfalls angegeben werden. Schwarze Flecke in einer weißen Krone werden zum Beispiel als Kronenflecke bezeichnet. An den Beinen kann es beispielsweise folgende Abzeichenkombinationen geben: „linke Vorderkrone außen weißer Fleck, rechte Vorderkrone und Vorderballen weiß", „linke Vorderfessel weiß, rechter Vorderfuß unregelmäßig weiß, linkes Hinterbein unregelmäßig weiß, rechte Hinterfessel weiß, innen schattierte Kronenflecke".

Selektionsveranstaltungen

Was ist eine Fohlenschau bzw. Fohlenregistrierung?

Im Rahmen einer Fohlenschau werden Fohlen sowohl identifiziert als auch beurteilt. Die Identifizierung des Fohlens bei Fuß der Mutter ist eine Voraussetzung für die Ausstellung eines Abstammungsnachweises und die Beurteilung ist die erste Form der Nachkommenprüfung für den Hengst. Um aussagekräftige Rückschlüsse auf die tatsächliche Vererbungskraft eines Hengstes ziehen zu können, müssen die Fohlen in einem vergleichbaren Alter sein und von den selben Personen bewertet werden, was in den meisten Zuchtverbänden jedoch nicht immer realisierbar ist.

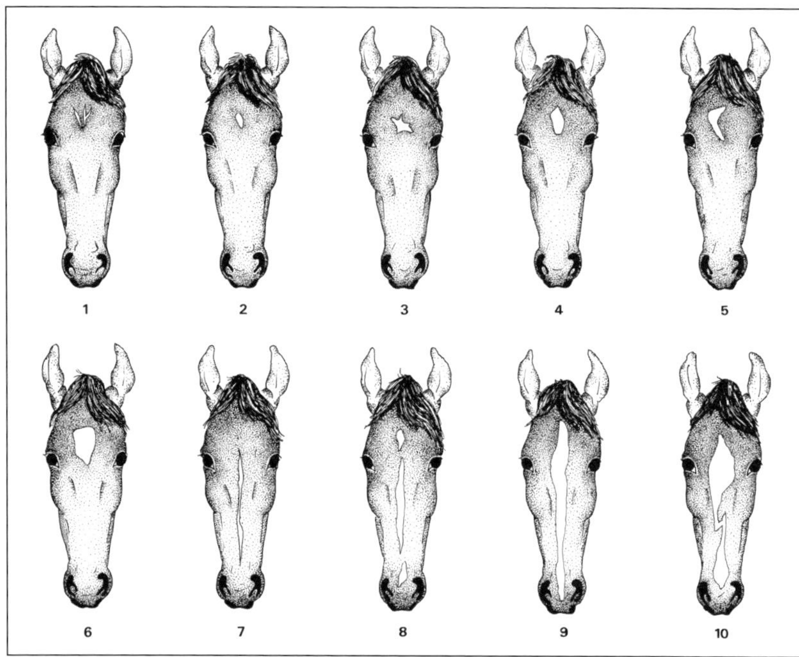

Abb. 21 Einige Abzeichen am Kopf des Pferdes: 1 Stirnhaare, 2 Flocke, 3 Stern, 4 länglicher Stern, 5 Mond, 6 Keilstern, 7 Schnurblesse, 8 unterbrochene Blesse, 9 durchgehende Blesse, 10 unregelmäßige Blesse.

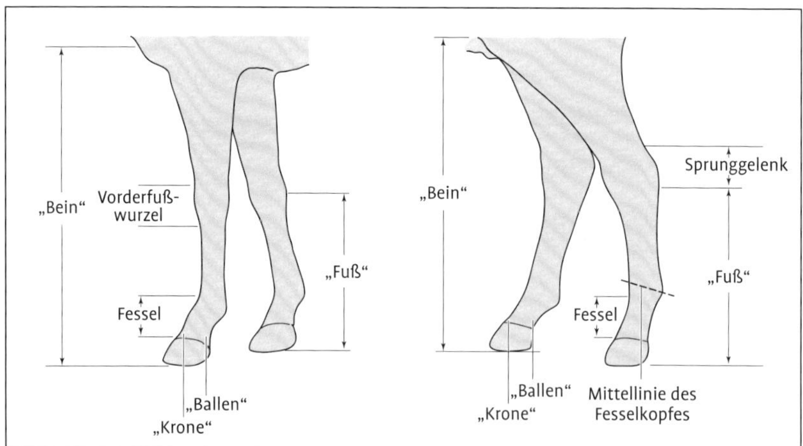

Abb. 22 Die Bezeichnung der Abzeichen an den Gliedmaßen des Pferdes richtet sich nach den vorgeschriebenen Abschnitten, die sich wiederum an der anatomischen Lage der oberen Begrenzung des Abzeichens orientieren.

Was ist eine Körung?

Die Körung stellt im Zuchtprogramm des Deutschen Reitpferdes die zweite Selektionsstufe für Hengste dar. Gleichzeitig ist es eine der wichtigsten und gleichzeitig strengsten Selektionsmaßnahmen der Zuchtplanung, da ein Hengst mit sehr vielen Nachkommen größten Einfluss auf die Zucht ausüben kann. Die zur Körung vorgestellten Hengste sind bereits durch die sogenannte Vorauswahl und eine gründliche tierärztliche Untersuchung vorselektiert. Es dürfen nur Hengste gekört werden, die keinerlei gesundheitliche Mängel aufweisen. Dies ist wichtig, um die Zuchttauglichkeit der Rasse langfristig zu erhalten und die Vererbung von Krankheiten zu vermeiden. Während der zwei- bis dreitägigen Körveranstaltung, an die sich meistens eine Auktion anschließt, werden alle Hengste auf hartem Untergrund, im Freilaufen, auf dem Dreieck, im Schrittring sowie im Freispringen präsentiert und dabei von der mehrköpfigen Körkommission bewertet. Das Körurteil hängt ab von der Gesamtbewertung und kann „gekört" (Hengst entspricht den Anforderungen in vollem Umfang), „nicht gekört" (der Hengst entspricht den Anforderungen nicht) oder „vorläufig nicht gekört" (der Hengst entspricht den Anforderungen noch nicht voll) lauten. Das Mindestalter der vorgestellten Hengste ist zweieinhalb, besonders herausragende Hengste werden zusätzlich zur Körung mit einer Prämie ausgezeichnet (Prämienhengst).

Was ist eine Stutenschau bzw. Stutbuchaufnahme?

Die Stutbuchaufnahme stellt analog zur Körung der Hengste die zweite Selektionsstufe auf der weiblichen Seite im Zuchtprogramm dar. Das Mindestalter der vorgestellten Stuten beträgt drei Jahre und die Stuten sind nicht vorselektiert. Die Stutenbewertungskommission des Zuchtverbandes bewertet die Stuten ähnlich wie die Hengste bei der Körung auf dem Dreieck sowie im Schrittring und je nach Zuchtverband auch im Freilauf und im Freispringen.

Warum werden Hengste, Stuten und Fohlen auf großen Musterungsterminen bewertet und nicht bei ihrem Züchter?

Exterieur- und Leistungsbewertung erfolgt auf Sammelveranstaltungen wie Körungen, Stutenschauen und Leistungsprüfungen, um einen Vergleich zu haben. Gleichaltrige Tiere gleichen Geschlechts werden miteinander verglichen, um den oder die Besten des Jahrgangs herauszustellen.

Was wird bei Fohlen- und Stutenschauen sowie der Körung hauptsächlich beurteilt?

Bei Fohlen- und Stutenschauen sowie der Körung wird in erster Linie das Exterieur des Pferdes beurteilt, da es wichtige Hinweise auf die spätere Reiteignung liefern kann.

Welche Kriterien werden bei einer Körung oder einer Stuteneintragung sowie Fohlenschau bewertet?

Die Pferde werden anlässlich von Zuchtveranstaltungen generell hinsichtlich des Typs (Rasse- und Geschlechtstyp), Qualität des Körperbaus (Fundament, Oberkörper), Korrektheit des Ganges, Schwung und Elastizität des Ganges (jeweils Schritt, Trab und Galopp), Gesamteindruck und Entwicklung (auch Interieur) bewertet, bei Körungen und manchen Stuteneintragungen wird auch das Freispringen (Manier, Vermögen, Übersicht, Geschick) als Bewertungskriterium dazu genommen. Die Pferde werden in den unterschiedlichen Kriterien mit Noten von 0 bis 10 bewertet.

Was wird bei einer Eintragung der Stuten und Hengste gemessen und warum?

Heute wird bei der Eintragung einer Stute in der Regel nur noch das Stockmaß gemessen. Im Zuchtziel einer jeden Rasse ist eine anzustrebende Größe angegeben, die im Rahmen der Stutbuchaufnahme überprüft werden soll. Bei Hengstkörungen ist es außerdem üblich, auch den Röhrbeinumfang zu messen, um das Kaliber und die Knochenstärke des Pferdes zu erfassen. Die Kombination dieser Messwerte kann dann einen recht umfassenden Überblick über das Kaliber, den Rahmen und den Entwicklungsstand des Pferdes geben.

Welche Auszeichnungen können Zuchtstuten erhalten und wie werden diese erworben?

Zuchtstuten können verbandsunabhängig mit der Staatsprämie ausgezeichnet werden. Welche Bedingungen dafür je nach Bundesland erfüllt werden müssen, kann nicht pauschal zusammengefasst werden, da dies jedes Bundesland individuell regeln kann. Generell kann jedoch gesagt werden, dass nur die besten Stuten eines Jahrgangs nach abgelegter Stutenleistungsprüfung und ggf. sogar erst nach der Geburt ihrer ersten Fohlen mit der Staatsprämie ausgezeichnet werden können. Je nach Zuchtprogramm des Verbandes vergibt ein Zuchtverband intern bestimmte Prämien für die eigenen Stuten. Das ist die sogenannte Verbandsprämie, deren Erhalt oft ebenfalls mit einer reiterlichen Leistung verbunden ist. Diese Leistung kann entweder durch eine Stutenleistungsprüfung oder durch sportliche Turniererfolge nachgewiesen werden. Manche Zuchtverbände zeichnen bewährte Zuchtstuten mit besonderen Titeln wie zum Beispiel dem Elitetitel aus. Welche Stuten diese Auszeichnungen bekommen und welche Kriterien dafür erfüllt werden müssen, kann jeder Verband individuell regeln und in seinem Zuchtprogramm festlegen. Verbandsübergreifend können die besseren Stuten der Zuchtverbände in das Leistungsstutbuch der FN eingetragen werden. Die FN führt die sogenannten Leistungsstutbücher A bis D, in die die Stuten auf Antrag nach Ablegen bestimmter Leistungen (Eigenleistung aufgrund von Turniererfolgen, Eigenleistung aufgrund der Stutenleistungsprüfung, Nachkommenleistung, Fruchtbarkeit) aufgenommen werden können.

Wie unterscheiden sich die Körungen von Vollblut und Warmblut?

Der Warmblüter durchläuft unabhängig von seinem späteren Einsatzgebiet (Dressur, Springen, Vielseitigkeit) eine sehr komplexe Körveranstaltung, die sich in erster Linie auf die Bewertung des Exterieurs stützt. Die Bewertung des Exterieurs hängt sehr eng mit der späteren Reiteignung in Dressur und Springen zusammen (dies wurde wissenschaftlich untersucht und belegt), wodurch es als gute Grundlage für die Selektion eines Warmblüters dient. Beim Warmblüter, der aufgrund der Komplexität seiner späteren Leistung unter dem Sattel erst mit drei oder vier Jahren geritten und unter dem Sattel bewertet werden kann (seine Höchstleistung bringt der Warmblüter im Alter von 12 bis 15 Jahren), schließt sich die gerittene Leistungsprüfung erst später an die Körung an. Für die Körung muss der Hengst einen anspruchsvollen „Gesundheitstüv überstehen", für den er geröntgt und klinisch untersucht wird. Der Vollblüter hingegen, der mit der Rennleistung eine recht früh erbringbare Leistung abliefern kann, wird erst nach seiner Rennkariere „gekört".

Unter welchen Voraussetzungen wird ein Vollbluthengst gekört?

Ein Vollbluthengst muss anerkannt werden, damit die Züchter der Nachkommen bei Erfolgen dieser Pferde züchterprämienberechtigt sind. Anerkannt werden Hengste, die geeignet erscheinen, die Vollblutzucht hinsichtlich Erbgesundheit, Leistung und Körperbau zu verbessern. Dies ist der Fall, wenn die Hengste keine Erbkrankheiten haben (beispielsweise Kryptorchismus oder Überbiss) und wenn sie auf der Rennbahn eine Mindestleistung erbracht haben. Diese Leistung gilt als geleistet, wenn die Hengste eine Mindestleistung von 95 kg Jahres GAG in Flachrennen erbracht und in einem europäischen Grupperennen mindestens einen ersten bis dritten Platz erreicht haben. Die Leistung gilt auch als erreicht, wenn der Hengst ein GAG von 94 kg und mindestens einen Sieg in einem europäischen Grupperennen erzielen konnte. Nach Erbringen der Leistung muss eine Anerkennungskommission den Körperbau des Hengstes bewerten. Die Hengste werden in den Kriterien Rasse- und Geschlechtstyp, Körperbau, Korrektheit des Ganges, Schwung und Elastizität sowie Gesamteindruck, Temperament und Entwicklung mit Noten von 1 bis 10 bewertet und müssen dabei eine Mindestsumme von mindestens 30 Punkten (Durchschnittsnote 6) erreichen.

Hengste, die ohne Anerkennung gedeckt haben, können nachträglich anerkannt werden, wenn ihre Nachkommen ein Durchschnitts-GAG erreicht haben, das dem Jahresdurchschnitts-GAG des jeweiligen Jahrgangs entspricht. Zur Durchschnittsbildung werden mindestens 10 dreijährige Nachkommen benötig von denen sieben gelaufen sein müssen. Nicht gehandicapte Nachkommen werden mit 40 kg eingestuft.

Leistungsprüfungen

Was ist eine Leistungsprüfung?

Bei Warmblütern schließt sich an die Exterieurselektion (Stutenschau, Körung) mit der Eigenleistungsprüfung als dritte Selektionsstufe im Zuchtprogramm die Leistungsselektion unter dem Sattel an. Bei Hengsten ist ein bestimmter Leistungsnachweis Voraussetzung für die dauerhafte Deckerlaubnis. Bei Stuten ist die Prüfung freiwillig, jedoch Bedingung für die Auszeichnung mit der Verbands- oder Staatsprämie. Die Bestimmungen für Hengst- und Stutenleistungsprüfungen sind im Tierzuchtgesetz gesetzlich geregelt. Die anerkannten Verbände führen die Leistungsprüfungen nach den dort festgelegten Anforderungen und Grundsätzen im Rahmen ihres Zuchtprogramms durch. Viele Verbände erkennen nur Leistungsprüfungen und entsprechende Stationen an, die nach dem Reglement der Deutschen Reiterlichen Vereinigung e. V. (FN) oder der Fédération Equestre Internationale (FEI) durchgeführt werden und von der FN anerkannt sind. Die Durchführungsbestimmungen für die Leistungsprüfungen sind in der ZVO in Anlehnung an das Tierzuchtgesetz beschrieben. Bei den Englischen Vollblütern werden die vor dem Zuchteinsatz absolvierten Rennen als Leistungsprüfung angesehen, hier findet die Exterieurselektion im Anschluss an die Leistungsprüfung statt.

Warum gibt es Leistungsprüfungen?

In vielen Reitpferdezuchten ist es zur Erreichung des Zuchtziels von besonderer Bedeutung, dass sich die eingesetzten Zuchttiere auch unter dem Sattel als „Reitpferde“ bewährt und eine Leistung erbracht haben. Ohne die Leistungsprüfung kämen möglicherweise sowohl bei Hengsten wie Stuten hinsichtlich ihres Exterieurs auch mängelfreie Pferde in die Zucht, die sich jedoch nicht reiten lassen.

Warum muss ein Hengst eine Leistungsprüfung ablegen?

Warmbluthengste können verschiedene Leistungsprüfungen ablegen, um die dauerhaft gültige Deckgenehmigung zu erhalten und um in das Hengstbuch eingetragen werden zu können. Das Ablegen der Leistungsprüfung für männliche Zuchttiere ist gesetzlich vorgeschrieben und wird vom Staat überwacht.

Welche Leistungsprüfungen gibt es für Warmbluthengste?

Die hier dargestellten Prüfungen gelten ab 1. 1. 2019. Das deutsche HLP-System wird ständig reformiert. Der aktuelle Stand kann eingesehen werden unter www.hengstleistungspruefung.de.

Es gibt für Warmbluthengste derzeit den 14-Tage-Veranlagungstest (dieser muss dreijährig oder vierjährig abgelegt werden, damit der Hengst anschließend in den Deckeinsatz darf), den 50-Tage-Test (dauerhafte Deckgenehmigung), die dreitägigen Sportprüfungen und die reguläre Turniersportprüfung bzw. die Qualifikation und/oder Finalteilnahme beim Bundeschampionat. Die je nach Alter und Vorerfahrung verlangten Wege sind auf in den Tabellen 4–10 nachzulesen.

Wie sind Ablauf und Bewertung beim 14-Tage-Test (Veranlagungsprüfung)?

Die Veranlagungsprüfung auf Station wird als ununterbrochener Durchgang über einen Zeitraum von mindestens 14 Tagen durchgeführt. Sie besteht aus einer Trainingsphase (Vorprüfung mit Trainingskontrollen) und einer Abschlussprüfung und wird gemäß der HLP-Richtlinien für Leistungsprüfungen von Hengsten der ZVO sowie in Anlehnung an die BMELV-Leitlinien für die Veranlagungsprüfung von Hengsten der Deutschen Reitpferdezuchten durchgeführt. Beim Veranlagungstest werden die Hengste in allen Grundgangarten vom Trainingsreiter und von Fremdreitern geritten und im Freispringen vorgestellt. Für folgende Kriterien werden sowohl im Training wie auch in der Abschlussprüfung Noten vergeben: Interieur (Charakter, Temperament, Leistungsbereitschaft, Konstitution), Trab, Galopp, Schritt, Rittigkeit, Springanlage im Freispringen. Die 14-tägige Veranlagungsprüfung ist für drei- und vierjährige Hengste und wird in dressur- und springbetonte Durchgänge unterschieden, deren Ergebnisermittlung voneinander abweicht. Die Ergebnisauswertung erfolgt nach dem in Tab. 4 dargestellten Schema.

Wie sind Ablauf und Bewertung beim 50-Tage-Test?

Der 50-Tage-Test auf Station wird für drei- bis siebenjährige Hengste als ununterbrochener Durchgang über einen Zeitraum von mindestens 50 Tagen durchgeführt. Er besteht aus einer Trainingsphase (Vorprüfung mit Trainingskontrollen) und einer Abschlussprüfung und wird gemäß der HLP-Richtlinien für Leistungsprüfungen von Hengsten der ZVO sowie in Anlehnung an die BMELV-Leitlinien für die Leistungsprüfung von Hengsten der Deutschen Reitpferdezuchten durchgeführt. Die Hengste werden unter dem Sattel in allen drei Grundgangarten sowie im Parcours geprüft. Bei der Abschlussprüfung beurteilen zwei Fremdreiter die Rittigkeit in den Grundgangarten sowie im Parcours. Sowohl im Training wie auch in der Abschlussprüfung werden die Hengste auch unter ihrem Trainingsreiter bewertet. Die Bewertung erfolgt in folgenden Kriterien: Interieur (Charakter, Temperament, Leistungsbereitschaft, Konstitution), Trab, Galopp, Schritt, Rittigkeit (inkl. Parcoursspringen), Springanlage, Freispringen, Parcoursspringen, (Springanlage, Galopp) und wird ebenfalls in dressur- und springbetonte Prüfungsdurchgänge untereilt. Die Ergebnisermittlung wird in Tab. 5 und 6 dargestellt.

Tab. 4 Bewertungsschema für den 14-Tage-Test gemäß den HLP-Richtlinien von der FN (Mermalsgewichtung und Ergebnisermittlung)

	Gewichtungsfaktoren		
Merkmale	**Gewichtete Gesamtnote (in %)**	**Dressurbetonte Endnote (in %)**	**Springbetonte Endnote (in %)**
Interieur*	10,0		
Trab	10,0	25,0	
Galopp	10,0	25,0	15,0
Schritt	10,0	25,0	
Rittigkeit Bewertungskommission	10,0	10,0	5,0
Springanlage Freispringen	30,0		70,0
Rittigkeit Fremdreiter	20,0	15,0	10,0
Summe Gewichtungsfaktoren	100,0	100,0	100,0

* Interieur = Charakter/Temperament und Leistungsbereitschaft (zu je 50 %)

Tab. 5 Bewertungsschema für den 50-Tage-Test Schwerpunkt Dressur gemäß den HLP-Richtlinien von der FN (Merkmalsgewichtung und Ergebnisermittlung)

Merkmale	**Gewichtete dressurbetonte Endnote (in %)**
Interieur*	10,0
Trab	18,0
Galopp	18,0
Schritt	18,0
Rittigkeit Bewertungskommission	5,0
Verhalten am Sprung	6,0
Gesamteindruck	10,0
Rittigkeit Fremdreiter	15,0
Summe Gewichtungsfaktoren	100,0

* Interieur = Charakter/Temperament und Leistungsbereitschaft (zu je 50 %)

Wie sind Ablauf und Bewertung bei den dreitägigen Sportprüfungen (Tab. 7 bis 10)?

Die Sportprüfungen werden über einen Zeitraum von mindestens drei Tagen und für die Disziplinen Springen, Dressur und Vielseitigkeit durchgeführt. Sie werden gemäß den besonderen Bestimmungen – der ZVO der FN, der HLP-Richtlinien sowie der BMEL-Leitlinien für die Veranlagungsprüfung von Hengsten der Deutschen Reitpferdezuchten durchgeführt. Am ersten Tag werden die Hengste angeliefert, auf ihre Beprüfbarkeit untersucht und im freien Training unter dem eigenen Reiter und Aufsicht der Stewards in der Vorbereitungs- und Prüfungshalle geritten. Am zweiten Tag werden die Hengste vormittags in der Vorbereitungs-

Tab. 6 Bewertungsschema für den 50-Tage-Test Schwerpunkt Springen gemäß den HLP-Richtlinien von der FN (Merkmalsgewichtung und Ergebnisermittlung)

Merkmale	Gewichtete springbetonte Endnote (in %)
Interieur*	10,0
Trab	2,5
Galopp	15,0
Schritt	2,5
Rittigkeit Bewertungskommission	5,0
Vermögen	20,0
Manier	20,0
Gesamteindruck	10,0
Rittigkeit Fremdreiter	15,0
Summe Gewichtungsfaktoren	100,0

* Interieur = Charakter/Temperament und Leistungsbereitschaft (zu je 50 %)

halle sowie anschließend unter Aufsicht der Bewertungskommission in einer Gruppe in der Prüfungshalle trainiert. Nach einem Feedbackgespräch mit den Richtern findet nachmittags das altersgemäß angepasste Aufgabereiten bzw. Parcoursspringen unter dem eigenen Reiter sowie eine anschließende Kommentierung des Hengstes statt. Am dritten Tag werden die Hengste nach kurzer Aufwärmphase unter dem eigenen Reiter von einem Fremdreiter geritten, der den Hengst in Zusammenarbeit mit der Bewertungskommission bestmöglich prüft. Abschließend erfolgt die Notenbekanntgabe und Besprechung des Hengstes. Die Ergebnisermittlung für die Sportprüfungen wird in den Tabellen 7–10 dargestellt.

Welche Leistungsprüfungen gibt es für Warmblutstuten?

Für Warmblutstuten gibt es drei Möglichkeiten, die Leistungsprüfung abzulegen. Die Stute kann eine Stationsprüfung machen, eine Feldprüfung absolvieren oder ihre reiterliche Leistungsfähigkeit im Turniersport beweisen. Die Stationsprüfung (Tab. 11) dauert mindestens 14 Tage und besteht aus einer Trainingsphase (Vorprüfung) und einer Abschlussprüfung. Die Stute wird in allen drei Grundgangarten vorgestellt, von einem oder zwei Fremdreiter(n) geritten und im Freispringen geprüft. Bewertet werden folgende Kriterien: Interieur, Grundgangarten, Trab, Galopp, Schritt, Rittigkeit, Springanlage (Freispringen). Die Auswertung und Berechnung der Endergebnisse kann jeder Zuchtverband individuell festlegen, wenn er sich dabei an die Rahmenvorgaben aus Tabelle 11 hält.

In der Feldprüfung (Tab. 12) wird die Stute an einem einzigen Tag in den gleichen Kriterien (außer Interieur) geprüft und die Ergebnisse nach dem Bewertungsrahmen aus Tab. 12 ausgewertet:

Alternativ zur Eigenleistungsprüfung gilt die Leistungsprüfung gemäß der ZVO der FN auch dann als abgelegt, wenn die Stuten Erfolge in Turniersportprüfun-

Tab. 7 Bewertungsschema für Sportprüfung *Dressur* gemäß den HLP-Richtlinien von der FN (Merkmalsgewichtung und Ergebnisermittlung)

Merkmale	Gewichtete dressurbetonte Endnote (in %)
Trab	20,0
Galopp	20,0
Schritt	20,0
Rittigkeit	30,0
Gesamteindruck	10,0
Summe Gewichtungsfaktoren	100,0

Tab. 8 Bewertungsschema für die Sportprüfung Springen gemäß den HLP-Richtlinien von der FN (Merkmalsgewichtung und Ergebnisermittlung)

Merkmale	Gewichtete springbetonte Endnote (in %)
Galopp	20,0
Vermögen	25,0
Manier	25,0
Rittigkeit	20,0
Gesamteindruck	10,0
Summe Gewichtungsfaktoren	100,0

Tab. 9 Bewertungsschema für die Sportprüfung Vielseitigkeit Teil I gemäß den HLP-Richtlinien von der FN (Merkmalsgewichtung und Ergebnisermittlung)

Merkmale	Gewichtete Endnote für vielseitig veranlagte Hengste (in %)
Trab	15,0
Galopp	15,0
Schritt	15,0
Springanlage	25,0
Rittigkeit	20,0
Gesamteindruck	10,0
Summe Gewichtungsfaktoren	100,0

gen nachweisen können. Die Turniersportprüfung wird in den Disziplinen Dressur, Springen und Vielseitigkeit durchgeführt. Folgende Turniersportergebnisse werden berücksichtigt: 3 Siege in Dressur- oder Springprüfungen der Klasse L, 3 Platzierungen in Dressur- oder Springprüfungen der Kl. M oder S oder 3 Siege in Vielseitigkeitsprüfungen der Kl. A oder 1 Sieg in einer Vielseitigkeitsprüfung der Kl. L oder 1 Platzierung in einer Vielseitigkeitsprüfung der Kl. M oder S.

Tab. 10 Bewertungsschema für die Sportprüfung Vielseitigkeit Teil II gemäß den HLP-Richtlinien von der FN (Merkmalsgewichtung und Ergebnisermittlung)

Merkmale	Gewichtete Endnote für vielseitig veranlagte Hengste (in %)
Trab – Dressuraufgabe	15,0
Galopp 20 % Dressuraufgabe, 30 % Parcours, 50 % Gelände	15,0
Schritt – Dressuraufgabe	15,0
Springanlage 50 % Parcours, 50 % Gelände	25,0
Rittigkeit 35 % Dressuraufgabe, 35 % Parcours, 30 % Gelände	20,0
Gesamteindruck	10,0
Summe Gewichtungsfaktoren	100,0

Tab. 11 Bewertungsrahmen für die Stutenleistungsprüfung auf Station (in %)

Merkmale	Trainingsleiter	Fremdreiter	Sachverständige	Gesamt
Interieur	10–15			10–15
Grundgangarten	10–20		15–20	25–35
Rittigkeit	10–20	10–25	0–15	25–40
Springanlage	10–20		10–20	20–30
Minimal-/Maximal-Bewertung	40–60	40–60	100	

Tab. 12 Bewertungsrahmen für die Stutenleistungsprüfung im Feld (in %)

Merkmale	Fremdreiter	Sachverständige	Gesamt
Grundgangarten		30–50	30–50
Rittigkeit	10–40	0–30	25–40
Springanlage		20–40	20–40
Minimal-/Maximal-Bewertung	10–40	65–90	100

Leistungsprüfung beim Vollblüter

Welche Leistungsprüfungen gibt es für Vollblüter?

Vollblüter haben mit den Rennen nur eine Art der Leistungsprüfung für Stuten und Hengste in allen Altersklassen. Die erbrachte Leistung spiegelt sich in dem individuell erreichten GAG wider. Bei Hengsten werden jedoch für die Zuchtzulassung bestimmte Ergebnisse in vorgeschriebenen Rennen sowie ein Mindestgeneralausgleichgewicht gefordert.

Was ist das GAG?

GAG ist die Abkürzung für Generalausgleichsgewicht. Mit dem GAG wird die Leistung des Pferdes wiedergegeben. Das Generalausgleichsgewicht entspricht der theoretischen Zuteilung eines imaginär zu tragenden Gewichts in Kilogramm. Dieses Gewicht muss nicht zwangsläufig von dem Pferd im Rennen getragen werden, ist jedoch in Ausgleichsrennen die Ausgangsbasis für die Berechnung des zu tragenden Gewichts. Durch das zugeteilte GAG sollen alle Pferde eines Rennens theoretisch die gleiche Siegchance erhalten (gute Pferde = mehr Gewicht). Das GAG wird durch die sogenannten Handicapper im Frühjahr eines jeden Jahres für jedes Pferd neu ermittelt. Grundlage ist das Jahres-GAG des Vorjahres oder bei ungeprüften Pferden ein GAG von 40 kg. Im Laufe eines Jahres wird nach jedem Start des Pferdes das GAG angepasst aber nicht grundsätzlich neu berechnet. Als Faustregel zur Ermittlung des GAG wird bei einer Distanz von 1600 m je Länge Abstand zum Sieger 1 kg weniger Gewicht zugeteilt. Die Einschätzung des GAG's kommt jedoch stets auch auf die Kategorie des Rennens und die Gegner eines Pferdes an.

Welche Arten von Rennen gibt es?

Grundsätzlich lassen sich die Rennen in zwei Kategorien einteilen: Flachrennen und Hindernisrennen. Dabei wird unterschieden zwischen den Aufgewichtsrennen (Altersgewichtsrennen) und den Ausgleichsrennen (Handicaps). In Aufgewichtsrennen hängt das zu tragende Gewicht von Alter, Geschlecht und Leistung ab, in den Ausgleichsrennen wird das Gewicht vom Ausgleicher ermittelt und festgelegt. Die Flachrennen werden generell in Kategorien von A bis F eingeteilt, wobei A die höchste, F die niedrigste Kategorie beschreibt.

Welche Unterteilungen gibt es bei den Ausgleichsrennen?

In Ausgleichsrennen gibt es keine Kategorie A, Kategorie B sind Ausgleich-I-Rennen, Kategorie C sind Ausgleich-II-Rennen, Kategorie D sind Ausgleich-III-Rennen und Ausgleich-V-Rennen gibt es in Kategorie E und F. Das zu tragende Gewicht der Pferde wird in den unterschiedlichen Ausgleichsrennen nach einem bestimmten Schema berechnet. In Ausgleich I (sehr gute Klasse) tragen die Pferde ihr GAG abzüglich 30–26 kg. In Ausgleich II (gute Klasse) werden 22–16 kg abgezogen, in Ausgleich III (mittlere Klasse) 12–6 kg und in Ausgleich IV (geringe Klasse) werden bis zu 8 kg zum GAG dazuaddiert. In Ausgleichsrennen können keine Pferde starten, die noch kein GAG bekommen haben. Ein Pferd bekommt ein GAG, wenn es drei Rennen erfolgreich beendet oder in einem gesiegt hat.

Welche Unterteilungen gibt es bei den Aufgewichtsrennen?

Die unterschiedlichen Aufgewichtsrennen gibt es in den Kategorien A bis F. Rennen der Kategorie A sind die Gruppe- und Listenrennen. Es handelt sich dabei oft um Zuchtrennen, in denen alle Pferde eines Jahrgangs das gleiche Gewicht tragen. In manchen Rennen gibt es eine Stutenerlaubnis. An Aufgewichtsrennen können auch Pferde teilnehmen, die noch nie in einem Rennen gestartet sind. Bei den Aufgewichtsrennen der Kategorien B bis F (unabhängig von der Dotierung) hängt die Zulassung der Pferde (Startberechtigung) von der jeweiligen Ausschreibung ab, das zu tragende Gewicht ist abhängig von Geschlecht, Alter und Leistung. Aufgewichtsrennen der Kategorie C sind z. B. sogenannte Auktionsrennen, in denen nur Pferde startberechtigt sind, die über eine Auktion verkauft worden sind. Verkaufsrennen, nach deren Ablauf Pferde gekauft werden können, gibt es in den Kategorien D und E, hier richtet sich das zu tragende Gewicht unter anderem nach dem angestrebten Mindestverkaufspreis. Halbblutrennen werden in der Kategorie F eingeordnet.

Welche Unterteilungen gibt es bei Hindernisrennen?

Hindernisrennen werden unterteilt in Hürdenrennen (über versetzbare Hindernisse) und Jagdrennen (feste Hindernisse und Gräben), wobei es für jeden Bereich sowohl Altersgewichtsrennen (Aufgewichtsrennen) als auch Ausgleichsrennen gibt. Bei den Altersgewichtsrennen gibt es auch im Bereich der Hindernisrennen sogenannte Verkaufsrennen, in denen alle Teilnehmer nach dem Rennen erworben werden können. Auch bei den Hindernisrennen wird in den Ausgleichsrennen das zu tragende Gewicht vom Ausgleicher festgesetzt. Es gibt die drei Kategorien G (Gute Klasse, GAG mindestens minus 13 kg), M (mittlere Klasse, GAG minus 12–2 kg) und die Kategorie U (untere Klasse, GAG plus 2–12 kg).

Exterieurbeurteilung

Was macht ein „modernes" Pferd aus?

Ein modernes Pferd erfüllt alle Anforderungen, die Sport- und Freizeitreiter an ihre Partner stellen. Das bedeutet ein gutes Interieur, ein passendes und möglichst korrektes Exterieur, schöne Typausprägung, eine gute Rittigkeit, gleichmäßig gute Grundgangarten und eine möglichst lange Haltbarkeit. Dabei soll das Pferd sensibel und gleichzeitig ausgeglichen sein. „Unmoderne" Pferde vom „alten Schlag" sind oft derber in der Typausprägung, schwerer im Kaliber, relativ unsensibel und nicht so rittig.

Nach welchen Kriterien werden Pferde beurteilt?

Die Beurteilung eines Pferdes erfolgt stets nach einem ähnlichen Schema, bei dem immer vom Allgemeinen zum Speziellen vorgegangen werden sollte. Die Exterieurbeurteilung folgt folgendem Schema: allgemeinen Überblick verschaffen (Pferd auf sich wirken lassen), Geschlecht, Brandzeichen, auffällige Veränderungen (Piephacke, Narben), Futterzustand und Bemuskelung (mager, üppige Kondition, optimal, muskulös, fett, kantig), Format (Quadrat- oder Rechteckpferd, Hochrechteck), Rahmen, Beurteilung der einzelnen Körperteile: Kopf (Form, trocken, passend zum Rumpf, Rasse), Auge (klar, lebhaft, groß, sanft bei Stute, ausdrucksvoll), Nüstern (groß, genug Luft?), Ohren (lebhaft, Größe passend zum Kopf, Rasse), Maulspalte (lang genug für Gebiss, Kandare?), Hals (Halsansatz, Breite, Länge passend zum Rumpf), Ganasche (genügend Freiheit zur Ohrspeicheldrüse), Unterhals/Kehlrand (viel, wenig), Oberhalslinie/Kammrand (gerade, gewölbt), Schulter (genügend lang/schräg/bemuskelt, Winkel zum Oberarm 90°), Widerrist (Länge, Bemuskelung, Höhe, Übergang in den Rücken), Rücken (Länge, Verlauf, Lendenfreiheit), Kruppe (genügend lang/schräg/bemuskelt, überbaut), Brust-/Gurtentiefe (genügend breit und tief, Verhältnis Gurtentiefe zu Beinen = 1:1?), Flankentiefe (Hinweis auf Platz für Verdauungsorgane bzw. Futterverwertung), Fundament (in Länge und Stabilität passend zum Pferd, trocken, Veränderungen [Überbeine, Gallen?], angelaufen, Stellungsfehler, Lotrechte), Hinterbeine (genügend gewinkelt/gerade), Fesselung (vorne und hinten, weich/steil/kurz), Gelenke [Breite, Ausprägung], geschliffen, geschnürt [Karpalgelenk], Einschienung [Sprunggelenk], Hufe (Größe, Form, Hufachse/Zehenachse (gerade/gebrochen), Winkelung Zehen- und Trachtenwand.

Was sind in der Exterieurbeurteilung eines Pferdes „optimale“ bzw. „korrekte“ Winkel?

Die Knochen und Gelenke des Pferdes stehen alle in bestimmten Winkeln zueinander, die die Beweglichkeit und Reichweite dieser Gelenke bestimmen. Es hat sich über Jahrzehnte herausgestellt, dass eine ganz bestimmte (besonders günstige) Winkelung für die meisten Gelenke die beteiligten Körperstrukturen (Knochen, Knorpel, Gelenk[fläche], Sehnen, Bänder, Muskeln) am wenigsten belastet und damit eine lange Haltbarkeit dieses Bereichs und damit des Pferdes verspricht. Es handelt sich dabei um eine Winkelung, die sowohl die Knochen und Knorpel, als auch Sehnen, Bänder und Muskeln des Pferdes gleichmäßig belastet und damit ausgeglichene Bewegungen in alle Richtungen zulässt. Beim Vorliegen dieser Winkel wirken die statischen und dynamischen Kräfte gleichmäßig auf die Körperstrukturen ein, ohne bestimmte Teile durch unausgeglichene Druck- oder Zugkräfte besonders zu belasten. Beispielhaft seien hier die Winkel zwischen Schulter und Oberarm (sollte etwa 90° betragen), die verlängerte Linie von der Schulter zum Boden (sollte wie der Winkel vom Huf zum Boden etwa 45° betragen), zwischen Hufwand (und damit der Zehenachse, bestehend aus Hufbein, Kronbein und Fesselbein) und Boden (sollte etwa 45° betragen) genannt. Die senkrechten Lote von vorne betrachtet fallen vom Buggelenk abwärts mittig genau durch alle Knochen und Gelenke des Vorderbeins (Unterarm, Karpalgelenk, Röhrbein, Fesselgelenk, Fesselbein, Krongelenk, Huf).

Warum ist der korrekte Stand bzw. die korrekte Stellung eines Pferdes ausschlaggebend für die Gesundheit?

Ein Pferd, dessen Knochen und Gelenke in optimalen Winkelverhältnissen (Abb. 23) aufeinander stehen, belastet diese gleichmäßig über die gesamte Fläche, sodass von einer langen Haltbarkeit und damit einer langen Gesundheit

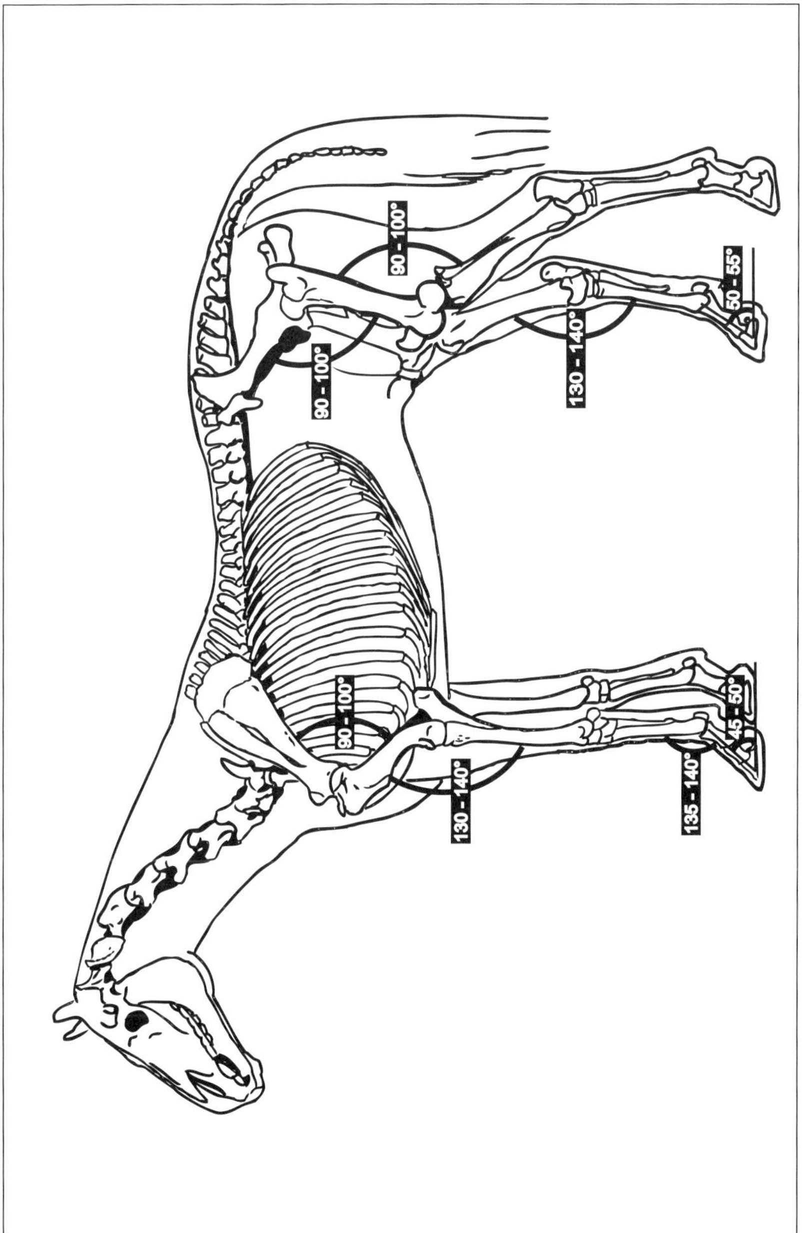

Abb. 23 Das Skelett des Pferdes mit den optimalen Winkelangaben.

ausgegangen werden kann. Bei jedem Stellungsfehler werden die Gelenkflächen und damit auch die Bänder und Sehnen, die ein Gelenk zusammenhalten, einseitig durch Druck- und Zugkräfte vermehrt belastet, was in der Folge zu einer einseitigen Überbelastung und damit verstärktem Verschleiß führt, der sich in gesundheitlichen Problemen des Pferdes äußern kann.

Warum kann auch ein Pferd mit einem nicht optimalen Körperbau gute bis sehr gute Leistungen erbringen und lange „halten"?

Kein Lebewesen entspricht in allen Körperformationen dem absoluten Idealbild. Auch hinsichtlich des Körperbaus oder der Gliedmaßenstellung „unkorrekte" Pferde können bei langer Gesundheit zum Teil sogar gerade wegen ihrer „Fehler" Höchstleistungen erbringen. Dies liegt zum einen daran, dass diese Pferde durch ihr ausgesprochen leistungsbereites Interieur die körperlichen „Hindernisse" überwinden. Zum anderen liegt es daran, dass die Körperstrukturen (wie beispielsweise Bänder, Sehnen, Knorpel) dieser Pferde durch deren Genetik oder eine sehr gute Aufzucht qualitativ sehr hochwertig entwickelt sein können und damit die (einseitigen) Überbelastungen durch eine gewisse Härte über Jahre hinweg kompensieren können. Angeborene Fehlstellungen kann ein Körper normalerweise ohnehin recht gut kompensieren, da der Körper mit diesem „Fehler" aufgewachsen ist und sich angepasst hat. Der Mensch sollte jedoch durch angepasste Hufkorrekturen und eine optimale Ausbildung die Verschlechterung dieser Fehlstellungen möglichst vermeiden. Als „hart" gelten Pferde mit viel Vollblutanteil, die ihre Haltbarkeit durch eine hohe Eigenleistung bewiesen haben und fast ausschließlich über die Leistung selektiert werden, weniger über das Exterieur.

Inwieweit hängen das Skelett und die Rittigkeit eines Pferdes zusammen?

Das Skelett (der Knochenbau) des Pferdes bestimmt dessen Körperbau und die Winkel der verschiedenen Gelenke. Die Knochenlänge und -stärke bestimmen die Größe und den Rahmen des Pferdes. An den Knochen und Gelenken finden Bänder und Sehnen (und darüber auch die Muskeln) ihre Anknüpfungspunkte, sodass Bewegung entsteht, wenn Muskeln über die Sehnen an den Knochen ziehen und so die Gelenke beugen oder strecken. Je nachdem, was für einen Knochenbau das Pferd hat, wirken sich diese Verhältnisse auf das Bewegungspotenzial des Pferdes aus. Ebenfalls können sich bestimmte Körperbaumerkmale auf die Rittigkeit und Reitbarkeit des Pferdes auswirken (ein Pferd mit kurzen dicken Halswirbeln wird auch einen eher kurzen und dicken Hals haben und daher schwerer „durchs Genick" zu reiten sein). Bei der Exterieurbeurteilung werden die verschiedenen Körpermerkmale des Pferdes (z. B. Oberkörper mit Hals, Widerrist und Kruppe sowie das Fundament mit der Gliedmaßenstellung) mit Noten bewertet. Es ist wissenschaftlich belegt, dass diese Bewertungskriterien mit der Reiteigenschaft und der Dressurleistung eines Pferdes eng zusammenhängen (korrelieren). Dies weist darauf hin, dass das Skelett des Pferdes, weil es dessen Exterieur bestimmt, direkten Einfluss auf die Rittigkeit eines Pferdes hat.

Was bedeutet der Begriff „trocken“ in der Pferdebeurteilung?

Wenn am Pferd eine Partie „trocken“ ist, dann sieht man in diesem Bereich die Adern sehr deutlich unter der Haut. Generell sollen der Kopf oder die Beine des Pferdes „trocken“ sein. Dies deutet auf besonders viel Adel und Härte hin. Das Gegenteil sind schwammige Konturen oder Gallen. Junge Pferde haben häufig kein trockenes Gesicht sondern an Kopf und Körper noch sehr weiche Konturen. Die Trockenheit bildet sich hier erst im Laufe der Zeit aus, wenn das Unterhautfettgewebe weniger wird. Robustpferderassen und Pferde mit Winterfell wirken selten trocken. Durch das Einkreuzen des Englischen oder Arabischen Vollblüters werden und wurden die Pferde trockener und damit edler. Bei diesen Rassen ist das Hervortreten der Adern durch die Haut ein wichtiger Teil der Thermoregulation, den sie bei Höchstleistungen (Rennpferde) oder den entsprechenden klimatischen Bedingungen (Araber in der heißen Wüste) brauchen. Bei Robustpferden, die häufig aus kälteren Klimazonen stammen (wie beispielsweise die Norweger oder Isländer aus Skandinavien) sind die Adern ebenfalls aus Gründen der Thermoregulation in die Haut eingebettet und treten nicht hervor, um ein schnelles Auskühlen zu vermeiden.

Was beurteilt der Richter auf der Dreiecksbahn?

Auf der Dreiecksbahn wird (je nach Zuchtverband) das Pferd im Schritt gerade von den Richtern weggeführt und anschließend auf der gleichen Strecke wieder auf die Richter zu. Anschließend wird das Pferd im Trab ein- bis zweimal um das Dreieck herumgeführt. Der Richter kann so das Pferd im Schritt und Trab von hinten und von vorne betrachten. Hier wird besonders auf den korrekten Gang und die Regelmäßigkeit in den Grundgangarten geachtet. Im Trab auf dem Dreieck hat der Richter während der langen gegenüber liegenden Seite die Möglichkeit, das Pferd im Seitenbild im Trab hinsichtlich der Gangqualität zu beurteilen. Hier kommt es besonders auf Raumgriff, Schwung und Antritt an. Auch das Vermögen, Zuzulegen wird an dieser langen Seite bewertet.

Was ist das Format?

Das Format ist das Verhältnis von der Widerristhöhe eines Pferdes (mit dem Stockmaß gemessen) zu seiner Länge (Abstand von Bugspitze bis zum Sitzbeinhöcker). Je nachdem, ob das Pferd länger ist als hoch (Längsrechteck; Abb. 24), beide Längen gleich sind (Quadrat; Abb. 25) oder das Pferd höher ist als lang (Hochrechteck), ergibt sich das Format. Je kürzer ein Pferd ist, desto weniger kann es schwingen, aber desto leichter kann es seine Hinterhand unter den Schwerpunkt bringen (Versammlung). In der modernen Reitpferdezucht sind Pferde im kurzen Längsrechteck erwünscht, da sie die positiven Eigenschaften der Pferde im Quadrat- und Rechteckformat optimal kombinieren. Bestimmte

Abb. 24 Ein Pferd im Längsrechteckformat, es ist länger als hoch.

Abb. 25 Dieses Pferd steht im Quadratformat, es ist genau so lang wie hoch.

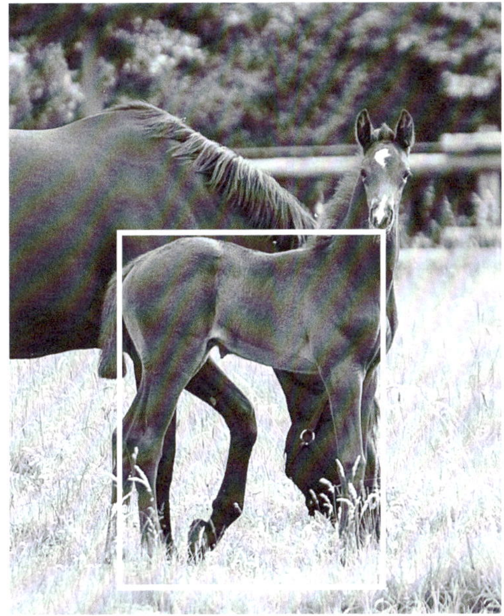

Abb. 26 Fohlen und bestimmte Rassen (z. B. Achal Tekkiner) stehen im Hochrechteckformat, sie sind höher als sie lang sind.

Rassen (Achal Tekkiner) sowie alle Fohlen stehen im Hochrechteckformat (Abb. 26). Diese Pferde haben einen sehr hohen Schwerpunkt und können sich daher nicht so leicht ausbalancieren.

Was ist der Rahmen?

Der Rahmen eines Pferdes wird bestimmt durch dessen Größe und Länge sowie die Länge seiner Knochen im Verhältnis zueinander. Je länger und kräftiger die Knochen eines Pferdes sind, desto mehr Muskulatur kann daran ansetzen und desto mehr Platz nimmt dieses Pferd ein. Ein Pferd mit langen und kräftigen Knochen ist großrahmig (Abb. 28), es nimmt viel Platz ein und deckt einen Reiter gut ab. Großrahmige Pferde wirken auch auf die Entfernung bereits groß. Ein Pferd kann durch eine üppige Bemuskelung großrahmig wirken. Kleinere Pferde mit kurzen und schmalen Knochen und kurzen Linien am Körper decken den (großen) Reiter nicht gut ab und sind daher als kleinrahmig (Abb. 27) zu bezeichnen. Die Größe des Pferdes weist bereits auf den Rahmen eines Pferdes hin, darf aber nicht als alleiniges Kriterium herangezogen werden. Beispielsweise kann der hinsichtlich seines Stockmaßes als groß zu bezeichnende, jedoch insgesamt zart gebaute schmale Vollblüter einen verhältnismäßig kleineren Rahmen haben als das mit großen Partien ausgestattete Kleinpferd mit starkem Knochenbau und langem Hals. Bei der Beschreibung des Rahmens werden die Begriffe kleinrahmig

Abb. 27 Kleinrahmiges Pferd. Diese junge Stute füllt trotz ihres üppigen Futterzustands wenig Platz aus und wirkt auf die Entfernung eher klein.

Abb. 28 Großrahmiges Pferd mit mächtigen Körperpartien. Dieser Wallach hat viel Hals, eine große Schulter, einen langen Rücken und eine lange Kruppe. Er füllt viel Platz aus und wirkt bereits auf die Entfernung groß.

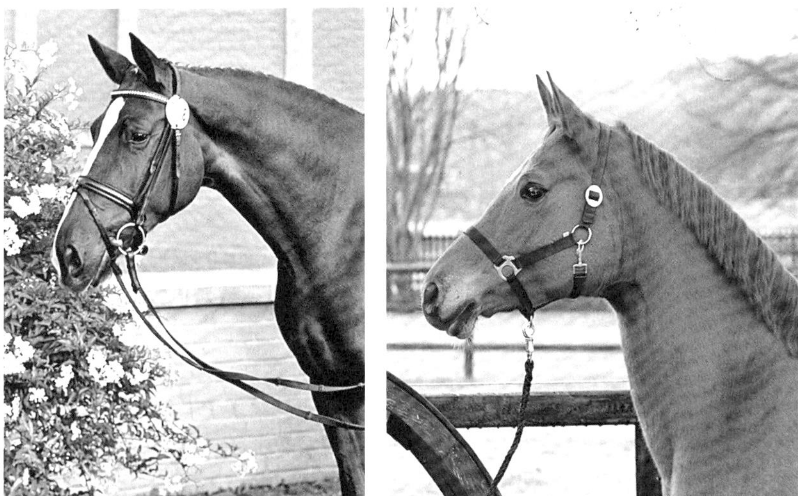

Abb. 29 Gute (links) und weniger gute (rechts) Ganaschenfreiheit beim Pferd.

(kleiner Rahmen), mittelrahmig (mittlerer Rahmen) und großrahmig (großer Rahmen) verwendet.

Was ist das Kaliber?

Mit Kaliber wird das Verhältnis vom Körpergewicht eines Pferdes zu seinem Stockmaß bezeichnet. Je schwerer das Pferd in Bezug zu seiner Körpergröße ist, desto schwerer ist sein Kaliber. So sind beispielsweise Tinker schwerkalibriger als Deutsche Reitponys, auch wenn sie das gleiche Stockmaß haben. Hinsichtlich des Kalibers werden die Begriffe leichtes, mittleres oder schweres Kaliber verwendet.

Was ist die Ganaschenfreiheit?

Mit Ganaschenfreiheit (Abb. 29) wird beim Pferd der Abstand des hinteren Ganaschenrandes zum Atlasflügel (zwischen Hals und Kopf) beschrieben. Hier sollten zwei Finger eines normal großen Erwachsenen Platz finden. Bei Pferden mit wenig Ganaschenfreiheit wird deren Ohrspeicheldrüse immer dann gequetscht, wenn sie in Beizäumung gehen sollen, was die Rittigkeit erheblich einschränken kann. Je größer die Ganaschenfreiheit ist, desto leichter wird das Pferd an den Zügel zu reiten sein. Robustpferderassen haben hier häufig wenig Platz.

Wie soll der Hals beschaffen sein (Abb. 30)?

Der Hals sollte genügend lang und breit sein, sich zum Kopf des Pferdes hin verjüngen und ein Verhältnis von Kamm- zu Kehlrand von 2:1 aufweisen. Ein derart geformter Hals bringt alle Eigenschaften mit, die das dressurmäßige Reiten in

Abb. 30 Der Hals dieser Stute kommt dem Ideal sehr nahe, wobei er durch ihren üppigen Futterzustand besonders unterstrichen wird. Die Oberhalslinie (Kammrand) ist nach oben gewölbt und etwa doppelt so lang wie die gerade Unterhalslinie (Kehlrand), der Hals verjüngt sich deutlich zum Kopf hin.

Abb. 31 Dieser gerade vierjährige Wallach befindet sich voll in der Entwicklung und kann seine großen Bewegungen noch nicht immer ausbalancieren. Dadurch fällt ihm die korrekte Anlehnung und das Loslassen im Genick noch sehr schwer, er kippt etwas hinter die Senkrechte und sein verhältnismäßig dünner Hals „knickt" am 3./4. Halswirbel ab (falscher Knick). Im Verlauf der Ausbildung muss man bei diesem Pferd großen Wert auf die Bemuskelung der Halsung und auf eine korrekte Anlehnung legen.

Abb. 32 Der Hals dieses dreijährigen Hengstes ist verhältnismäßig kurz und die Oberhalslinie ist nicht doppelt so lang wie die leicht konvexe (nach außen gewölbte) Unterhalslinie. In der Arbeit wird bei diesem Pferd ein Schwerpunkt auf der Erarbeitung der korrekten Dehnungshaltung liegen.

relativer Aufrichtung erleichtern. Ein kurzer, dicker Hals (Abb. 32) mit langer Kehlrandlinie wird sich kaum wölben können und Pferd wie Reiter das leichte Reiten in Beizäumung erschweren. Ein Pferd mit einem sehr langen, gebogenen und oft dünnen Hals wird dagegen „zu leicht" und dadurch ebenfalls sehr schwer in korrekte Anlehnung zu bringen sein. Pferde mit dieser Halsform knicken häufig schon am dritten oder vierten Halswirbel ab und entwickeln dadurch den „falschen Knick" (Abb. 31).

Wo soll der Hals ansetzen (Abb. 33 und 34)?

Der Hals soll etwa eine Handbreit über dem Buggelenk aus der Schulter herauskommen. Der optimale Ansatzpunkt lässt sich jedoch auch finden, wenn von der Mitte der Seitenbrust (Hälfte der Gurtentiefe) eine waagerechte Linie nach vorne gezogen wird. Genau oberhalb dieser Linie soll der Hals ansetzen. Je tiefer der Hals angesetzt ist, desto vorhandlastiger bewegt sich das Pferd und desto schwieriger ist das Erarbeiten von dessen Aufrichtung. Bei Rennpferden wird ein tiefer Halsansatz toleriert, da er häufig verbunden ist mit einem besseren Balancierver-

Abb. 33 Der ideale Halsansatz ist eine Handbreit über dem Buggelenk oder auf der Hälfte der Seitenbrust.

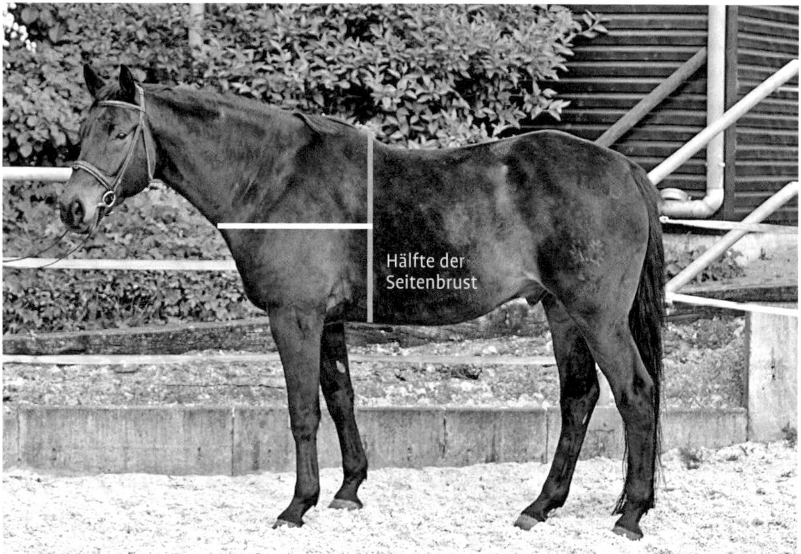

Abb. 34 Bei diesem Wallach ist der Hals verhältnismäßig tief angesetzt.

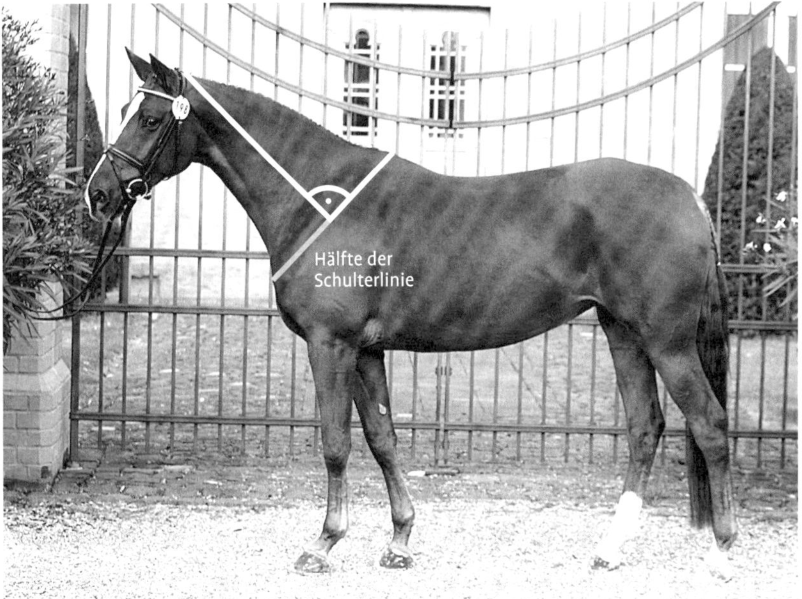

Abb. 35 Der ideale Halsaufsatz mit einer Winkelung von 90° aus der Schulter.

mögen des Pferdes. Je höher ein Hals angesetzt ist, desto schwieriger wird das Erreichen der korrekten Dehnungshaltung sein. Die Aufrichtung hingegen ist bei diesen Pferden leichter zu erreichen.

Wie (d. h. in welchem Winkel) und wo soll der Hals aus der Schulter herauskommen?

Der Hals soll im Optimalfall (um gleichgut Dehnungshaltung und Aufrichtung zu ermöglichen) im 90°-Winkel auf die Schulter „aufgesetzt" sein (Abb. 35). Dabei soll eine im rechten Winkel an die Mitte der durch die Schulter verlaufenden Linie gelegte Gerade genau am Genick des Pferdes (hinter seinen Ohren) herauskommen, wenn das Pferd seinen Kopf in normaler Haltung aufrecht hält. Beginnt diese Gerade nicht in der Mitte dieser Schulterlinie, sondern weiter unten, so hat das Pferd meist auch einen tiefen Halsansatz. Beginnt sie weiter oben ist der Halsansatz hoch. Ist der Winkel dieser Geraden nicht genau 90° zur Schulterlinie sondern der obere Winkel kleiner 90°, so hat das Pferd einen hohen Halsaufsatz (es kann leichter in Aufrichtung, dafür nur erschwert in Dehnungshaltung gehen), ist dieser Winkel größer 90°, so hat es einen tiefen Halsaufsatz (gute Dehnungshaltung möglich, Aufrichtung erschwert).

Abb. 36 Dieses Pferd hat eine annähernd optimale Schulterkonstruktion mit einer Winkelung von 45° zum Boden.

Welche Auswirkungen hat die Winkelung der Schulter?

Die optimale Winkelung der Schulter ist von einer gedachten Linie zum Boden 45° (Abb. 36) und von Schulter zu Oberarm etwa 90°. Eine derart gewinkelte Schulter kann eine gute Schulterfreiheit und dadurch ausreichend Vortritt und Raumgriff in den schwunghaften Gangarten entwickeln. Gleichzeitig ist die Verteilung der statischen Kräfte auf Bänder, Sehnen und Knochen hier sehr gleichmäßig und ein schneller Verschleiß an diesen Strukturen unwahrscheinlich. Der Winkel der Schulter zum Boden sollte in diesem Zusammenhang genau so beschaffen sein, wie der Winkel der vorderen Hufwand zum Boden, um die Kräfteverteilung zu optimieren. Eine steile Schulter mit einem Winkel von der Schulter zum Boden von mehr als 45° und einem Schulter-Oberarm-Winkel von über 90° (oft verbunden mit steilen Hufen und einer steilen Fessel) hat wenig raumgreifende und eher vorhandlastige Bewegungen zur Folge. Bei dieser Winkelung fangen die Gelenke der Vorhand einen Großteil der Bewegungen ab, sodass hier mit einem höheren Verschleiß und einer erhöhten Anfälligkeit für Gelenkskrankheiten gerechnet werden muss. Pferde mit sehr schrägen Schultern (Winkel zwischen Oberarm und Schulter kleiner 90° und zwischen Schulterlinie und Boden kleiner 45°) können eine sehr große Schulterfreiheit und viel Raumgriff im Vorwärts entwickeln (zumindest in der Vorhand). Diese Abweichung von der Norm, die mit einem erhöhten Verschleiß der Sehnen und Bänder verbunden sein kann, ist aufgrund des damit einhergehenden Bewegungsablaufes derzeit beim modernen Sportpferd „erwünscht“. Pferde mit einer sehr schrägen Schulter und elastischen Muskeln, Sehnen und Bändern in der Vorhand sind dazu in der Lage, den Unterarm beispielsweise im Trab über die Waagerechte hinaus nach oben zu führen, was bei einem Großteil des Dressurpublikums und vielen Auktionskunden zurzeit sehr beliebt ist.

Was ist der Widerrist und wie soll er beschaffen sein?

Der Widerrist wird gebildet von den bis zu 30 cm langen Dornfortsätzen der ersten Brustwirbel sowie dem Schulterblattknorpel. Der Widerrist ist ein züchterisches Produkt des Menschen im Interesse des Reiters und verleiht dem Rücken Tragkraft und Stabilität. Oberhalb der langen Dornfortsätze verläuft das Nackenband, das durch das Senken des Halses über diese langen Dornfortsätze durch Hebelwirkung das Aufwölben des Rückens unterstützt. Der Widerrist sollte beim Reitpferd deutlich ausgeprägt sein und weit in den Rücken hineinreichen. Sehr ursprüngliche Robustpferderassen haben oft, wenn überhaupt, nur einen sehr schwach ausgeprägten Widerrist und dadurch einen wenig tragfähigen Rücken.

Was ist der Axthieb (Abb. 37) und welche Pferde haben ihn?

Als Axthieb wird der Bereich vor dem Widerrist des Pferdes bezeichnet, der von einer Kerbe in der Muskulatur gebildet wird und so aussieht, als hätte jemand mit der Axt hineingeschlagen. Alle Pferde haben von Natur aus diesen Axthieb, je nach Bemuskelung und Fettanteil des Oberhalses ist er jedoch nicht bei allen Pferden sichtbar ausgeprägt.

Was ist die Gurtentiefe und welche Bedeutung hat sie?

Mit Gurtentiefe wird der Bereich bezeichnet, wo beim Pferd normalerweise Longier-, Decken- oder Sattelgurt verlaufen. An dieser Stelle wird auch das Bandmaß zur Ermittlung des Brustumfangs genommen. Die Gurtentiefe nimmt in der Exterieurbewertung einen hohen Stellenwert ein, da sie auf verschiedene Eigenschaften des Pferdes hinsichtlich seiner sportlichen wie züchterischen Eignung hinweisen kann. Für eine genaue Beurteilung und Bewertung der Gurtentiefe eines Pferdes muss außer dem Maß selbst auch noch der Abstand vom Brustbein zum Boden (die „Luft“ unter dem Bauch des Pferdes an dieser Stelle), also quasi die Beinlänge gemessen werden. Bei optimal ausbalancierten Pferden mit ausreichend Gurtentiefe beträgt das Verhältnis von Gurtentiefe zu „Beinlänge“ eins zu eins (1:1). Je größer die Gurtentiefe im Verhältnis zur Beinlänge wird (> 1:1), desto tiefer liegt der Schwerpunkt des Pferdes, welches sich dadurch zunehmend besser ausbalancieren kann (es ist „tiefergelegt“). Pferde mit diesem Verhältnis von Gurtentiefe zu Beinlänge wirken meistens kürzer als sie tatsächlich sind, da ihr stark ausgeprägter und sehr tiefer Rumpf sehr viel Platz in der Höhe einnimmt und diesen Eindruck unterstützt. Der Rücken eines Pferdes mit einer grö-

Abb. 37 Pferd mit ausgeprägtem Axthieb zwischen Widerrist und Hals.

ßeren Gurtentiefe als Beinlänge (> 1:1) ist demzufolge in der Relation zur Gurtentiefe auch kürzer geworden (Abb. 38 und 39).

Pferde dagegen, bei denen die Gurtentiefe geringer ist als ihre Beinlänge, haben ein Verhältnis von < 1:1. Diese Tiere wirken auf den ersten Blick häufig länger als sie sind, da der Körper zwischen Vor- und Mittelhand nicht so viel Raum in der Tiefe einnimmt und dadurch schlauchartig und länger wirkt (Abb. 41). Der Rücken eines Pferdes mit einer kürzeren Gurtentiefe als Beinlänge (< 1:1) ist demzufolge in der Relation zur Gurtentiefe länger geworden.

Je geringer die Gurtentiefe im Verhältnis zur Beinlänge ist, desto höher liegt der Schwerpunkt des Pferdes und desto schwerer findet es seine Balance. Fohlen haben beispielsweise eine deutlich kleinere Gurtentiefe als Beinlänge und können sich dadurch besonders zu Beginn ihres Lebens nur sehr schwer ausbalancieren.

Welche Bedeutung hat die Gurtentiefe im Zusammenhang mit dem Format und der tatsächlichen Bein- und Rückenlänge eines Pferdes?

Das Format des Pferdes lässt bereits erste Rückschlüsse auf verschiedene damit verbundene Reit- und Bewegungseigenschaften zu. So geht man beispielsweise bei einem Rechteckpferd von ausreichend Fähigkeit zu einer guten Schwungentfaltung, verbunden mit einer erschwerten Versammlungsfähigkeit aus. Durch

Abb. 38 Die Gurtentiefe des Pferdes im ausgewogenen Verhältnis zur Beinlänge (1:1).

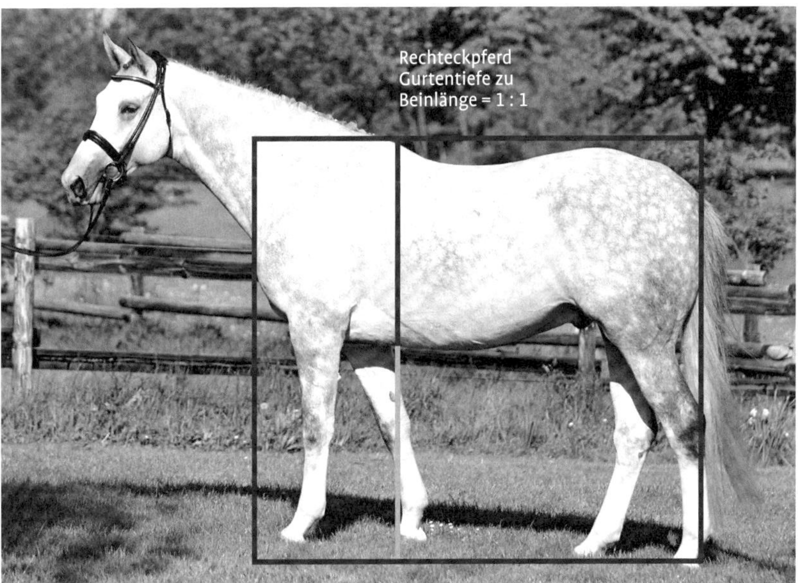

Abb. 39 Dieses Pferd hat ein Verhältnis von Gurtentiefe zu Beinlänge von 1:1. Durch sein deutliches Längsrechteckformat ist der Rücken verhältnismäßig lang, wodurch Schwungentwicklung möglich wird.

Abb. 40 Quadratpferd mit einem Verhältnis von Gurtentiefe zu Beinlänge von 1:1. Der Rumpf des Pferdes ist dadurch etwa so lang wie hoch, wodurch das Pferd im Rücken exterieurbedingt kaum schwingen kann.

den verhältnismäßig langen Rücken kann das Pferd zwar sehr gut Schwingen und sich raumgreifend bewegen, die Hinterbeine sind bei diesem Format jedoch relativ weit vom Schwerpunkt entfernt, sodass in der dressurmäßigen Arbeit deutlich an der Lastaufnahme gearbeitet werden muss. Anders beim Quadratpferd, dessen Hinterbeine bedingt durch den kurzen Rücken schon beim „unbearbeiteten" Bewegen weit in Richtung des Schwerpunktes treten. Der kurze Rücken des Quadratpferdes hat jedoch dagegen den Nachteil, dass er kaum zum Schwingen kommt und das Pferd folglich nur sehr wenig Raumgriff entwickeln kann. Das im Längsrechteck stehende Pferd hat im Verhältnis zu seiner Gurtentiefe einen relativ langen Rücken. Genau das gleiche gilt auch für das Pferd, welches (unabhängig vom Format!) eine kürzere Gurtentiefe als Beinlänge hat. Das bedeutet, dass Pferde mit einer kürzeren Gurtentiefe als Beinlänge durch ihren verhältnismäßig langen Rücken zu vermehrter Schwungentfaltung und größerem Raumgriff fähig sind. Hat nun also ein Quadratpferd eine kürzere Gurtentiefe als Beinlänge, so wird sein Rücken relativ gesehen länger und es ist trotz seines Formats zur Entwicklung von Schwung und Raumgriff in der Lage. Diese Pferde bringen folglich viele Vorteile mit, können sich jedoch durch den hoch liegenden Schwerpunkt nicht so leicht ausbalancieren und decken durch die

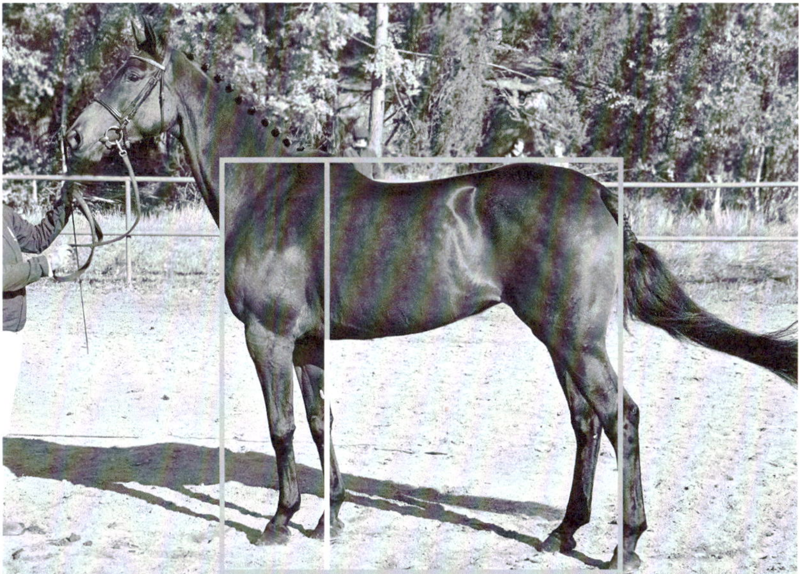

Abb. 41 Durch eine im Verhältnis zur Beinlänge relativ geringe Gurtentiefe wirkt dieses Quadratpferd fast lang im Rücken. Der Rücken ist dadurch zur Schwungentfaltung in der Lage, die beim Quadratpferd generell eingeschränkter ist, das Pferd wird sich jedoch verhältnismäßig schlechter ausbalancieren können.

geringe Gurtentiefe nicht mehr jeden Reiter ab, der Rahmen wird kleiner. Zuchtstuten mit dieser Figur und dem verhältnismäßig kleinen Körper haben wenig Platz für ein sich entwickelndes Fohlen.

Das Längsrechteckpferd mit einer größeren Gurtentiefe als Beinlänge wird durch den verhältnismäßig kürzer werdenden Rücken zu wenig Schwungentfaltung in der Lage sein und sich durch den tiefen Rumpf sehr plump und schwerfällig bewegen. Diese Pferde haben jedoch viel Rahmen, decken wahrscheinlich jeden Reiter ab und können (als Stute) sehr gut ein Fohlen austragen.

Wie kann und soll der Rücken des Pferdes beschaffen sein?

Die Oberlinie des Pferdes soll vom tiefsten Punkt des Rückens ausgehend bis zum höchsten Punkt der Kruppe in einer geraden Linie sanft ansteigen (Abb. 42) und keine Unebenheiten aufzeigen. Eine im Ansatz nach unten gewölbte Linie (Abb. 43) weist auf einen Senkrücken hin (die leichte Form wird als „Druck hinter dem Widerrist" oder als vertiefte Sattellage bezeichnet), eine vom Ansatz ausgehend nach oben gewölbte Linie dagegen auf einen Karpfenrücken. Der Senkrücken schwingt sehr gut, ist jedoch sehr weich und wenig haltbar, da Sehnen und

Abb. 42 Wie bei diesem Pferd soll der Rücken des Pferdes vom tiefsten Punkt hinter dem Widerrist bis zum höchsten Punkt der Kruppe gleichmäßig sanft ansteigen.

Abb. 43 Dieses Pferd hat einen relativ langen Rücken mit weicher Lendenpartie. Die Rückenlinie ist zwischen Ende der Brustwirbelsäule und Beginn der Kruppe leicht nach unten gewölbt.

Abb. 44 Bei dieser Stute ist die Lendenpartie sehr stark nach oben gewölbt. Während eine leicht konvexe Wölbung als stramme Lende oder Niere bezeichnet wird, muss diese Form der Lendenwirbelsäule schon als Tendenz zum Karpfenrücken bezeichnet werden.

Muskeln die Stabilität erzeugen müssen. Der Karpfenrücken dagegen ist sehr stabil gegenüber Gewicht von oben, kann jedoch nicht so viel Schwung entwickeln.

Wie kann und soll die Lende beschaffen sein?

Die Lendenpartie des Pferdes (zwischen Ende der Sattellage und Beginn der Kruppe) sollte genau wie die Rückenlinie keine Unebenheiten aufweisen und dem sanften Anstieg folgen. Eine in diesem Bereich nach unten gewölbte Linie wird als schwache oder weiche Lende/Niere bezeichnet. Eine nach oben gewölbte Linie (Abb. 44) deutet auf die stramme Lende/Niere hin. Wie bei der Rückenformation auch, kann ein Pferd mit einer weichen Lende gut, ein Pferd mit einer strammen Lendenpartie dagegen nicht sehr gut schwingen.

Was ist die Lendenfreiheit?

Mit Lendenfreiheit wird der Abstand zwischen der letzten Rippe und dem Hüfthöcker bezeichnet. Hier sollte mindestens eine Handbreit (eines Erwachsenen) Platz finden, damit das Pferd ausreichend schwingen und genügend Längsbiegungen erreichen kann. Sehr kurze (Quadrat-)Pferde haben in diesem Bereich häufig wenig Platz, wodurch sowohl die Schwungentfaltung als auch die Längsbiegung in der reiterlichen Ausbildung einen erhöhten Stellenwert einnehmen müssen, da beides den Pferden von Natur aus nicht sehr leicht fällt.

Was ist die Flankentiefe und welche Bedeutung hat sie?

Mit Flankentiefe wird der hintere Bauchbereich des Pferdes bezeichnet, der sich etwa ab dem Brustbein bis zum Hinterbein befindet. Dieser Bereich sollte nicht größer als der Brustkorb sein, sich jedoch auch nicht wie beim Windhund sehr stark nach oben hin verjüngen. In diesem Bereich liegen die Verdauungsorgane des Pferdes, die ausreichend Platz finden sollen. Bei Sportpferden mit ausgeprägter und trainierter Bauchmuskulatur sollte sich dieser Bereich nach oben hin sanft verjüngen, untrainierte Weidepferde haben an diese Stelle den unbeliebten und unsportlichen Weidebauch. Bei hochtragenden Stuten muss die Flankentiefe größer sein als der Brustkorb, da sich hier das wachsende Fohlen entwickelt. Pferde mit einer sehr kleinen Flankentiefe und „viel Wind unterm Bauch" haben wenig Platz für ihre Verdauungsorgane, wirken häufig hager und decken ihren Reiter kaum ab.

Welche Auswirkungen hat die Winkelung bzw. Konstruktion der Kruppe?

Ähnlich wie bei der Schulter hat auch die Kruppenformation einen großen Einfluss auf die Bewegungsfähigkeit und Bewegungsqualität des Pferdes. An der Form der Kruppe können Rückschlüsse auf die Fähigkeit des Pferdes zur Entwicklung von Trag- oder Schubkraft gezogen werden. Im Optimalfall (Abb. 45) beträgt der Winkel zwischen Beckenring und Oberschenkelbein als auch zwischen Oberschenkel und Knie zwischen 90 und 100°. Die Kruppe ist dann leicht abfallend, harmonisch (oberflächlich geformt wie ein halbe Melone) und der Schweifansatz liegt direkt über den relativ tief liegenden Sitzbeinhöckern. Pferde mit dieser Kruppenformation sind gleichermaßen zur Entwicklung von Schub- und Tragkraft in der Lage, die Kräfteverhältnisse sind ausgeglichen und Bänder, Sehnen und Knochen werden gleichmäßig belastet.

Bei einer sehr flachen Kruppe mit hohem Schweifansatz und wenig Wölbung nach oben (Abb. 46) ist der Winkel zwischen Becken und Oberschenkel kleiner als 90°, der Winkel im Knie wird dagegen größer. Diese Pferde können wenig Last aufnehmen, dafür sehr viel Schubkraft entwickeln (häufig haben Araber diese Kruppenform, sie sind sehr gut geeignet für den Distanzsport). Bei diesen Pferden ist der Körperschwerpunkt nach vorne verlagert, was die Lastaufnahme zusätzlich erschwert.

Pferde mit einem sehr schrägen Becken haben häufig steil abfallende Kruppen, die auch als abgeschlagen bezeichnet werden. Der Winkel zwischen Becken und Oberschenkel ist größer als 100°, der im Knie wird dagegen kleiner, wodurch die Pferde sehr viel Tragkraft, aber wenig Schubkraft entwickeln können. Die Hinterbeine können bedingt durch die Winkelung sehr leicht unter den Schwerpunkt gebracht werden, der durch die Kruppenformation ohnehin nach hinten verla-

Abb. 45 Diese dreijährige Stute hat eine annähernd optimal konstruierte Kruppe. Sie ist leicht abfallend und lässt einen Winkel von etwa 90° zwischen Beckenring und Oberschenkel erahnen. Die Stute wird wahrscheinlich sowohl Schub- als auch Tragkraft entwickeln können.

gert wird. Diese Kruppenformation sieht man häufig bei Gangpferden, die ihre Hinterhand absenken und die Hinterbeine weit unter den Schwerpunkt schieben müssen, um in der Vorhand die erwünschte Schulterfreiheit entwickeln zu können. Für lang durchgehaltene kadenzierte Bewegungen wie den versammelten Trab, die Piaffe und die Passage fehlt Pferden mit dieser Hinterhandformation häufig die Kraft in der Muskulatur, um sich nach dem Beugen wieder ausreichend abdrücken zu können.

Was ist das Leistungsdreieck?

Das Leistungsdreieck (Abb. 47) ist ein Hilfsmittel zur Beurteilung von Pferden. Mithilfe von drei Linien, die durch die Schulter (Schulterlinie), das Becken (Beckenlinie) und unter den Hufen (Unterstützungslinie) entlang gezogen werden, lässt sich ein Dreieck zeichnen, dessen Form wichtige Rückschlüsse auf die Bewegungsmerkmale des Pferdes zulässt. So kennzeichnet ein gleichschenkliges und rechtwinkliges Dreieck mit einer langen Unterstützungslinie das hinsichtlich verschiedener Beurteilungskriterien (beispielsweise in Bezug auf Schulter- und Kruppenwinkelung) „perfekt" konstruierte Pferd.

Abb. 46 Diese schon ältere Zuchtstute hat einen geraden Rücken mit einer sehr flachen und kurzen Kruppe. Der Schweifansatz sowie die Sitzbeinhöcker liegen relativ hoch. Die Stute wird wahrscheinlich bei wenig Tragkraft viel Schubkraft entwickeln können.

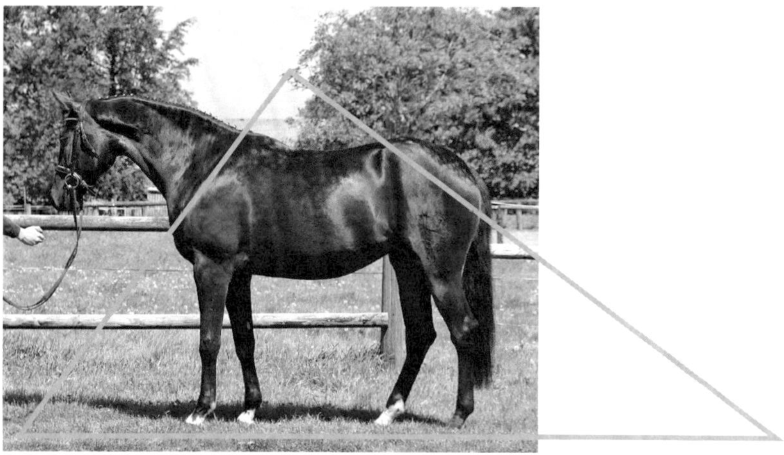

Abb. 47 Diese dreijährige Stute hat eine schräge Schulter und eine abfallende Kruppe, sodass das eingezeichnete Leistungsdreieck relativ ausgewogen ist.

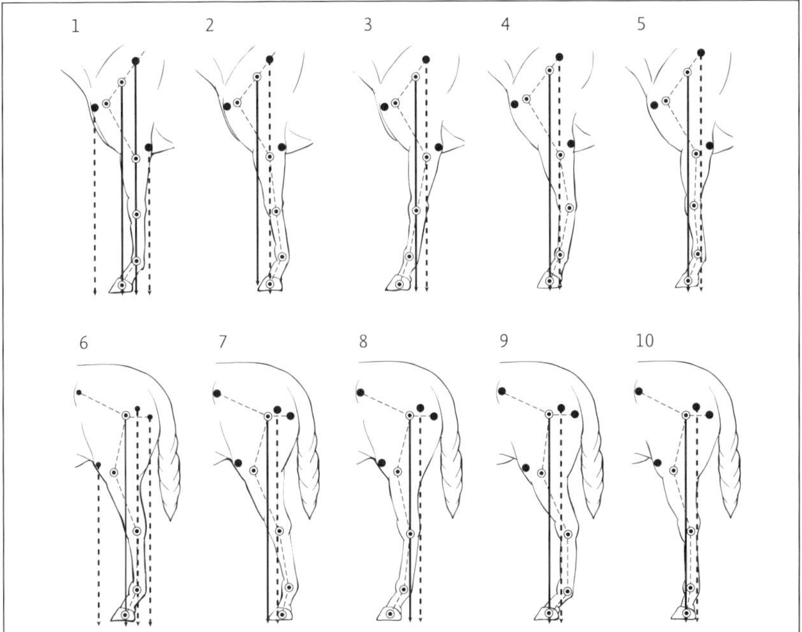

Abb. 48 Stellung und Stellungsfehler des Pferdes von der Seite.
Vorderbein: 1 korrekt gebautes Vorderbein, 2 rückständig, 3 vorständig, 4 rückbiegig, 5 vorbiegig.
Hinterbein: 6 korrekt gebautes Hinterbein, 7 rückständig, 8 vorständig, 9 säbelbeinig (der Winkel im Sprunggelenk ist kleiner als 130°), 10 stuhlbeinig (steil, der Winkel im Sprunggelenk ist größer als 140°).

Gliedmaßen

Welche Fehlstellungen (Abb. 48 u. 49) gibt es an den Gliedmaßen des Pferdes?

Vorne: vorständig, rück- oder unterständig, rückbiegig, vorbiegig, bodeneng, bodenweit, zehenweit, zeheneng.
Hinten: bodeneng, bodenweit, zeheneng, zehenweit, kuhhessig, fassbeinig, säbelbeinig, stuhlbeinig, unterständig, rückständig.

Was bedeutet das Pferd steht „kuhhessig“ oder „fassbeinig“?

Kuhhessig heißt, dass das Pferd von hinten betrachtet sehr eng aneinandergedrückte Sprunggelenke hat. Das Lot vom Sitzbeinhöcker abwärts trennt nicht mehr die Gelenke in der Mitte, sondern die Sprunggelenke nähern sich einander an. Kühe haben häufig diese Gelenkstellung, da sie hinten das sehr schwere Euter tragen müssen. Problem dieser Gelenkstellung ist der einseitige Verschleiß der

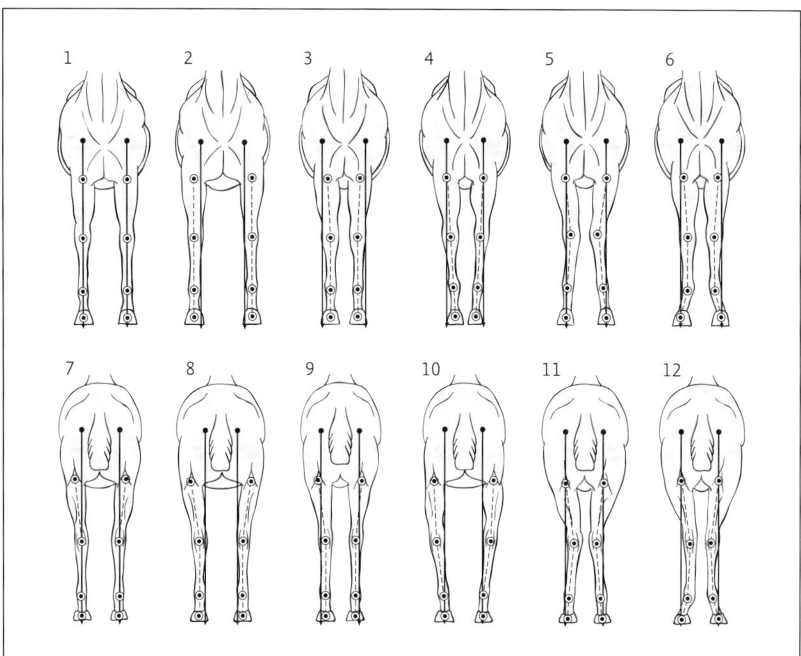

Abb. 49 Stellung und Stellungsfehler des Pferdes von vorne bzw. hinten.
Von vorne betrachtet: 1 korrekte Stellung der Gliedmaßen von vorne, 2 bodenweit, 3 bodeneng, 4 zeheneng, 5 x-beinig, 6 zehenweit.
Von hinten betrachtet: 7 korrekte Stellung der Gliedmaßen von hinten, 8 bodenweit, 9 bodeneng, 10 fassbeinig, 11 kuhhessig, 12 kuhhessig und zehenweit.

Gelenksflächen, was langfristig vor allem hinsichtlich der Lastaufnahme zu gesundheitlichen Problemen führen kann. Genau gegenteilig ist die fassbeinige Stellung. Das Pferd hat in den Hinterbeinen sozusagen „O-Beine“ und die Sprunggelenke stehen außerhalb des Lots sehr weit auseinander.

Was bedeutet das Pferd steht bodenweit oder bodeneng?

Normalerweise sollte zwischen die Hufe der Vorder- oder Hinterbeine ein Huf des Pferdes Platz haben, damit sowohl die Vorder- als auch Hinterbeine „im Lot“ stehen. Im Lot heißt, dass alle Gelenke und Knochen genau in der Mitte von der imaginären (gedachten) Senkrechten geteilt und die Gelenksflächen gleichmäßig belastet werden. Bodenweit steht ein Pferd, wenn zwischen den Hufen mehr als eine Hufbreite Platz ist. Meistens ist dieser Stellungsfehler mit einer sehr breiten Brust und einer Verdrehung der Ellenbogen in Richtung des Brustkorbes verbunden. Genau das Gegenteil ist bei einer bodenengen Stellung des Pferdes zu finden.

Hier ist zwischen den beiden Hufen kein Platz mehr für eine Hufbreite, die Beine stehen unten enger zusammen als sie oben aus dem Körper herauskommen.

Was bedeutet das Pferd steht zeheneng?

Das Pferd steht zeheneng, wenn die Zehe des Pferdes einwärts zeigt, die Hufe also an der vordersten Spitze enger stehen als im Trachtenbereich. Diese Fehlstellung kommt meistens aus einer Verdrehung der Achse im Fesselgelenk, sodass dieses Gelenk ungleichmäßig belastet wird (mehr Druck innen, mehr Zug außen). Die Hufe nutzen sich ungleichmäßig ab (Zehe wird innen lang, Trachten außen kurz) und führen in der Folge zu einer Fehlbelastung in Huf- und Krongelenk. Pferde mit einer zehenengen Stellung „paddeln" bzw. „bügeln" zumeist mit diesem Bein.

Wie sieht der Gang des Pferdes aus, wenn es „bügelt"

Beim „Bügeln" schleudert das Pferd seinen Huf beim „Nach-vorne-Führen" des Beins nach außen. Diese Bewegung resultiert meistens aus der Fehlstellung zeheneng, bei der die Gelenke nicht im Lot aufeinander stehen und die Hufe ungleich abgenutzt sind. Dadurch kommt es in der Bewegung zu einer „Unwucht", die den Huf im Vorführen nach außen schleudert.

Was bedeutet das Pferd steht zehenweit?

Wenn das Pferd zehenweit steht, so zeigen seine Zehen nach außen. Die Trachtenbereiche der Hufe stehen sich demnach näher als der vordere Bereich des Hufs. In diesem Fall ist meistens das Fesselgelenk verdreht und die äußere Seite des Gelenks ist vermehrt belastet. Zehenweit stehende Pferde „streichen" sich im Gang häufig mit den Hufen an den Fesselgelenken, da das Bein mit einem kleinen Schlenker innerhalb der Achse nach vorne geführt wird. Beim Beschlagen bzw. der Hufkorrektur sollte besonders auf dieses Streichen geachtet werden damit sich das Pferd nicht immer wieder an derselben Stelle selbst verletzt.

Was bedeutet vor- oder rück(unter-)ständig?

Bei einem vorständigen Vorderbein stellt das Pferd seine Vorderbeine immer wieder vor die von der Mitte der Schulter abwärts führende Lotrechte. Es belastet in dieser Stellung vermehrt den Trachtenbereich. Das rückständige Vorderbein steht hinter der Lotrechten, hier werden vermehrt die Zehenbereiche belastet.

Was bedeutet rückbiegig bzw. vorbiegig?

Beim rückbiegigen Vorderbein ist die vordere Linie des Vorderbeins (von der Seite betrachtet) im Verhältnis zur Normallinie nach hinten gebogen. Diese Pferde belasten die vorderen Bereiche der Gelenke des Vorderbeins vermehrt, ein erhöhter Verschleiß der Gelenke ist zu erwarten.

Das vorbiegige Vorderbein ist genau andersherum, nämlich hinsichtlich seiner vorderen Linie nach vorne gewölbt. Es sieht aus, als würde das Pferd in den Vorderbeinen einknicken. Diese Form der Stellung kann erworben oder angeboren sein, ältere Pferde stehen häufig mit vorbiegigen Vorderbeinen. Durch Aufheben eines Vorderbeins kann man auf der anderen Seite erkennen, ob es angeboren ist (Biegung bleibt trotz Belastung) oder nicht (das zuvor vorbiegige Vorderbein wird nun durchgestreckt).

Was bedeutet säbelbeinig und was stuhlbeinig?

Beim säbelbeinigen Hinterbein ist der Winkel im Sprunggelenk kleiner als normal. Gewünscht ist hier ein Winkel von 130 bis 140°. Man spricht hier auch vom „krummen" oder „runden" Hinterbein mit zu viel Winkel. Pferde mit zu viel Winkel im Sprunggelenk sehen immer so aus, als würden sie sehr gut unter den Schwerpunkt treten, sie belasten jedoch die Bänder und Sehnen des Hinterbeins vermehrt, weil diese den Winkel überwiegend erhalten müssen und die Gelenke und Knochen wenig unterstützen können. Beim stuhlbeinigen Hinterbein ist der Winkel im Hinterbein größer als 140°, hier spricht man von einem zu offenen Winkel. Im schlimmsten Fall ist das Sprunggelenk fast gerade (Winkel annähernd 180°), sodass das Bein tatsächlich aussieht wie ein Stuhlbein. Pferde mit sehr geraden Hinterbeinen belasten die Gelenke im Hinterbein enorm, wodurch die Federkraft sehr stark abnimmt. Ein gerades Hinterbein (besonders in Verbindung mit einer flachen Kruppe) ist kaum in der Lage zur Lastaufnahme. Es gibt gerade im Bereich der Springpferde das Phänomen der sehr geraden Hinterbeine. Diese Pferde haben eine Sprungtechnik entwickelt, mit der sie sich durch das gerade Hinterbein über den Sprung „hebeln" (ähnlich dem Stabhochspringer) und die Sprungkraft nicht aus der Federkraft des sich schließenden und wieder öffnenden Sprunggelenks herrührt. Häufig wird der Fesselträger als schwächste Komponente bei geraden Hinterbeinen sehr stark belastet. Manche dieser Pferde werden im Alter durchtrittig.

Was bedeutet unterständig und was rückständig?

Unterständige Hinterbeine stehen in der Normalhaltung des Pferdes weiter unter dem Körper als im Regelfall, das Röhrbein ist nicht an der Senkrechten. Rückständige Hinterbeine dagegen stehen weiter hinten heraus als „normal", auch hier verläuft das Röhrbein nicht senkrecht zur Bodenlinie.

Pferdehaltung und -versorgung

Pflege

Evolution, Tierschutz und ethische Grundsätze

Wie entwickelten sich die Equiden bis zu unserem heutigen Hauspferd

Vor etwa 60 Mio. Jahren existierte das **Hyracotherium** („Pferdchen der Morgenröte"). Dieser Urahn aller Equiden kam in vier Unterarten vor, welche in der Größe zwischen 20 und 50 cm variierten. Die Nahrung bestand aus Blättern und Früchten. Die Zähne hatten einen weichen Zahnschmelz und die Backenzähne eine niedrige Krone. Der Hals war kurz, der Rücken aufgebogen und die Hinterbeine länger als die Vorderbeine. An den Vorderbeinen besaß es vier, an den Hinterbeinen drei Zehen. Elle und Speiche sowie Schien- und Wadenbein waren noch nicht miteinander verschmolzen, weshalb das Urpferdchen sehr wendig war. Der Schädel war noch relativ kurz und die Lücke zwischen den Eck- und Backenzähnen noch nicht sonderlich ausgeprägt. Die seitlich angeordneten Augenhöhlen waren zum Rücken hin offen. Der auf den Hyracotherium folgende **Miohippus** war ca. 60 cm groß, die dritte Zehe sowie der dritte Mittelfußknochen waren bereits kräftiger. Er lebte im Wald, ernährte sich von Blättern und seine Prämolaren wandelten sich in quadratische Form um. **Merychippus** war ca. 100 cm hoch, ein Steppenbewohner, der überwiegend Gräser fraß, seine Zähne besaßen deutliche Schmelzfalten. Die mittleren Zehenglieder waren kräftiger entwickelt, sodass das zunehmende Gewicht getragen werden konnte und die Pferde schneller wurden. **Pliohippus** war ca. 125 cm groß, einzehig, hatte breite und hochkronige Backenzähne und alle anderen Zehen waren nur noch als Rudimente vorhanden. Der dann folgende **Equus** als „direkter" Vorfahre war 90–125 cm groß.

Welche arteigenen Verhaltensweisen sind beim Umgang mit dem Pferd zu berücksichtigen?

Beim Umgang mit dem Pferd muss stets berücksichtigt werden, dass es sich um ein Fluchttier handelt, das bei Gefahr in die entgegengesetzte Richtung flüchten möchte und dabei wenig Rücksicht auf sich selbst und umstehende Personen nimmt. Im Falle großer Angst kann daher das bravste Tier zum „Bulldozer" werden. Erschreckt sich ein Pferd vor einer von hinten kommenden „Gefahr" wird es die Flucht nach vorn antreten und umgekehrt. Hängt das Pferd mit einem Bein oder dem Kopf fest, so wird es so lange rückwärts ziehen, bis es befreit ist. Dabei kann es sich erheblich verletzen. Im Umgang mit dem Pferd sollte man daher stets alle möglichen „Gefahren" rechtzeitig im Auge haben und möglichst ausschalten oder reagieren, bevor das Pferd sie wahrgenommen hat. Mit ausreichendem Vertrauen zum Menschen wird das Pferd nicht so stark in Panik geraten und trotz großer Angst unter Kontrolle bleiben.

Welche Aufgaben verfolgt das Tierschutzgesetz?

Das Tierschutzgesetz ist die wichtigste gesetzliche Grundlage für den Tierschutz und den Umgang mit Tieren im Pferdesport. Seit dem 01.08.2002 ist der Tierschutz durch die Aufnahme in das Grundgesetz (Artikel 20a) zum Staatsziel erklärt und muss dementsprechend ernstgenommen werden. In § 1 des Tierschutzgesetzes wird die Verantwortung des Menschen für das Mitgeschöpf Tier definiert (seit 1989 wird das Tier im Sinne des BGB nicht mehr als Sache behandelt). Nach § 1 des Tierschutzgesetzes darf niemand einem Tier ohne vernünftigen Grund Schmerzen, Leiden oder Schäden zufügen. In § 2 (Pflicht des Menschen, für angemessene Pflege, Ernährung und Bewegung sowie für eine verhaltensgerechte Unterbringung der Tiere zu sorgen), § 3 (bezieht sich auf die Ausbildung eines Pferdes), § 11 (Erlaubnispflicht für gewerbsmäßige Reit-, Fahr- und Pferdehandelsbetriebe), § 16 (Bestimmungen zu Nutztierhaltungen), § 17 (ungerechtfertigte Tötung von Wirbeltieren) sowie § 18 (Ordnungswidrigkeiten) werden weitere Aspekte, die besonders für Pferdehalter und -besitzer von Bedeutung sein können, geregelt. Um dem Tierschutzgesetz besonders hinsichtlich der Haltung von Pferden nachhaltig gerecht werden zu können (§ 2), sind 1995 die sogenannten Leitlinien zur Pferdehaltung entstanden. Hier werden die in § 2 des Tierschutzgesetzes geforderten Anforderungen mit Inhalt und Werten gefüllt. Grob zusammengefasst werden folgende Punkte durch das Tierschutzgesetz geregelt:

Allgemein: Vermeidung von Schmerzen, Leiden und Schäden; bei der Haltung und Ausbildung: Sozialkontakte, Körperpflege, Hufpflege, Bewegung, Weide, Futter und Futteraufnahme, Gestaltung des Stallklimas, Management, Aufstallungsarten, Umgang mit dem Pferd als Fluchttier und Herdentier, Ausbildung und Training, Ausrüstung, Eingriffe.

Was sind die ethischen Grundsätze?

Es gibt **9 ethische Grundsätze:**

- Wer sich mit einem Pferd beschäftigt, übernimmt die Verantwortung für das Lebewesen.
- Die Haltung des Pferdes muss artgerecht sein.
- Die geistige und körperliche Gesunderhaltung des Pferdes hat oberste Priorität.
- Der Mensch hat jedes Pferd gleich zu achten, unabhängig von Rasse, Alter, Geschlecht oder Fähigkeiten.
- Das Wissen um die Geschichte des Pferdes und dessen Bedürfnisse sind zu wahren und an folgende Generationen weiterzugeben.

- Der Umgang mit dem Pferd fördert die Persönlichkeitsbildung von jungen Menschen, dies gilt es zu wahren und zu fördern.
- Der Mensch, der mit seinem Pferd gemeinsam Reitsport betreiben möchte, hat sich einer Ausbildung zu unterziehen, die die größtmögliche Harmonie zwischen Pferd und Reiter als Ziel hat.
- Die Nutzung des Pferdes muss seiner Veranlagung entsprechen. Die Beeinflussung des Leistungsvermögens durch Medikamente oder andere nicht pferdegerechte Einwirkung ist strikt abzulehnen.
- Die Verantwortung des Menschen gegenüber dem Pferd erstreckt sich bis hin zu dessen Lebensende. Der Mensch muss hier stets im Sinne des Pferdes verantwortlich handeln.

Pferdepflege

Wie sieht ein sicherer Putzplatz aus?

„Sicher" im Bereich rund ums Pferd ist alles, was eine Verletzung und das Erschrecken des „Fluchttieres" Pferd vermeidet. Hierzu gehören vor allem der rutschfeste Boden, ausreichend Platz und eine sichere Anbindevorrichtung. Weiterhin sollte alles vom Putzplatz entfernt werden, was das Pferd umstoßen könnte, weil es dadurch erschrecken und in Panik geraten könnte. Auch sollten keine Gegenstände herumstehen, in die das Pferd hineintreten oder an denen es hängen bleiben könnte. Der Boden sollte leicht zu reinigen sein, um nicht durch Haare oder ausgebürsteten Dreck rutschig zu werden. Außerdem sollte er eine ausreichende Größe haben, um nicht den Pfleger zu gefährden und ein problemloses Handling zu ermöglichen.

Mit welchem Knoten bindet man ein Pferd an?

Pferde werden mit dem sogenannten Sicherheitsknoten (Abb. 50) angebunden. Eigenschaft dieses Knotens ist seine schnelle Lösbarkeit, falls das Pferd in Panik gerät. Auch wenn sich das Pferd an diesem Knoten aufgehängt haben sollte, lässt er sich relativ leicht und mit einem Zug wieder lösen.

Wie misst man die Größe eines Pferdes und welche verschiedenen Größenangaben gibt es?

Die Größe des Pferdes kann man mithilfe eines Stockmaßes oder mithilfe eines Bandmaßes ermitteln. Sie wird an der höchsten Stelle des Widerristes gemessen. Für das **Stockmaß** braucht man einen senkrechten und einen waagerechten Stock bzw. Messstab. Der senkrechte Messstab wird auf Höhe des Widerristes aufgestellt und dann der waagerechte Stab mithilfe einer Wasserwaage ausbalanciert genau waagerecht an der höchsten Stelle des Widerristes angelehnt, sodass die Größe des Pferdes an der auf dem senkrechten Stab befindlichen Skala abgelesen werden kann. Das **Bandmaß** wird mithilfe eines Bindfadens an der gleichen Stelle des Pferdes gemessen. Zur Ermittlung der Größe (Bandmaß) wird das Band am Huf angelegt und über die Schultermuskulatur bis zur höchs-

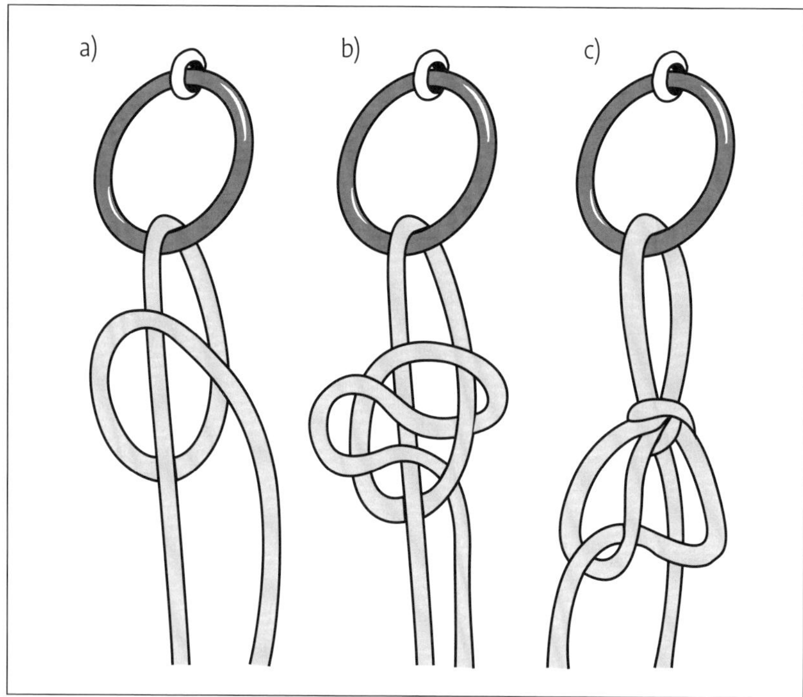

Abb. 50 Der Sicherheitsknoten in der Pferdehaltung.

ten Stelle des Widerristes geführt. Das Bandmaß ist im Gegensatz zum Stockmaß abhängig von der Bemuskelung des Pferdes und wird daher kaum noch verwendet.

Was sind die Gründe für die tägliche Putzpflege von Pferden in Boxenhaltung?

In der freien Natur pflegen und massieren sich die Pferde selbst bzw. gegenseitig durch ausgiebige Körperpflege und häufiges Wälzen auf unterschiedlichen Untergründen. Weil die Pferde in Boxenhaltung nur noch selten die Gelegenheit zur ausreichenden gegenseitigen Körperpflege erhalten und durch das tägliche Reiten ziemlich sauber gehalten werden sollen, müssen sie geputzt werden. Das Putzen massiert die Haut und regt dadurch die Durchblutung und deren Stoffwechsel an. Weiterhin werden durch das Striegeln abgestorbene Hautzellen und Haare aus dem Fell entfernt.

Was gehört zum Putzen eines Pferdes?

Das Wichtigste beim Putzen eines Pferdes ist das Striegeln. Hier wird die Haut massiert und überschüssiger Dreck sowie Hautschichten aus dem Fell entfernt. Das Fell wird aufgeraut und dadurch gereinigt. Im Anschluss ist es für das Nutzen des Pferdes unter dem Sattel wichtig, das Fell mit der Kardätsche glattzubürsten. Hier wird das Fell mit dem Strich gebürstet und dadurch geglättet und von den restlichen Schmutzpartikeln befreit. Das Putzen der Beine mit der Wurzelbürste (kein Striegeln, da wenig Fleisch über den Knochen sitzt) gehört ebenso dazu wie das Bürsten des Kopfes (auch hier wird wie an den Beinen nicht mit dem Striegel gearbeitet, da wenig Muskulatur die Knochen bedeckt). Mähne und Schopf werden mit einem Kamm oder einer Haarbürste gekämmt bzw. gebürstet. Der Schweif wird vom Stroh befreit, aber nicht jeden Tag durchgebürstet. Das im Fachhandel erhältliche Schweifspray macht die Haare glatter und weniger anfällig für Knoten, sodass das anschließende Durchbürsten nicht so viele Schweifhaare kostet. Nüstern, Augen und After sollten mit separaten Tüchern oder Schwämmen (für jeden Bereich unterschiedliche) gereinigt werden, um die empfindliche Haut nicht zu reizen. Die Hufe werden regelmäßig ausgekratzt und äußerlich mit einer nicht zu harten Bürste abgebürstet. Abschließend kann das gesamte Pferd noch einmal mit einem Handtuch abgerieben werden, um die letzten Staubkörnchen zu entfernen.

Warum ist es nicht sinnvoll, das gleiche Putzzeug für mehrere Pferde zu verwenden?

Mit dem Putzzeug überträgt man nicht nur den Dreck von einem aufs andere Pferd, man bringt auch Keime und Pilze von einem Fell ins andere. Auf diese Weise werden Hautpilze und andere Hautkrankheiten übertragen und verbreitet. Durch die Verwendung von unterschiedlichem Putzzeug verhindert man diesen Übertragungsweg.

Wie sind Mähne und Schweif zu pflegen?

Wie Mähne und Schweif zu pflegen sind, hängt jeweils vom Geschmack des Besitzers und rassespezifischen Besonderheiten ab. Bei den meisten Robustpferderassen lässt man das Langhaar (besonders die Mähne) natürlich wachsen und pflegt sie hin und wieder durch Auswaschen oder Verlesen. Die Spitzen der Schweife werden regelmäßig gekürzt, um ein Drauftreten und damit verbundenes Ausdünnen des Schweifes zu verhindern. Auch bei Arabern wird das Langhaar kaum gestalterisch bearbeitet, lediglich der seidige Glanz wird durch Pflegemittel erhalten. Bei Warmblütern hat sich das Kürzen der Mähne auf eine Länge von etwa ein bis zwei Handbreit bewährt, da diese Pferde für Turniere oder Zuchtschauen regelmäßig entlang des Mähnenkamms eingeflochten werden müssen. Der Schweif wird ebenfalls gekürzt (Dressurpferde bis zur Mitte des Fesselkopfes, Springpferde unterhalb des Sprunggelenks). Früher war es aus optischen Gründen häufig üblich, die Seiten der Schweifrübe zu verziehen oder zu schneiden, heute lässt man auch diese Haare meist lang wachsen. Der Schweif sollte aufgrund der langen Wachstumsdauer eines einzelnen Haares nicht zu oft gebürstet, sondern vor der täglichen Arbeit nur von Stroh oder Sägespänen befreit werden. Die Mähne kann täglich durchgebürstet und zur Erhaltung der Länge je nach Haarfülle verzogen oder geschnitten werden.

Wie verschnalle ich die Führkette korrekt?

Die Führkette soll es dem Führer des Pferdes erleichtern, auch temperamentvolle Pferde leichter im Griff zu behalten, um das Führen sicherer zu gestalten. Es gibt verschiedene Möglichkeiten, eine Führkette zu verschnallen. Man sollte sie nicht direkt durch das Maul des Pferdes legen, um schwere Verletzungen an der Zunge oder der empfindlichen Maulschleimhaut durch die verhältnismäßig dünne Kette zu vermeiden. Die Kette kann zur „Meinungsverstärkung" entweder über das Nasenbein oder unter dem Kopf hindurchgeführt werden. Um ein Verrutschen des Halfters beim Zug auf die Kette zu vermeiden (in dessen Folge das Halfter in ein Auge des Pferdes gedrückt wird und die Wirkung der Kette nachlässt), sollte der Haken der Kette auf der linken Seite des Kopfes durch den seitlichen Halfterring geführt, über oder unter der Nase des Pferdes hindurch und auf der rechten Seite des Kopfes wieder durch den seitlichen Halfterring nach außen geführt werden. Auf der rechten Seite des Kopfes legt man ihn dann zum oberen Seitenring, wo der Haken eingeschnallt wird.

Wie warte ich das Pferd nach dem Reiten ab?

Der Begriff „abwarten" beinhaltet die Pflege des Pferdes nach dem Reiten. Das Pferd muss nach jeder Trainingseinheit trocken geritten oder geführt werden, bis sich Puls und Atemrhythmus beruhigt haben. Je nach Außentemperatur kann das Pferd jetzt mit lauwarmem Wasser abgewaschen werden (Schlauch oder Schwamm), um Schweißreste aus dem Fell zu entfernen. Im Winter oder bei kühler Witterung sollte das Pferd mithilfe einer Abschwitzdecke oder (wenn vorhanden) eines Solariums getrocknet und anschließend gründlich geputzt werden, um die getrockneten Schweißreste zu entfernen. Die Beine können auch bei kühler Witterung abgespritzt werden, sollten jedoch in jedem Fall von Dreck- und Erdresten gereinigt werden. Die Hufe sind auszukratzen und durch Abbürsten von Dreck- und Sandresten zu säubern.

Was macht man nach dem Absteigen?

Generell wird nach dem Absteigen das Pferd gelobt und der Sattelgurt gelockert. Weiterhin werden die Bügel hochgeschlagen, damit sie beim Führen des Pferdes weder an dessen Hüften schlagen noch irgendwo hängen bleiben können. Zum Führen selbst wird der Zügel über den Hals genommen.

Haut und Haare

Welche Hauptfunktionen hat die Haut?

Die Haut, das größte Organ des Körpers, hat verschiedene Funktionen. Sie dient in erster Linie dem Schutz des Körpers vor Umwelteinflüssen und Austrocknung. Ihr Tastsinn stellt einen Kontakt zur Umwelt her und in ihrem Innern führt die Haut viel Blut. Weiterhin kann die Haut durch Einlagerung von Fett und durch Schwitzen die Körpertemperatur regulieren.

Wie ist die Haut aufgebaut?

Die Haut setzt sich aus den drei Schichten Unterhaut, Lederhaut und Oberhaut zusammen, wobei die pigmenthaltige Oberhaut aus mehreren Epithelschichten besteht. Den oberen Abschluss bildet die Hornschicht, deren abgestorbene Zellen als Schuppen abgestoßen werden. Darunter liegt die Keimschicht, die durch Zellteilungen die Hornschicht erneuert. Durch die Lederhautpapillen ist die Oberhaut mit der Lederhaut verbunden. Dieser Bereich wird auch als Papillarkörper bezeichnet, in dessen Bereich die Blutkapillare die zum Zellwachstum erforderlichen Nährstoffe heran- und die Abfallstoffe abtransportiert. Die Lederhaut ist durchsetzt mit Blutgefäßen und Nervenzellen und besteht aus straffem Bindegewebe. Das Kapillarsystem dieser Hautschicht ernährt die Haare, die aus der Oberhaut herauswachsen, sowie die Schweiß- und Talgdrüsen. Das aus lockerem Bindegewebe bestehende Unterhautbindegewebe ist verschiebbar und enthält eingelagertes Fett, das je nach Ernährungszustand des Pferdes zu- oder abnimmt und sowohl zum Wärmeschutz als auch zum Schutz der Muskeln, Sehnen und Knochen dient.

Wie findet die Wärmeregulierung durch die Haut des Pferdes statt?

Bei sehr großer Hitze können sich die Blutgefäße der Lederhaut erweitern und daher über die vergrößerte Oberfläche mehr Wärme abgeben. Bei Kälte ziehen sie sich zusammen, um weniger Wärme abzugeben. Bei großer Hitze kann die Haut weiterhin durch die Schweißabsonderung über die Schweißdrüsen in der tiefen Lederhaut Flüssigkeit abgeben, die dann durch Verdunstung die sogenannte Verdunstungskälte entstehen lässt, was den Körper abkühlt.

Über welche verschiedenen Haartypen verfügt das Pferd?

Das Pferd, dessen Haare aus feinen, elastischen Hornfäden bestehen, hat in seinem Deckhaar neben den feinen Wollhaaren, die den unteren Wärmeschutz bilden, auch die dickeren Grannenhaare. Zum Schutz (und Schmuck) hat das Pferd sein Langhaar (Mähne und Schweif) und zum Tasten die Tast- oder Sinushaare, die mit Tastnerven verbunden sind und sich im Bereich des Kopfes sowohl am Maul als auch an den Augen befinden. Pferde wechseln in unseren Breitengraden zweimal jährlich ihr Deckhaarkleid, da sie über ein Winter- sowie ein Sommerfell verfügen. Die Pferdehaare bestehen aus der Mark- und Rindenschicht (die Wollhaare haben kein Mark), wo auch die Pigmente (Farbstoffe) eingelagert werden.

Durch die spezielle Verankerung der Haarwurzel in der Lederhaut es Pferdes, die über kleinste Muskeln verfügt, können die Haare sich zum Beispiel als Kälteschutz oder bei starker Sonneneinstrahlung aufrichten und so der Thermoregulierung des Pferdes dienen.

Huf

Welche Hufpflegemaßnahmen sind regelmäßig erforderlich?

Der Huf des Pferdes sollte regelmäßig von Dreck, Kot und Steinen befreit werden. Das regelmäßige Waschen mit einer Bürste ist ebenso wenig wirklich notwendig wie das tägliche Einfetten der Hufe. Durch das Waschen mit einer (zu harten) Bürste kann die wertvolle Glasurschicht des Hufes zerstört werden, wodurch Wasser, Bakterien, Urin und andere Stoffe leichter in das Hufhorn eindringen können. Durch die chemische und physikalische Struktur von Hufhorn und Huffett bzw. Öl ist es so gut wie nicht möglich, dass die Substanzen aus den Pflegemitteln tief in das Hufhorn eindringen. Meistens legen sie sich in einer oberflächlichen Schicht auf den Huf. Der Kronrand hingegen ist der Ort, an dem das Hufhorn neu gebildet wird. Hier ist das Horn weich und noch sehr aufnahmefähig. Das regelmäßige Einfetten des Hufes nach dem Reiten hat zwar sehr gepflegt wirkende und stets saubere Hufe zur Folge, ist für die Feuchtigkeit im Huf jedoch fast unbedeutend. Die gepflegte Wirkung liegt in erster Linie an den wasserabweisenden Eigenschaften des Fetts, das den Huf jedoch auch vor schädlichen Flüssigkeiten schützen kann, da Urin, Ammoniak und Dreck nicht mehr so leicht in den Huf eindringen können. Dringt vor allem im Sommer in einen trockenen Huf Wasser ein, das in der Folge verdunstet, wird dem Huf durch diesen Vorgang häufig mehr Feuchtigkeit entzogen, als durch das Abspritzen dazukam. Ein nach dem Abspritzen eingefetteter Huf kann wie versiegelt wirken. Unter Umständen kann der Huf das Wasser eingefettet länger halten, da das Fett an der Oberfläche das Verdunsten verhindert.

In welchen Abständen sollte ein Pferd zum Hufschmied?

Je nach Hufwachstum sollte das Pferd etwa alle sechs Wochen zum Schmied, da pro Monat das Hornwachstum etwa 1 cm beträgt. Damit der Huf nicht zu stark umgestellt werden muss und die Knochen-, Band- und Sehnenstrukturen im Inneren des Beins nicht durch eine zu starke Veränderung durch den Schmied geschädigt werden, sollte der Zeitraum nicht länger sein. Im Sommer bei viel Bewegung und ausreichendem Futterangebot wachsen viele Hufe schneller als im Winter. Zeitraumschwankungen zwischen fünf und acht Wochen sind hierbei nicht ungewöhnlich. Dennoch muss das Intervall zwischen zwei Hufbearbeitungsterminen stets an das Pferd, seine Hufe und das Wetter angepasst werden. Um große Korrekturen und zu starke Fehlentwicklungen zu vermeiden, sollte der Huf häufig in kleinen Abständen korrigiert werden.

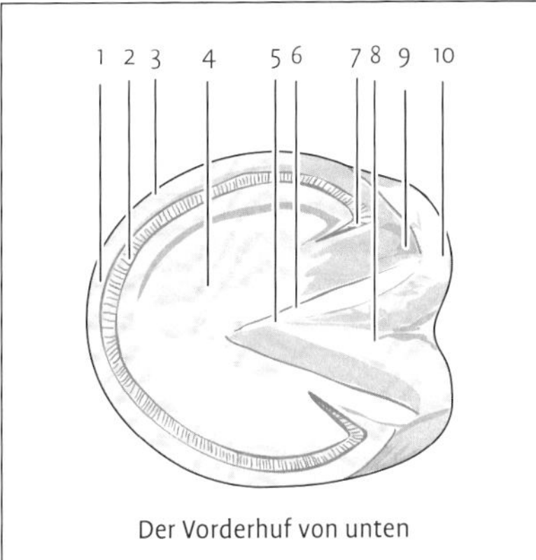

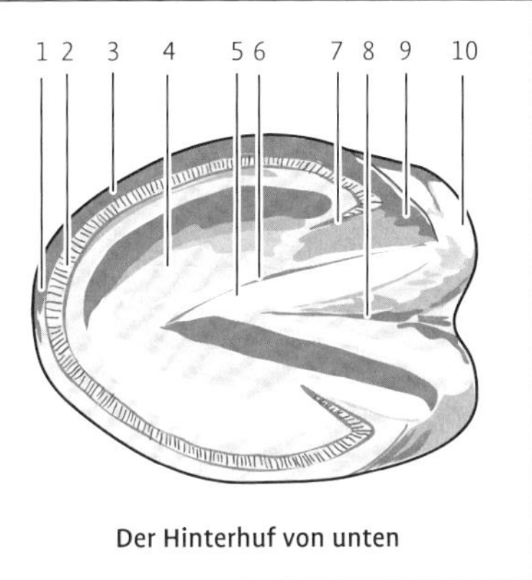

Abb. 51 Der regelmäßige Vorderhuf hat einen Winkel von Zehenwand zu Boden von 45–50°, ist relativ weit und hat von unten betrachtet eine runde Form.

Abb. 52 Der regelmäßige Hinterhuf hat einen Winkel von Zehenwand zu Boden von 50–55°, ist relativ eng und hat von unten betrachtet eine eher spitzovale Form.

1 Tragrand im Zehenbereich
2 Blättchenschicht (Weiße Linie)
3 Tragrand (Hornwand) im Seitenbereich
4 Sohle
5 Strahl(spitze)
6 seitliche Strahlfurche
7 Eckstrebe
8 mittlere Strahlfurche
9 Eckstrebenwinkel
10 Ballenpolster

Welche Unterschiede gibt es bei Vorder- und Hinterhufen?

Vorderhufe sind meist etwas flacher (Winkel Zehenwand zu Boden 45–50°) und hinsichtlich ihrer Form etwas runder und breiter. Hinterhufe haben einen steileren Winkel zum Boden (50–55°) und sind in der Form oval, spitzer und etwas schmaler.

Wie sieht der optimale (regelmäßige) Vorder- bzw. Hinterhuf aus?

Regelmäßige Vorder- und Hinterhufe (Abb. 51 u. 52) unterscheiden sich in erster Linie durch ihre Größe und Form voneinander, was unter anderem auf die unterschiedliche Gewichtsverteilung beim Pferdekörper zurückzuführen ist. Auf den Vorderhufen lastet mehr Gewicht, daher ist ihre Auftrittsfläche größer. Weitere Unterschiede bestehen bei dem sogenannten Zehenwinkel, das ist – seitlich betrachtet – der Winkel zwischen der Zehenwand und der Auftrittsfläche. Beim Vorderhuf beträgt dieser Zehenwinkel 45–50°, bei den Hinterhufen liegt er zwischen 50 und 55°. Die Hinterhufe stehen also etwas steiler und sind dadurch höher. Werden die Hufe von der Seite betrachtet, so stellt man fest, dass das Längenverhältnis der Zehenwand (vorne) zu den Trachtenwänden (hinteres Ende) bei den Vorderhufen 3:1 und bei den Hinterhufen 2:1 beträgt. Von vorne betrachtet sind die Vorderhufe aufgrund des flacheren Winkels von 45° niedriger

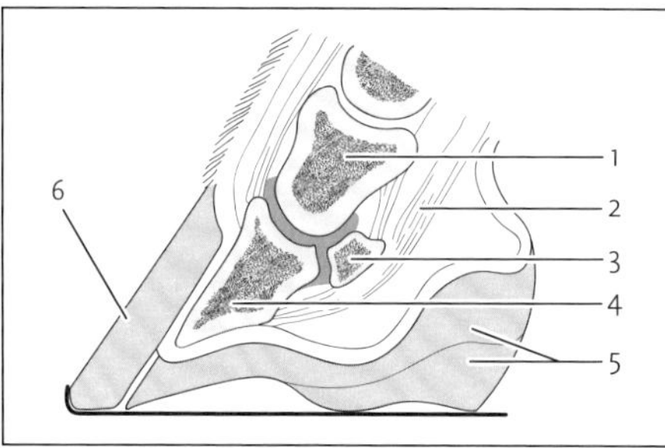

Abb. 53 Der schematische Aufbau des Hufs im seitlichen Querschnitt.
1 Kronbein
2 tiefe Beugesehne
3 Strahlbein
4 Hufbein
5 Strahl- und Ballenpolster
6 Zehenbereich des Hornschuhs

und weiter als die entsprechenden Hinterhufe. Die Unterseite des Vorderhufes ist dementsprechend im vorderen Teil eher rund, während die des Hinterhufes mehr oval (eiförmig) ist. Weiterhin ist am Hinterhuf der Strahl kräftiger ausgebildet und die Sohle stärker gewölbt. Die Trachten der Hinterhufe stehen demzufolge etwas weiter auseinander. Die weiteste Stelle liegt beim Vorderhuf etwas hinter der Mitte, beim Hinterhuf ist sie dagegen am Übergang vom mittleren zum hinteren Drittel zu finden. Aus diesem Grund kann der Hufschutz an den Hinterhufen etwas weiter hinten befestigt werden als bei den Vorderhufen. Sowohl bei den Vorderhufen als auch bei den Hinterhufen steht die innere Seitenwand meist etwas steiler. Von der Seite betrachtet müssen die Fessellinie – das ist eine imaginäre Linie durch die Mitte der drei Zehenknochen Hufbein, Kronbein und Fesselbein –, die Zehenlinie (entlang der Zehenwand) und die Trachtenlinie (hintere Trachtenwand) parallel verlaufen. Die Fessellinie darf keinen Knick aufweisen, damit die statisch wirkenden Kräfte (Gewicht des Pferdes im Stand und in der Bewegung) optimal auf den gesamten Huf verteilt werden können. Laufen alle drei Linien parallel, passt der Huf zum Fesselstand. Auch von vorne gesehen darf für eine optimale Kräfteverteilung die imaginäre Linie nicht gebrochen sein. Diese vordere Linie geht durch die Mitte des Röhrbeins und die drei Zehenknochen und soll den Huf in zwei gleich große Hälften teilen. Beide Linien sollten zum Kronrand einen Winkel von 90° aufweisen.

Wie ist der Pferdehuf aufgebaut (Abb. 53)?

Die Haut des Pferdes mündet an den unteren Gliedmaßen in den Huf. Die Kenntnis der Anatomie ist die wichtigste Voraussetzung für einen fachgemäßen Umgang mit dem Huf. Äußerlich sichtbar ist der Hornschuh, der unter anderem aus einer Hornkapsel besteht. Der Hornschuh wird ausgehend vom Kronsaum (Kronrand) ständig neu gebildet und erneuert sich – bei einem monatlichen Wachstum von 8–10 mm – etwa einmal pro Jahr. Der Hornschuh hat von außen nach innen betrachtet drei Schichten: 1. äußere, dünne Glasurschicht, 2. dickere Schutzschicht, 3. innere Verbindungsschicht zur Lederhaut. Eingebettet in den Hornschuh liegen das knöcherne Hufbein (mit Lederhaut überzogen) mit dem Hufbeinknorpel sowie das Strahlbein und ein Teil des Kronbeins. Diese Stützteile

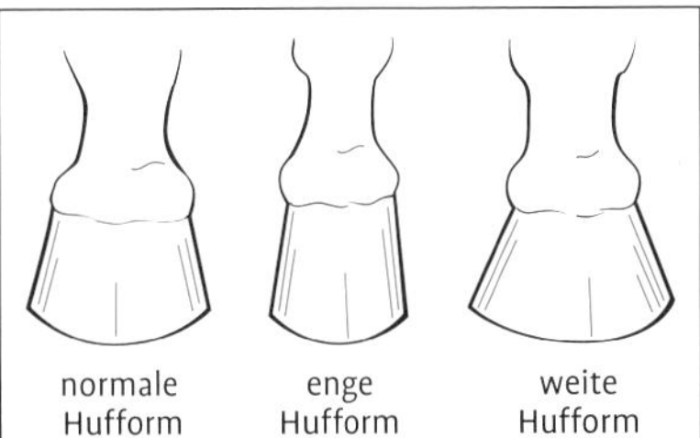

Abb. 54 Die verschiedenen Hufformen von vorne betrachtet.

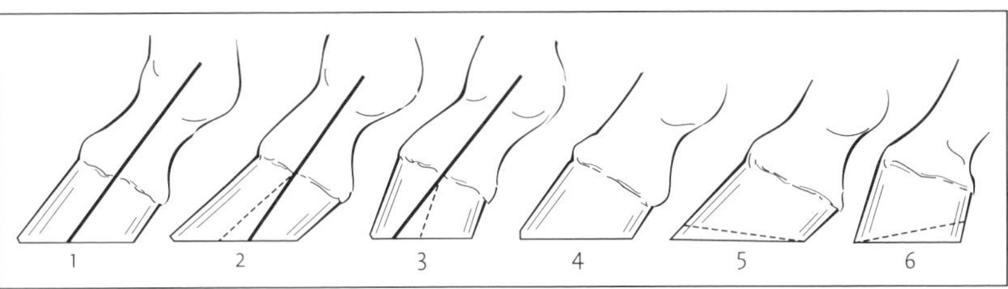

Abb. 55 Seitenansicht des Hufes mit unterschiedlichen Zehenwinkeln.
1) Der Huf passt zum Fesselstand, Zehenachse, Zehenwand und Trachten verlaufen parallel
2) Hyperextension: Zehen- und Trachtenwand verlaufen flacher als die Zehenachse
3) Hyperflektion: Zehen- und Trachtenwand verlaufen steiler als die Zehenachse
4) Der Huf muss nicht korrigiert werden
5) Ein in Hyperextension stehender Huf (Trachten reiben sich schneller ab als die Zehe) muss entsprechend der gestrichelten Linie korrigiert werden
6) Ein Huf in Hyperflektion muss (wenn es kein Bockhuf ist!) entlang der gestrichelten Linie korrigiert werden

bilden die vordersten Zehenglieder. Das Hufbein und die beiden damit verbundenen Hufbeinknorpel geben der Hornsohle die Form. Die stark durchblutete und von Nerven durchzogene Huflederhaut umzieht das Hufbein und bildet dadurch den Übergang vom Hornschuh zum Knochengerüst. Der zur Wand des Hufes zeigende Bereich der Lederhaut wird Wandlederhaut genannt und ist Bestandteil des sogenannten Hufbeinträgers, der das knöcherne Hufbein mit dem Hornschuh verbindet und dadurch das Gewicht des Pferdes aufnehmen und abfangen kann. Durch zahlreiche Falten in der ineinander verzahnten Huflederhaut und Hornschuhinnenseite vergrößert sich die Oberfläche dieser Verbindung auf 1–2 m^2 und ist demzufolge sehr stabil. Zwischen den Hufbeinknorpeln befindet sich der Strahl, eine relativ weiche, verformbare Polsterfläche an der Hufunterseite. Das Strahlbeinkissen federt Stöße ab und fördert infolge seiner Druck- und Saugwirkung die Durchblutung des Hufinneren. Die Strahlfurchen und Eckstreben an der unteren Hufseite (beidseits neben dem Strahl) tragen zur Elastizität des Hufes bei und müssen daher immer sauber und offengehalten werden. Von außen betrachtet wird der Huf oben vom Kronrand und unten vom Tragrand begrenzt. Den Abschluss auf der Unterseite (Auftrittsfläche) bildet die Hornsohle (Hufsohle). Die Verbindung zwischen Wand- und Sohlenhorn wird umgangssprachlich „weiße Linie“ genannt, obwohl diese Bezeichnung in der Wissenschaft aufgrund ihrer Ungenauigkeit nicht ganz korrekt ist. Der als weiße Linie bezeichnete Bereich ist schmerzunempfindlich und verhältnismäßig weich, sodass hier die Hufnägel eingeschlagen werden können, ohne den Huf zu spalten. Die Hornballen (Hufballen) stellen die Begrenzung nach hinten dar. Die hinteren Bereiche der seitlichen Hufwand, die sich außen an die Eckstreben anschließen, werden Trachten genannt. Sie reichen bis zur weitesten Stelle des Hufes und grenzen an die Seitenwand, an die sich vorne die Zehenwand anschließt.

Wann passt der Huf zum Fesselstand?

Der Huf passt zum Fesselstand, wenn der Winkel der vorderen Hufwand zum Boden genau so groß ist, wie der Winkel von der Zehenachse und der Trachten zum Boden. Die Zehenachse besteht aus den Zehenknochen Hufbein, Kronbein, Fesselbein und sollte parallel zu Zehenwand und Trachten verlaufen.

Was passiert, wenn die Zehenlinie/Zehenachse gebrochen ist?

Ist die Zehenlinie nach vorne oder hinten gebrochen, so verschiebt sich die Gewichtsverteilung im Huf auf den Zehen- oder Trachtenbereich. Durch die übermäßige Belastung in dieser Zone wird das Hufhorn dort stärker abgenutzt und der gegenüberliegende Bereich geschont. In der Folge wird der Huf entweder durch eine geschonte Zehe immer spitzer (Linie nach hinten abgeknickt, Abb. 55, Nr. 2) oder – wenn die Zehe vermehrt abgenutzt wird – durch den geschonten Trachtenbereich zunehmend stumpfer (Linie nach vorne abgeknickt, Abb. 55, Nr. 3). So kann beispielsweise durch eine nach vorne gebrochene Zehenachse beim noch wachsenden Pferd der so ungeliebte Bockhuf entstehen (Abb. 57, Huf vorne rechts). Durch die nach hinten gebrochene Zehenachse findet eine Überbelastung der Hufrollenregion statt. Die durch den Bruch in der Zehenachse verursachte „Fehlverteilung“ des Pferdegewichts kann demzufolge eine übermäßige Belastung der Zehengelenke und Beugesehnen zur Folge haben. Auch kann die für Durchblutung und Gesunderhaltung des Hufes notwendige Hufmechanik nicht mehr optimal funktionieren. Die nach hinten geknickte Linie wird als Hyperextension bezeichnet, die nach vorne geknickte Linie als Hyperflektion.

Was versteht man unter Fehlstellungen der Hufform?

Fehlstellungen im Huf entstehen meistens durch Fehlbelastung, falsche Hufpflege, falsche Korrekturen, Krankheiten oder angeborene Fehlstellungen der Zehenglieder. Wenn die angesprochenen Linien nicht gerade verlaufen, sie den Huf nicht in der Mitte teilen (von vorne betrachtet) oder der Huf von der beschriebenen regelmäßigen Form eines Vorder- bzw. Hinterhufes abweicht, spricht man von einer Fehlstellung der Hufe. Diese können und sollten korrigiert

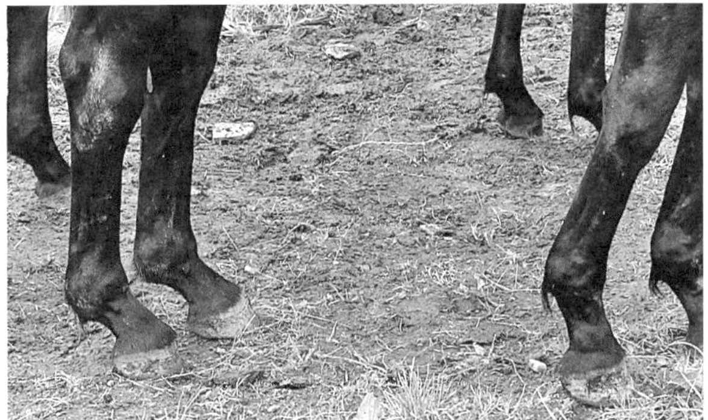

Abb. 56 Bei diesem jungen Pferd sind beide Hinterhufe „durchtrittig", es kommt zur so genannten bärentatzigen Stellung und einem Bruch der Zehenachse mit einem Knick nach vorn. Häufig verbunden ist dieser markante Stellungsfehler der Hinterhand mit einem sehr geraden Hinterbein. Die Hinterbeine fangen die mit dem offenen Sprunggelenk verbundene mangelhafte Stoßdämpfung durch kleinere Winkel in den Fesselgelenken ab. Das Pferd bewegt sich in der Folge im Hinterbein unelastisch, die Sehnen und Bänder in diesem Bereich sind sehr verschleißanfällig.

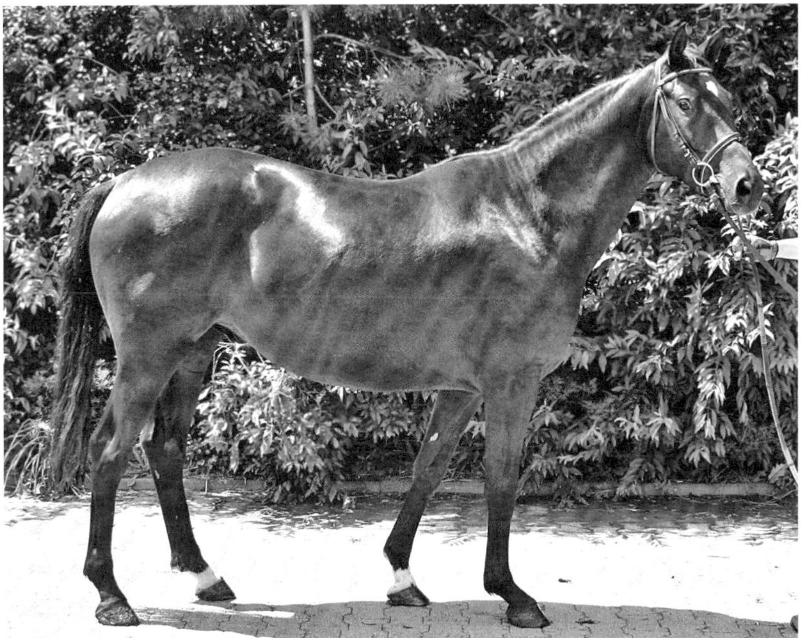

Abb. 57 Bei diesem Pferd ist die Zehenachse des rechten Vorderhufes gebrochen, es entsteht der sogenannte Bockhuf. Der linke Vorderhuf befindet sich in Hyperextension.

werden. Hierbei müssen jedoch zwei wichtige Grundsätze beachtet werden. Zum einen gilt: je früher eine Korrektur durchgeführt wird, desto besser sind die Erfolgsaussichten. Zum anderen muss unter Berücksichtigung der Anatomie des Hufes darauf geachtet werden, dass Korrekturen nur langsam und schrittweise vorgenommen werden sollten. Denn auch wenn der Huf bzw. die Hornkapsel leicht zu bearbeiten scheint, brauchen Knochen, Gelenke und sämtliche Strukturen wie Muskeln, Bänder oder Sehnen Wochen bis Monate, bis sie sich auf die neue Belastung eingestellt haben. Eine gut gemeinte, aber zu deutliche Korrektur kann zu Lahmheiten führen oder das Pferd sein Leben lang ruinieren. Wer schon im Fohlenalter beginnt, leichte Fehlstellungen regelmäßig zu korrigieren, wird beim erwachsenen Pferd weniger Probleme mit gravierenden Stellungsfehlern bekommen.

Welche Fehlstellungen gibt es und wie heißen die einzelnen Hufformen?

Neben dem regelmäßigen Vorder- und Hinterhuf gibt es weitere Hufformen, die durch Fehlstellungen, Verletzungen, falsche Beschläge, ungleiches Abnutzen, Ausbrechen oder zahlreiche andere Ursachen ausgelöst werden können. Folgende Hufformen sind im Alltag von besonderer Bedeutung, da sie relativ häufig vorkommen:

- **enger Huf** (der enge Huf ist höher als der Regelmäßige und seine Seitenwände steiler, der Tragrand ist kaum weiter als der Kronrand, die Sohle stark gewölbt und der Strahl nur sehr schwach ausgeprägt. Häufig hat der enge Huf eine stumpfe Form, da der Hufmechanismus nicht ausreichend arbeiten kann, sodass der Strahl die Trachten nicht auseinanderdrücken kann, die sich in der Folge nur unzureichend abnutzen),
- **weiter Huf** (Gegenteil vom engen Huf, Tragrand sehr viel breiter als Kronrand, Strahl sehr breit),
- **spitzer Huf** (der spitze Huf hat eine sehr lange Zehe und niedrige Trachten, der Zehenwinkel ist kleiner als 45°. Die Strahlspitze reicht weit in die Sohle hinein, der Huf wird vor allem im Trachtenbereich belastet, der sich dadurch übermäßig abnutzt. Häufig schieben sich die Trachten beim spitzen Huf weit unter, sodass ein Trachtenzwanghuf entstehen kann. Beim spitzen Huf kann die Zehenachse nach hinten gebrochen sein, wenn die Zehenknochen einen etwas spitzeren Winkel aufweisen als die Hornkapsel des Hufs),
- **stumpfer Huf** (der stumpfe Huf ist das Gegenteil vom spitzen Huf und hat übermäßig lange Trachten, die sich bei schwach ausgeprägtem Strahl und einer sehr hohen Sohlenwölbung nur wenig abnutzen der Zehenwinkel ist größer als 50°, und häufig geht diese Fehlstellung mit einer steilen Fesselung einher, sodass unter Umständen die Zehenlinie nicht gebrochen ist),
- **Bockhuf** (bei einem Bockhuf ist der Zehenwinkel wie beim stumpfen Huf am Vorderhuf größer als 50° bzw. am Hinterhuf größer als 55°. Im schlimmsten Fall kann der Winkel fast 90° zur Bodenlinie betragen. Bei einem Bockhuf wird wie beim stumpfen Huf die Zehe im Gegensatz zu den Trachten deutlich stär-

ker abgenutzt, sodass sich die Länge von Zehenwand und Trachtenwand annähern. Beim Bockhuf ist die Zehenlinie nach vorne gebrochen, da Fessel- und Kronbein im Gegensatz zum Hufbein einen Winkel von maximal 45° (vorne) aufweisen).

- **Schiefhuf/halbeng-halbweiter Huf:** Ebenfalls sehr häufig zu beobachten ist eine unterschiedlich starke Belastung und Abnutzung der Hufseiten, die zu einem halbengen-halbweiten oder zum
- **diagonalen Huf** führen kann. Bei diesen Hufformen (die häufig durch abweichende Gliedmaßenstellungen entstehen) wird die stärker belastete Seite steiler und enger, die geschonte dagegen flacher und weiter als „normal". In der Folge kann die Gliedmaße nicht mehr korrekt nach vorne geschwungen werden. Beim diagonalen Huf ist ebenfalls der Tragerand unsymmetrisch. Die weiteste Stelle ist hier auf einer Seite zur Zehenspitze hin, auf der anderen Seite in Richtung Ballen verschoben.

Welche Stellungsfehler können bei Fohlen vorkommen?

Fohlen können neben den „herkömmlichen" Fehlstellungen weitere abweichenden Huf- und Beinstellungen haben, die schnell bearbeitet werden müssen, um keine bleibenden Schäden beim späteren Reitpferd zu verursachen. Gleichzeitig kann es vorkommen, dass Fohlen sehr „verlegen" und mit scheinbar erheblichen Fehlstellungen geboren werden, die sich jedoch durch viel Auslauf und eine ausreichende Mineralstoffversorgung (auch bei der Mutter) innerhalb von wenigen Tagen bis Wochen „von selbst" erledigen. Gelenkschiefstellungen, Durchtrittigkeit und eine sehr weiche Fesselung sollten in den ersten Tagen oder Wochen zunächst beobachtet werden, bevor der Tierarzt zu Rate gezogen wird, um zu entscheiden, ob ein Eingriff notwendig ist.

Ein wichtiger, relativ häufig beim Fohlen vorkommender Stellungsfehler ist der **Stelzfuß**. In diesem Fall steht das Fohlen ausgesprochen steil, die Winkelung im Fesselgelenk kann bei 0° liegen oder das Gelenk sogar in die andere, falsche Richtung geknickt sein. In besonders schlimmen Fällen berührt das Fohlen den Boden mit dem Fesselgelenk, die Hufsohlen zeigen dabei nach hinten. Ursache sind verkürzte Beugesehnen, die nur in leichten Fällen von alleine oder durch die Bewegung auf hartem Boden verschwinden. Durch tierärztlich angepasste Schienen, Verbände oder sogar Gips sollen die Beugesehnen gestreckt werden. Im absoluten Notfall kann auch eine Operation der verkürzten Beugesehnen in Betracht gezogen werden.

Auch der **Bockhuf** ist ein Stellungsfehler, der schon früh beim jungen Fohlen behoben bzw. bearbeitet werden sollte, da er sich hier z. B. durch dessen Haltung beim Fressen vom Boden (ein Bein sehr weit nach vorne, das andere weit nach hinten) auch schnell verschlimmern kann. Der Schmied kann hier zum Beispiel durch das Anlegen eines halbmondförmigen Eisens im Zehenbereich des Hufes die vermehrte Abnutzung des Zehenhorns vermeiden.

Welche Hufkrankheiten und -verletzungen gibt es?

Die möglichen Krankheiten und Verletzungen, die ein Huf erleiden kann sind vielfältig. Die wichtigsten sind:

- **Nageltritt**: Das Pferd tritt sich einen Nagel oder einen vergleichbar spitzen Gegenstand in den Huf und verletzt sich dabei die inneren Strukturen. Der Nagel muss vom Tierarzt entfernt und der Huf entsprechend versorgt werden.
- **Vernagelung**: Der Schmied setzt den Nagel nicht korrekt und trifft beim Beschlagen des Pferdes die empfindliche Lederhaut. Hier reicht bereits ein zu dicht an der Lederhaut entlangführender Nagel, um dem Pferd erhebliche Schmerzen zuzuführen. Der Schmied sollte den Nagel sofort entfernen und gegebenenfalls einen Hufverband anlegen.
- **Strahlfäule**: Der Hornstrahl wird durch Fäulnis zersetzt. Die für diesen Fäulnisprozess verantwortlichen Bakterien gelangen meistens aus dem Kot in den Huf und können sich hier unter Luftabschluss zum Beispiel in der engen mittleren Strahlfurche vermehren und mit der Zeit das Horn vollständig zersetzen. Die Strahlfäule kann dem Pferd im fortgeschrittenen Zustand erhebliche Schmerzen bereiten, wenn die Entzündung auf die mit zahlreichen Nerven durchsetzte Lederhaut übergeht. Der Huf muss gründlich gereinigt und mithilfe spezieller Medikamente und Desinfektionsmittel gepflegt und wieder aufgebaut werden.
- **Steingallen**: Prellungen und Quetschungen der Huflederhaut.
- **Hufgeschwür**: manchmal als Folge einer Steingalle auftretendes, eitriges Geschwür im Innern des Hufes. Die Pferde gehen plötzlich lahm, sind aber nach Eröffnung des Geschwürs häufig direkt wieder beschwerdefrei. Ein Hufgeschwür lässt sich meist mithilfe einer Hufabdrückzange lokalisieren.
- **Hornspalten**: Trennungen der Hornwand in Längsrichtung können oberflächlich oder durchgehend sein und müssen vom Schmied entsprechend behandelt werden. Eitrige oder blutende Hornspalten sind zusätzlich einem Tierarzt vorzuführen.
- **Hornkluft**: Waagerechte Defekte in der Hufwand können von alleine herauswachsen.
- **Hufkrebs**: Hornwucherung und -zerfall durch eine Huflederhautentzündung.
- **Hornsäule**: zylindrische Verdickung aus Horn an der Innenseite der Hornwand.
- **Lose Wand**: Unterbrechung der Verbindung zwischen dem Tragerand, der Hornwand und der Hornsohle im Bereich der weißen Linie.
- **Hohle Wand**: Trennung der einzelnen Hornwandschichten, die Wandlederhaut bleibt mit Hornschicht bedeckt.

Wozu dient der Hufbeschlag?

Der Hufbeschlag dient zum Schutz und zur Korrektur der Hufe, wenn sie (aus welchem Grund auch immer) nicht „barhuf" bleiben können. Die Hufe der sportlich oder freizeitmäßig genutzten Pferde sind täglich großen Belastungen ausgesetzt. Durch Transporte, Futter (viel Kraftfutter, wenig Raufutter, häufige Futterwechsel), zu wenig natürliche Bewegung, verhältnismäßig zu viel aktive Bewegung und hinsichtlich Bodenbeschaffenheit, Temperatur, Feuchtigkeit und Struktur ständig wechselnder Untergründe (z. B. durch den ständigen Wechsel zwischen der Box, dem Paddock, der Weide, dem Putzplatz, der Reitbahn, dem Waschplatz) sind die Hufe der (Reit-)Pferde ständig neuen Herausforderungen gegenüber gestellt, die sie je nach Qualität und Beschaffenheit der Untergründe nicht mehr ohne einen Schutz schadlos überstehen können. Pferde oder Fohlen mit Fehlstellungen oder gravierenden Problemen in Hufen oder Gliedmaßen können darüber hinaus mithilfe eines Beschlages bei der Heilung unterstützt oder hinsichtlich ihrer Fehlstellungen korrigiert werden. Bei Wander- oder Distanzritten würden die Hufe eines Pferdes zu stark abgenutzt, sodass der Beschlag hier schützende Wirkung haben kann.

Welche Beschlagsarten und Hufschutzvarianten gibt es?

Hinsichtlich der verschiedenen Beschlagsarten und Hufschutzvarianten ist die Palette der Möglichkeiten groß. Vom herkömmlichen und traditionellen Eisen einmal abgesehen gibt es mittlerweile auf dem Markt Beschläge aus unterschiedlichsten Materialien wie beispielsweise Kunststoff oder Aluminium zum Nageln oder Kleben. Je nachdem, für welchen Einsatzbereich das Pferd vorgesehen ist oder welche Hufkrankheit es zu kurieren gilt, kann ein leichtes Alueisen (Rennpferd) oder ein aufgeklebter Kunststoffschuh das Mittel der Wahl sein. Welcher Hufschutz im speziellen Fall der richtige ist, muss individuell mit dem behandelnden Tierarzt und Schmied abgesprochen werden und kann nicht pauschalisiert werden.

Was ist der Hufmechanismus (Abb. 58)?

Die „Arbeit" des Hufes bei jedem Schritt des Pferdes wird als Hufmechanismus bezeichnet. Unter dem Begriff Hufmechanismus versteht man die Verformung der elastischen Hufkapsel bei jeder Be- und Entlastung des Hufes. Unter Belastung (Auffußen) dehnt sich der Trachtenbereich (seitliche Hufwand hinter der weitesten Stelle) aus und die Sohle inklusive Strahl wölbt sich nach unten. Gleichzeitig sinkt der Kronenrand ein wenig ein, während die Zehe fast bewegungslos bleibt. Bei der anschließenden Entlastung (das darauffolgende Abfußen) zieht sich der Trachtenbereich wieder zusammen und Sohle sowie Kronenrand nehmen ihre ursprünglichen Formen wieder ein. Durch die Berührung des Strahls mit dem Boden wird die Durchblutung gefördert. Der Hufmechanismus übernimmt außerdem wichtige Funktionen bei der Verteilung der beim Auffußen wirkenden Kräfte. Ein korrekt funktionierender Hufmechanismus wirkt als Stoßdämpfer und unterstützt solch hohe Belastungen wie beispielsweise das Springen, einen sehr schnellen Galopp oder abruptes Bremsen. Nach einer Beschlagsperiode von etwa sechs Wochen kann man auf der Hufseite des Eisens an den Eisenschenkeln die durch den Hufmechanismus entstandenen Scheuerrillen

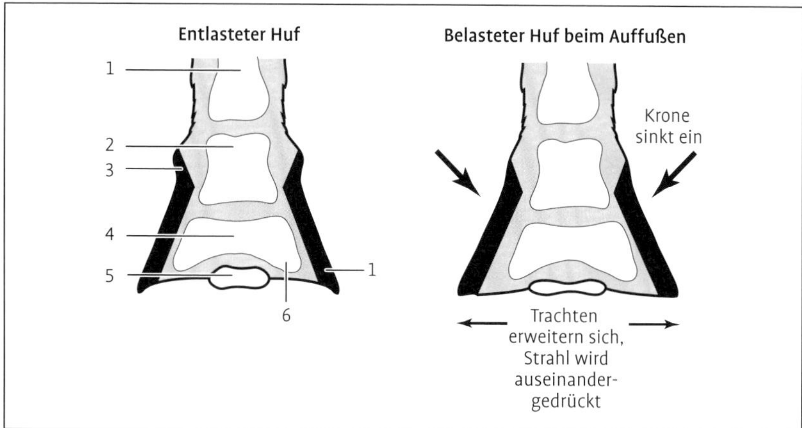

Abb. 58 Der Hufmechanismus setzt in der Bewegung des Pferdes ein und wird hier schematisch dargestellt. 1 Fesselbein, 2 Kronbein, 3 Kronrand, 4 Hufbein, 5 Strahl, 6 Sohle, 7 Trachten.

sehen und fühlen. Um den Hufmechanismus nicht einzuschränken und um keine Schäden im Huf hervorzurufen, ist es wichtig, dass die Hufnägel nicht in die beweglichen Trachten, sondern nur bis zur weitesten Stelle des Hufes eingeschlagen werden. Weiterhin sollte das Eisen stets groß genug gewählt werden, um die notwendige Trachtenbewegung zuzulassen.

Welche Funktionen hat der Strahl im Huf?

Der Strahl dient als Stoßdämpfer und übernimmt als Blutpumpe beim Hufmechanismus wichtige Funktionen.

Fütterung

Futtermittel

Was ist die Weender Analyse?

Die Weender Futtermittelanalyse ist das älteste Verfahren zur Untersuchung der Inhaltsstoffe von Futtermitteln. Durch die Weender Analyse lassen sich die Rohnährstoffe ermitteln, mit denen dann zum Teil auch die Rationen für die Pferde berechnet werden. Aus der Frischsubstanz (FS) des Futtermittels (FM) lassen sich durch Trocknung die Trockensubstanz (TS) und der Rohwassergehalt (XW) ermitteln. Aus dem getrockneten, wasserfreien Futterrest werden dann noch der Rohaschegehalt (XA) und die organische Substanz (OS) ermittelt. Die organische Substanz wird dann weiter untersucht auf ihre Bestandteile: Rohprotein (XP), Rohfett (XL), Rohfaser (XF) sowie die stickstofffreien Extraktstoffe (XX), die auch als NfE bezeichnet werden. Während mit den ermittelten Werten für die Trockensubstanz (T), das Rohprotein (XP) sowie die Rohfaser (XF) weitergerechnet werden kann, muss der Energiegehalt eines Futtermittels über weitere Verfahren ermittelt werden. Der Energiegehalt eines Futtermittels wird (grob gesagt) ermittelt, indem der trockene Anteil des Futtermittels verbrannt und über die entstehende Temperatur sowie die Brenndauer der Brennwert des Futtermittels (und damit auch sein Energiegehalt) bestimmt wird. Der Brennwert des Futters wird dann als Bruttoenergie angegeben, von der das Pferd aber nur einen Teil nutzen kann. Der Energieanteil, der mit dem Kot wieder ausgeschieden wird, muss von der Bruttoenergie abgezogen werden. Übrig bleibt die verdauliche Energie (DE) in Mega-Joule (MJ), mit der lange in der Pferdefütterung gerechnet wurde.

Was bedeuten T, XF, DXP, DE, PEQ, Ca, P, Ca:P, Na, ME, pcvXP?

T = Trockensubstanz, XF = Rohfaser, DXP = verdauliches Rohprotein, DE = verdauliche Energie, PEQ = Protein-Energie-Quotient, Ca = Kalzium, P = Phosphor, Ca:P = Kalzium-Phosphor-Verhältnis, Na = Natrium, ME = metabolische Energie, pcvXP = präzäkal verdauliches Rohprotein

Mit welchen Energie- und Eiweißwerten bzw. -größen wird in der modernen Pferdefütterung gerechnet?

Mittlerweile wird in der Pferdefütterung nicht mehr mit der verdaulichen Energie (DE), sondern mit der sogenannten metabolischen Energie (ME) gerechnet. Die Berücksichtigung der metabolischen Energie ermöglicht noch genauere Berechnungen bei der Rationsgestaltung, weil zusätzlich zur Kotenergie auch die über Gase, Flüssigkeiten und Körperwärme abgegebene Energiemenge zur Energieermittlung berücksichtigt werden. Für die Rationsberechnung wird außerdem nicht mehr mit dem sogenannten verdaulichen Rohprotein (DXP) gerechnet, sondern mit dem dünndarmverdaulichen Rohprotein (pcvXP). Es wird auch präzäkal verdaulich genannt, weil all das Eiweiß berücksichtigt wird, was vor dem Dickdarm in die Blutbahn aufgenommen wurde. Die neuen Größen haben den Vorteil, dass sie die für das Pferd nutzbaren Gehalte der Futtermittel an Eiweiß und Energie noch genauer wiedergeben. In der Praxis hat das zwar zur Folge, dass die diesbezüglichen Inhaltsstoffe tatsächlich niedrigere Werte haben, diese jedoch sehr viel genauer wiedergeben, was das Pferd an Energie und Eiweiß wirklich verwerten kann und was es braucht.

Wie ermittelt man die Trockensubstanz bzw. den Wassergehalt eines Futtermittels?

Der Wassergehalt eines Futtermittels kann relativ leicht ermittelt werden, wenn man das Futter im Originalzustand sowie später getrocknet wiegt und die Differenz bestimmt. Hierzu eignet sich besonders der Muffelofen, wo die Originalfuttersubstanz bei 100 °C über einen bestimmten Zeitraum getrocknet wird, bis es kein Wasser mehr enthält. Die Gewichtsdifferenz entspricht dann dem Wassergehalt, der Trockensubstanzgehalt des Futtermittels entspricht dann dem Gewicht nach dem Wasserentzug durch Trocknung.

Welche Aussagen können durch die Trockensubstanz eines Futtermittels getroffen werden?

Der Trockensubstanzgehalt eines Futtermittels gibt Auskunft über die Lagerfähigkeit eines Futtermittels und ermöglicht einen Vergleich verschiedenster Futtermittel in Bezug auf ihren Einsatz in der Pferdefütterung. Grundsätzlich gilt: Je trockener etwas ist, desto besser kann man es (offen) lagern. Bei (Pferde-)Futtermitteln wird ein Trockensubstanzgehalt von ca. 86 % angestrebt, sodass eine Restfeuchte von ca. 14 % im Futtermittel bleibt. Diese Werte gelten für Getreide und Heu, da Silage stets mit einem höheren Wassergehalt produziert wird. Da ein Pferd etwa 2 % seines Körpergewichtes täglich an Trockensubstanz aufnehmen muss, um gesättigt zu sein, kann mithilfe des Trockensubstanzgehaltes verschiedener Futtermittel deren benötigte Futtermenge bestimmt werden. So muss ein Pferd beispielsweise im Vergleich zu Heu deutlich mehr Silage fressen (in kg), um die gleiche Sättigung zu erfahren. Bei hoher Leistung und Laktation kann dieser Wert bis auf 2,5 % steigen.

Wie kann man die Qualität von Futtermitteln überprüfen?

Für die Qualitätsüberprüfung von Futtermitteln nutzt man zunächst die Sinnenprobe/-prüfung. Um hinsichtlich der Inhaltsstoffe und detaillierter Verschmutzung genaue Informationen zu erhalten, kann man die Futtermittel zur LUFA (Landwirtschaftliche Untersuchungs- und Forschungsanstalt) schicken, wo genaue Untersuchungen mithilfe von chemischen und physikalischen Verfahren zur Anwendung kommen.

Was ist die Sinnenprüfung?

Die Sinnenprüfung ist eine Methode, das Pferdefutter mithilfe der menschlichen Sinne zu überprüfen. Zum Einsatz kommen hier die Sinne Hören, Riechen, Sehen und Tasten. Das Futter wird zunächst angeschaut und hinsichtlich seiner Farbe und Konsistenz begutachtet. Dabei sollten Farbe, Flecken, Schimmelstellen und Ähnliches besonders in Augenschein genommen werden. Durch das Anfassen des Futters können weitere Merkmale wie Haptik und Struktur überprüft werden. Das Futter sollte sich überall gleich anfühlen und nicht stellenweise weich oder bröckelig sein. Wenn Heuhalme abgeknickt werden, kann man hören, wie trocken und stängelreich das Heu ist. Sollten bestimmte Käfer den Hafer befallen haben, kann man sie ebenfalls hören, wenn sie aktiv sind. Am Geruch lassen sich Verunreinigungen, Schimmel oder Faulprozesse relativ gut und schnell erkennen. Jedes Futter hat seinen eigenen spezifischen Geruch und sollte den in der Sinnenprüfung auch ohne störende „Nebengerüche" bestätigen. Meist lernt auch der ungeübte Sinnenprüfer schnell, die gewünschten von den unge-wünschten Ergebnissen zu unterscheiden.

Was ist eine LUFA-Analyse?

Bei der Untersuchung durch die **L**andwirtschaftliche **U**ntersuchungs- und **F**or-schungs**a**nstalt werden die genauen Inhaltsstoffe der eingeschickten Proben mithilfe verschiedener chemischer und physikalischer Untersuchungsmethoden untersucht. Eingeschickt werden in der Regel Futter- oder Bodenproben.

Welche Bedeutung hat Rohfaser in der Pferdefütterung?

Anhand des Rohfasergehaltes bestimmt man den optimalen Schnittzeitpunkt für Gras. Je älter das Gras ist, desto höher ist sein Rohfaseranteil. Rohfaser ist ein wichtiger Bestandteil in der Pferdefütterung, da die Mikroben des Dickdarms diesen Futterbestandteil zum Überleben brauchen. Futtermittel mit zu hohen Gehalten an unverdaulicher Rohfaser wie beispielsweise Stroh sollten keinen zu großen Anteil an der Tagesration haben.

Woraus bestehen Kohlenhydrate (Zucker, Stärke, Zellulose), welche Bedeutung haben sie in der Fütterung und wo werden sie beim Pferd verdaut?

Kohlenhydrate stellen für Pferde die wichtigste Energiequelle dar. Sie kommen im Wesentlichen in Pflanzen vor. Kohlenhydrate setzen sich ausschließlich aus Kohlenstoff (C), Wasserstoff (H) und Sauerstoff (O) zusammen. Die größte Bedeutung haben dabei die Stärke, der Traubenzucker (Glukose), der Fruchtzucker (Fruktose), der Haushaltszucker aus der Zuckerrübe (Saccharose) sowie der Milchzucker (Laktose) der Stutenmilch. Aber auch der schwerverdauliche Ballaststoff Rohfaser enthält Kohlenhydrate (Zellulose, Lignin). Bausteine der Kohlenhydrate sind die Einfachzucker. Der Traubenzucker entsteht durch Photosynthese in den Blättern der Pflanzen. Der Traubenzucker wird von den Pflanzen zu wasserunlöslichem, speicherfähigem Mehrfachzucker (z. B. Stärke) umgewandelt und beispielsweise in Samenkörnern gespeichert. Stärke dient den Pflanzen als Energiereserve. Die in der Stärke enthaltene Energie steht dem Pferd nach der Spaltung durch die Verdauungsenzyme im Dünndarm schnell zur Verfügung. Bei der Verdauung wird der Mehrfachzucker Stärke wieder in den wasserlöslichen Einfachzucker Traubenzucker abgebaut. Der Traubenzucker gelangt über die Darmzotten in die Blutbahn.

Vielfachzucker nennt man Kohlenhydrate, die aus sehr vielen Einfachzuckern bestehen und insgesamt nicht mehr als Zucker zu erkennen sind. Hierzu zählt unter anderem die in der Rohfaser enthaltene Zellulose. Sie ist die Gerüstsubstanz der Pflanzen. Für die Energiebereitstellung hat die Rohfaser eine untergeordnete Rolle. Zellulose kann vom Pferd im Dickdarm nur in geringem Maße aufgeschlossen werden und die Energie steht erst viele Stunden nach der Futteraufnahme zur Verfügung. Bei der Verdauung der Kohlenhydrate arbeitet der Verdauungstrakt des Pferdes arbeitsteilig. Leichter verdauliche Kohlenhydrate

(Stärke, Zucker) aus Getreide, Zuckerrübenschnitzeln und jungem Weidegras werden im Dünndarm durch entsprechende Verdauungsenzyme abgebaut. Zellulose und verholzte Bestandteile werden von den Mikroorganismen des Dickdarms zersetzt. Da das Pferd im Vergleich zu anderen Nutztieren nur eine geringere Zahl an stärkespaltenden Verdauungsenzymen besitzt, ist es häufig durch einen zu hohen Stärkeanteil in der Ration überfordert. Verdauungsstörungen sind die Folge.

Woraus bestehen Eiweiße, welche Bedeutung haben sie in der Fütterung und wo werden sie beim Pferd verdaut?

Das Pferd als Pflanzenfresser nimmt in der Regel Eiweiße pflanzlicher Herkunft aus dem Gras oder Getreide auf. Lediglich für Saugfohlen steht das tierische Eiweiß der Stutenmilch zur Verfügung. Eiweiße (Proteine) dienen dem Aufbau von Körperzellen (z. B. Muskeln, Knochen, Bindegewebe, Haut, Haare usw.) aber auch der Herstellung von Enzymen, Hormonen und Immunstoffen. Chemisch besteht Eiweiß, ebenso wie die Grundnährstoffe Kohlenhydrate und Fette, hauptsächlich aus Kohlenstoff (C), Wasserstoff (H) und Sauerstoff (O). Zusätzlich sind jedoch etwa 16 % Stickstoff (N) sowie in geringen Mengen Schwefel (S) und Phosphor (P) enthalten. Jedes Eiweiß ist eine Aminosäurenkette, die aus 20 verschiedenen Aminosäuren gebildet wird, welche zu Hunderten spiral- oder ringförmig aneinandergereiht sind. Der Abbau des Eiweißes aus dem Futter wird durch Verdauungsenzyme im Dünndarm vorgenommen. Die Aminosäureketten werden dann in die einzelnen Aminosäuren gespalten, die anschließend über das Blut zur Leber transportiert werden. Hier können sie in geringen Mengen gespeichert werden. Bei Bedarf dienen diese Aminosäuren nun dem Pferd als Bausteine zum Aufbau körpereigener Eiweiße. Von den 20 Aminosäuren sind rund 10 essenziell und müssen als „Spezialbausteine“ unbedingt mit dem Futter aufgenommen werden. Der Pferdekörper kann sie selbst nicht aufbauen und sie sind auch durch keinen anderen Stoff zu ersetzen. Zu den essenziellen Aminosäuren zählen zum Beispiel Lysin, Isoleucin, Methionin, Phenylalanin, Threonin, Tryptophan, Arginin, Histidin und Valin. Die übrigen, nichtessenziellen Aminosäuren können vom Pferd selbst aus anderen Aminosäuren hergestellt werden. Der Gehalt an essenziellen Aminosäuren im Futtereiweiß bestimmt den Wert des Eiweißes. Der Eiweißgehalt von Futtermitteln bzw. der Eiweißbedarf des Pferdes wird in den Tabellen als präzäkal verdauliches Rohprotein (pcvXP) angegeben. Der Eiweißbedarf ist abhängig von der Leistung des Pferdes. Im Erhaltungsbedarf haben Pferde keinen erhöhten Eiweißbedarf. Sie benötigen dennoch Eiweiß, um die Funktionen des Organismus’ (Blutkreislauf, Verdauung, Atmung usw.) aufrechterhalten zu können. Wird Eiweiß als Energielieferant genutzt, entstehen (im Unterschied zur Kohlenhydrat- und Fett-„Verbrennung“) giftige Stickstoffverbindungen, die durch Entgiftungsmechanismen der Leber und der Nieren zu Harnstoff umgewandelt und mit dem Urin ausgeschieden werden müssen.

Woraus bestehen Fette, welche Bedeutung haben sie in der Fütterung und wo werden sie beim Pferd verdaut?

Bei den Fetten wird zwischen sogenannten Neutralfetten, Phospholipiden und Steroiden unterschieden. Die drei verschiedenen Fettarten haben unterschiedliche Aufgaben im Organismus:

- **Neutralfette** wirken als Wärmeisolatoren und schützen Organe (Beispiel Ölsäure).
- **Phospholipide** werden als Bausteine der Membranen tierischer und pflanzlicher Zellen verwendet (Beispiel Lecitin).
- **Steroide** liegen entweder frei oder gebunden vor und sind wichtige Ausgangsverbindungen von Hormonen, Nervengewebe und Blutserum (Beispiel Cholesterin).

Fette (Lipide) bestehen aus Fettsäuren, die über eine Brücke (Glycerin) miteinander verbunden sind. An der Fettbildung sind kurzkettige, langkettige, gesättigte und/oder ungesättigte Fettsäuren beteiligt. Fette mit einem höheren Anteil kurzkettiger, ungesättigter oder mehrfach ungesättigter Fettsäuren sind besser verdaulich und deshalb zu bevorzugen. Flüssiges Fett wird als Öl bezeichnet. Bestimmte Fettsäuren (z. B. Omega-3-Fettsäuren) sind für Pferde lebensnotwendig (essenziell), da sie an zahlreichen Stoffwechselvorgängen beteiligt sind und nicht vom Körper gebildet werden können. Fette dienen im Körper der Energieversorgung, sie sind die konzentrierteste Form der Kraftstoffe. Fette enthalten pro Kilogramm mehr als doppelt so viel Energie wie Kohlenhydrate. Fettsäuren stehen direkt als Kraftstoffe für die Muskelarbeit (besonders bei Ausdauerleistungen) zur Verfügung.

Fette besitzen aber auch noch andere wichtige Aufgaben. So sind sie für die Aufnahme und Speicherung fettlöslicher Vitamine unverzichtbar. Viele pflanzliche Fette enthalten selbst Antioxidanzien (z. B. Vitamin E), die im Körper wichtige Funktionen erfüllen. Als isolierendes Unterhautfett und Schutzhülle um innere Organe (z. B. Nierenfett) haben sie auch eine wichtige Baustofffunktion. Mithilfe der Gallenflüssigkeit, die als Emulgator die Wirkung der fettspaltenden Enzyme unterstützt, werden Fette im Dünndarm zu energiereichen Fettsäuren aufgespalten, die über die Darmwand ins Blut gelangen können. Überschüsse werden als Depotfett gespeichert.

Welche Futterarten bzw. Futtermittel gibt es?

Futtermittel lassen sich in unterschiedliche Kategorien einteilen. Zum einen lassen sie sich in **Grundfutter** (dazu gehören das Raufutter wie Heu, Silage oder Stroh und das Saftfutter wie z. B. Gras) und **Kraftfutter** (Getreide) unterteilen. Beim Grundfutter, speziell beim Raufutter, handelt es sich um ein Futtermittel mit einer relativ geringen Nährstoffkonzentration, das die Grundlage der artgerechten Pferdefütterung bildet. Kraftfuttermittel enthalten höhere Nährstoffkonzentrationen und sind erst ab einer bestimmten Leistung des Pferdes sinnvoll. Weiterhin gibt es die Unterteilung in **Einzel-** und **Mischfuttermittel**. Sie unterscheiden sich hinsichtlich der Anzahl der Herkunftsfuttermittel. Während Einzelfuttermittel nur aus einer einzigen Herkunft stammen, werden bei Mischfuttermitteln mehrere Ursprungsfuttermittel zusammengemischt. **Alleinfuttermittel** und **Ergänzungsfuttermittel** unterscheiden sich hinsichtlich ihrer Verwendung, wobei sich die Bezeichnung Alleinfutter meist nur auf die Kraftfuttergabe bezieht und nicht falsch verstanden werden sollte, da zum Krippenfutter immer auch in ausreichender Menge entsprechendes Raufutter gegeben werden muss. Mit Ergänzungsfutter ist häufig Mineralergänzer gemeint, der eine herkömmliche „Heu-Hafer-Ration" hinsichtlich der enthaltenen Mineralstoffe ausgleichen muss. Dann gibt es noch die Unterteilung der Futtermittel hinsichtlich ihrer Inhaltsstoffe. Hier können **energiereiche** (Gerste, Mais), **eiweißreiche** (Soja, Milchpulver), **mineralstoffreiche** (Luzernegrünmehl ist Ca-reich, Getreide P-reich) und **vitaminreiche** (Bierhefe ist Vit. B-reich, Möhren sind β-Carotin-reich) Futtermittel unterschieden werden. Eine weitere Möglichkeit, Futtermittel zu unterscheiden, ist die Unterteilung in **Ansatz-** und **Umsatzfuttermittel**. Während Umsatzfuttermittel besonders für die Energiebereitstellung geeignet sind, eignen sich Ansatzfuttermittel für den Aufbau von Körpersubstanz bei schwerfuttrigen und mageren Pferden.

Welches ist das wichtigste Futtermittel fürs Pferd?

Das „wichtigste" Futtermittel fürs Pferd ist das Grundfutter und da in erster Linie das Gras. Dies gibt es in der Pferdehaltung entweder im natürlichen Zustand (Weide), getrocknet (Heu) oder siliert (Anwelksilage, Silage, Heulage).

Warum ist Raufutter so wichtig?

Raufutter hat in der Pferdefütterung verschiedene Aufgaben. Zum einen braucht das Pferd, da es hinsichtlich seiner Natur ein Dauerfresser ist, ständig Beschäftigung im Sinne von Futtersuche und Kauen. Da das Pferd täglich ca. 2 % seines Körpergewichts an Trockensubstanz aufnehmen muss, um satt zu sein, und dieser Bedarf hauptsächlich aus dem Raufutter zu decken ist, ergibt sich eine weitere „Aufgabe" des Raufutters: die Sättigung. Während des Kauvorgangs produziert das Pferd permanent Speichel, den wiederum der Magen braucht, um die verschiedenen Futtermittel möglichst optimal verarbeiten zu können. Eine besondere Bedeutung hat das Raufutter auch im weiteren Verdauungstrakt des Pferdes. Das zum Großteil aus enzymatisch (im Dünndarm) unverdaubarer Zellulose bestehende Raufutter wird überwiegend im Dickdarm des Pferdes aufgeschlossen und verarbeitet. Dieser Teil des Verdauungstraktes ist von einer großen Anzahl bestimmter Mikroorganismen besiedelt, die die Zellulose zum Überleben brauchen und dem Pferd durch ihren eigenen Stoffwechsel Vitamine und Fettsäuren liefern. Wird das Pferd mit zu wenig Raufutter versorgt, kann sich diese Besiedelung durch das Absterben mancher Bakterienstämme stark verändern, wodurch es zu erheblichen Verdauungsstörungen und -krankheiten kommen kann. Eine ausreichende Versorgung des Pferdes mit Raufutter kann demnach sowohl Krankheiten als auch Verhaltensstörungen vorbeugen.

Wie sollte gutes Pferdeheu beschaffen sein?

Die Qualität von gutem Pferdeheu wird durch unterschiedliche Kriterien beeinflusst. Schnittzeitpunkt, Erntedauer und die botanische Zusammensetzung (besonders wichtig dabei der Anteil an Gräsern gegenüber den Kräutern oder anderen Pflanzen des Grünlands) sind dabei qualitätsbestimmende Faktoren. Hinsichtlich der Beschaffenheit des Heus können LUFA-Analyse und Sinnenprüfung Auskunft geben. Bei der Sinnenprüfung sollte das Heu wenig verfärbt, blattreich und weich sowie mit einem typischen Heugeruch versehen sein. Viele Verunreinigungen, Staub- oder Muffelgeruch und eine blassgrüne, bräunliche Farbe sprechen hier für eine schlechte Heuqualität. Durch das Datum des Schnittzeitpunktes werden die Inhaltsstoffe des Heus wesentlich beeinflusst. Je früher der Schnittzeitpunkt, desto höher der Rohprotein- und Energiegehalt des Futtermittels, je später, desto höher der Anteil an Rohfaser in der Pflanze. Grundsätzlich sollte Pferdeheu aufgrund des dann höheren Rohfaseranteils eher spät (Mitte bis Ende der Blüte) geschnitten werden. Je „jünger" und nährstoffreicher das Heu ist, desto weniger Rohfaseranteile sind enthalten und desto schneller wird es von den Pferden aufgenommen. Steht kein anderes Heu für die Pferdefütterung zur Verfügung, so muss der Rohfaseranteil der Ration unbedingt (z. B. durch Stroh) ausgeglichen und der Energie- und Nährstoffgehalt angepasst werden. Laktierende Stuten können junges Heu aufgrund ihrer hohen Milchleistung und dem damit verbundenen erhöhten Nährstoffbedarf besser verwerten, brauchen aber dennoch ausreichend Rohfaser über die Ration.

Welche Vor- und Nachteile hat die Heulage gegenüber dem Heu?

Häufig scheint Pferden die etwas feuchtere Heulage besser zu schmecken als das vollständig durchgetrocknete Heu. Dies kann besonders bei ad libitum (unbegrenzter) Fütterung zu etwas mastigen Pferden führen. Gleichzeitig ist Heulage aufgrund seiner hohen Akzeptanz besonders gut für schwerfuttrige Pferde geeignet. Heulage und Silage werden von manchen Pferden bzw. deren Verdauungstrakt nicht problemlos vertragen. Es kann zu Kotwasser und anderen Verdauungsschwierigkeiten führen. Für staubempfindliche Pferde ist die etwas feuchtere Heulage jedoch sehr gut geeignet, da es nicht zu Staubentwicklung kommen kann.

Welche Konservierungsverfahren gibt es bei Futtermitteln?

Für Futtermittel gibt es hauptsächlich die Trocken- und die Sauerkonservierung. Das Trocknen zur Konservierung wird **Trockenkonservierung** genannt und häufig bei Getreide und immer beim Heu angewendet. Hier werden die Futtermittel auf einen Wassergehalt von unter 15 % getrocknet (durch die Sonne oder Trocknungsanlagen, falls es im Verlauf der Ernte zu viel regnet). Zu feuchtes Futter darf nicht eingelagert werden, da es in Kombination mit Wärme und partiellem Luftabschluss die optimalen Lebensbedingungen für unerwünschte Bakterien und Pilze bietet, die jedes Futter und andere Lagerungsprodukt verderben lassen. Bei der deutlich feuchteren **Silage** oder **Heulage** wird anders als beim Heu das sogenannte **Sauerkonservierungsverfahren** angewendet, bei dem die unerwünschte Vermehrung der falschen Bakterien durch die Ansiedlung und Unterstützung der gewünschten Bakterien gefördert wird. Die nichterwünschten Bakterien werden in diesem Fall durch die „richtigen" verdrängt, sofern diese ihre bevorzugten Lebensbedingungen vorfinden. Die Schaffung eines optimalen Lebensraums für beispielsweise Milchsäurebakterien wird durch den richtigen pH-Wert im Siliergut (unter 5), absoluten Luftabschluss (Einwickeln der Ballen und starke Verdichtung des Futters vor dem Pressen durch hohen Pressdruck), eine richtige „Nahrungsgrundlage" (passender Schnittzeitpunkt und Antrocknen des Futtermittels), eine ausreichende Silierungsdauer sowie unter Umständen die Zufügung eines sogenannten Siliermittels erreicht. Läuft der Silierprozess zum Beispiel durch Löcher in der Folie, keine ausreichende Verdichtung oder zu viel Feuchtigkeit nicht wie geplant, so kann es zur Entwicklung falscher Bakterien oder Schimmelbildung kommen. Erkennbar wird dies spätestens beim Öffnen der Ballen, wenn die Silage nicht angenehm brotartig, sondern nach Buttersäure, Erbrochenem oder Schimmel riecht. Bei der Öffnung eines Silageballens ist das Durchführen der Sinnenprobe sehr wichtig, um den Silierprozess zu überprüfen.

Welche Qualitätsverluste müssen bei konserviertem Grünfutter im Vergleich zum Gras hingenommen werden?

Bei der Heuproduktion sind vor allem die Blattverluste durch das „abbrechen" beim Wenden, Pressen und Einlagern von Bedeutung. Die dünnen Blätter brechen ab, sodass überwiegend Stängel und holzige Strukturen übrig bleiben. Der Rohproteingehalt des Futtermittels sinkt dadurch. Abhängig von den Lagerungsbedingungen verliert das Heu bis es „fütterungsreif" ist den Großteil seines β-Carotin- und Vitamin-E-Gehaltes. Beim Silieren und bei der Heuproduktion muss beachtet werden, dass die Blätter auch nach dem Mähen bis zur Trocknung oder dem Einwickeln weiter Atmen und dabei Zucker verbrauchen. Schnelles Trocknen bzw. Konservieren reduzieren die hieraus entstehenden Verluste deutlich.

Welche Getreidefuttermittel sind in der Pferdefütterung üblich?

In der Pferdefütterung werden vor allem Hafer, Gerste und Mais verfüttert. Weizen und Roggen sollten aufgrund des hohen Anteils an Klebereiweiß nicht verfüttert werden, die Weizenkleie findet jedoch in Mash und diätetischen Futtermitteln Verwendung (in der Rationsberechnung muss der hohe Phosphorgehalt dieses Futtermittels unbedingt ausgeglichen werden).

Wie wird die Qualität von Getreide (besonders Hafer) bestimmt?

Die Qualität von Hafer und Gerste wird (außer durch die Beurteilung mithilfe einer LUFA-Analyse oder der Sinnenprüfung) in erster Linie durch das Liter- oder Hektolitergewicht ermittelt. Je schwerer das Getreide ist, desto größer ist auch der Mehlkörper und desto besser die Qualität. Leichter Hafer wiegt weniger als 450 g/l, mittlerer Hafer liegt mit seinem Hektolitergewicht bei 450 g/l bis 550 g/l und schwerer Hafer wiegt mehr als 550 g/l.

Welche Vor- und Nachteile hat der Hafer?

Hafer ist eins der ältesten Getreide in der Pferdefütterung. Es wird seit langer Zeit zur Ernährung der Pferde verwendet und ist von dessen Verdauungsorganen aufgrund des hohen Spelzenanteils und der Korngröße besonders gut (zu fast 90 %) zu verwerten. Die im Hafer enthaltenen ungesättigten Fettsäuren sowie verdauungsfördernde Schleimstoffe sind sehr gut für die Gesunderhaltung der Schleimhäute der Verdauungsorgane. Aufgrund seiner leichten Verdaulichkeit und enthaltener Glücksbotenstoffe scheint der Hafer manchen Pferden „in den Kopf“ zu steigen, weshalb viele Futtermittelfirmen das sogenannte „haferfreie“ Müsli in ihre Sortimente aufgenommen haben. Dennoch ist Hafer hinsichtlich seiner Verdaulichkeit kaum aus der Pferdefütterung wegzudenken und sollte in Rationen von Leistungspferden eingeplant werden.

Welche Vor- und Nachteile hat die Gerste?

Gerste wird nicht ausschließlich als Futtergetreide, sondern vor allem zur Bierherstellung angebaut. Gerste enthält mehr Energie als Hafer (0,9 kg Gerste ersetzen 1 kg Hafer), ist jedoch deutlich schwerer verdaulich. Weil die Gerstenstärke nicht so gut im Dünndarm aufgeschlossen werden kann, wird das Quetschen oder Aufschließen des Getreides vor der Verfütterung im Pferdebereich notwendig. Gerste wurde schon früh in der Pferdefütterung verwendet und gilt als „Hafer des Orients“. Da die in der Gerste enthaltene Energie für das Verdauungssystem des Pferdes schwerer zu verwerten ist und daher erst später zur Verfügung steht, wird Gerste häufig als Energielieferant für „kernige“ Pferde verwendet und in Rationen mit dem Hafer gemischt.

Welche Vor- und Nachteile hat der Mais?

Mais zeichnet sich durch einen geringen Rohfasergehalt und eine hohe Nährstoffkonzentration aus, ist jedoch gleichzeitig das eiweißärmste Getreide. Der hohe Gehalt an dünndarmunverdaulicher Stärke und die sehr harte Schale machen einen Aufschluss vor der Verfütterung an Pferde notwendig. Mais eignet sich besonders gut als Ansatzfutter.

Was ist beim Einsatz von Getreide in der Pferdefütterung hinsichtlich der Mineralversorgung zu beachten?

Wenn Getreide in der Pferdefütterung verwendet wird, sollte ein wichtiges Augenmerk auf das Verhältnis von Kalzium zu Phosphor gelegt werden. Grundsätzlich gilt, dass Getreidesorten generell ein enges Ca:P-Verhältnis haben. Im Umkehrschluss bedeutet das, dass alle Getreide generell einen hohen Phosphorgehalt aufweisen und einer getreidereichen Ration ein kalziumhaltiges Mineralfutter zugegeben werden sollte.

Welche Probleme können bei Getreidesorten mit einem hohen Anteil an (dünndarmunverdaulicher) Stärke auftreten?

Bei allen Getreidesorten mit einem hohen Anteil an (dünndarmunverdaulicher) Stärke besteht die Gefahr, dass Reste nicht verdauter Stärke aus dem Dünndarm mit dem Futterbrei in den Dickdarm gelangen. Dies führt bei der dort lebenden Mikrobenpopulation einfach gesagt zu erheblichen Verdauungsstörungen. Dies kann Fehlgärungen (Aufgasungen) und Dickdarmübersäuerungen zur Folge haben, die sich in Form von Koliken, Lahmheiten oder Hufrehe äußern können. Bei der Gestaltung von Rationen für Pferde sollte der Stärkegehalt der Ration möglichst gering gehalten und auf eine hohe Dünndarmverdaulichkeit geachtet werden. Die Verdaulichkeit im Dünndarm steigt durch verschiedene Aufschlussverfahren wie zum Beispiel das Flocken oder Poppen sowie die hydrothermische Behandlung.

Welche Nebenprodukte aus der Industrie werden in der Pferdefütterung verwendet?

Verschiedene Nebenprodukte der Nahrungsmittelindustrie werden in der Pferdefütterung als Einzelfuttermittel oder in Mischfuttern eingesetzt. Die Produkte von Ölmühlen, Mehlfabriken, Müllereien, Brauereien, Fruchtsaftkeltereien, Zuckerfabriken und Molkereien sind dabei besonders beliebt. In der Bierbrauerei wird vor allem Sommergerste eingesetzt (Wintergerste wird in der Fütterung verwendet), wo als Nebenprodukte Malzkeime, Biertreber und Bierhefe anfallen, von denen sich besonders die auch als diätetisches Futtermittel einzusetzende Bierhefe in der Pferdefütterung bewährt hat. Malzkeime sind eiweiß- und fettreich, verderben jedoch schnell, Biertreber ist rohfaser- und eiweißreich. In der Zuckerfabrik fallen in den verschiedenen Vorgängen zur Zuckerproduktion unterschiedliche und in der Pferdefütterung nutzbare Futtermittel an. Das sind vor allem die Pressschnitzel, die Trockenschnitzel, die melassierten Trockenschnitzel sowie die vielen Müslis und Mashs zugesetzte Melasse. Bei der Milchverarbeitung entstehen Molke- und Magermilchpulver, die vor allem in der Fohlenfütterung Verwendung finden. In der Müllerei fällt häufig Kleie als „Nebenprodukt" an, die ebenfalls diätetisch wirkt, aufgrund des hohen Phosphoranteils jedoch nicht in zu großer Menge und immer in Kombination mit einem kalziumhaltigen Mineralfutter verfüttert werden sollte. In der Ölmühle fallen sowohl das in der Pferdefütterung verwendbare Öl (beispielsweise Sonnenblumen-, Lein- oder Schwarzkümmelöl), wie auch die Reste, der sogenannte Presskuchen an. Der Presskuchen ist weniger ölhaltig als die Ausgangspflanze und kann ebenfalls als diätetisches Futtermittel eingesetzt werden.

Wie wirken diätetische Futtermittel?

Diätetik ist allgemein die Ernährung (und Fütterung) zur Erhaltung und Förderung der Gesundheit. Diätetische Futtermittel dienen daher der Gesunderhaltung des Pferdes, wobei eine artgerechte Fütterung generell diesen Anforderungen entspricht. Diätetische Fütterung spielt besonders bei (durch Ernährung) erkrankten Pferden eine Rolle, deren Erkrankung durch diätetische Fütterung ganz vermieden werden oder in der Heilung unterstützt werden kann. Auch in der Vorbeugung anfälliger oder rekonvaleszenter Pferde spielt Diätetik eine Rolle. Diätetische Maßnahmen sind vor allem bei Durchfall, Kotwasser, Verdauungsstörungen, Magenproblemen, Koliken, Atemwegserkrankungen, Herzproblemen, Leberschäden, Stoffwechselstörungen sowie bei alten oder verfetteten Pferden wichtig und können deren Lebensqualität entscheidend verbessern. Grundsätzlich können alle Futtermittel diätetische Wirkung haben, sie müssen nur in der richtigen Menge, im richtigen Verhältnis und zum richtigen Zeitpunkt verfüttert, also optimal gemanagt werden.

Welche Futtermittel gehören zur Gruppe mit diätetischer Wirkung?

Die Gruppe diätetischer Futtermittel ist groß, denn sie richtet sich stets nach der Art der Erkrankung. Im Folgenden sollen einige Beispiele genannt werden, wobei die Liste nicht vollständig sein kann. Beispiele für Futtermittel mit diätetischer Wirkung sind Bierhefe (bei Darmstörungen, Appetitlosigkeit, allgemeinen Schwächezuständen), Obstessig (Stoffwechselprobleme), Kräuter (beispielsweise bei Atemwegserkrankungen), Schwarzkümmel (bei Atemwegserkrankungen), Leinsamen (Verdauungsstörungen, stumpfes Fell), Mariendistel (Lebererkrankungen).

Verdauungsvorgänge

Wo fängt die Verdauung an?

Die Verdauung beginnt im Maul des Pferdes mit der mechanischen Einwirkung auf das Futter durch das Zermahlen der Zähne. Auch die Durchmischung des Futters mit Speichel trägt zur Verdauung bei. Die chemische Verdauung, das heißt die Zersetzung der Futtermittel in ihre Bestandteile, beginnt im Magen mit der beginnenden Spaltung von Eiweiß durch Pepsin.

Welchen Weg geht das Futter von der Aufnahme bis zum Ausscheiden?

Das Pferd nimmt das Futter mit seinen Zähnen, Lippen und der Zunge auf. Bei Gras umfasst es die Halme mit den Zähnen, um sie anschließend auszurupfen (es beißt das Gras nicht ab), bei Mohrrüben oder Äpfeln beißt es hinein, um einen

Bissen abzutrennen. Anschließend wird das Futter von den Backenzähnen durch seitliche Kaubewegungen zermahlen. Anschließend schluckt das Pferd den so entstandenen Futterbrei ab. Die Speiseröhre ist ein langer Muskelschlauch, der die Nahrung zum Magen transportiert. Der Magen des Pferdes ist mit einem starken Schließmuskel verschlossen, der ein Erbrechen unmöglich macht. Im Magen wird das Futter zunächst in der vorderen drüsenlosen Zone „gelagert" und weiter mit dem Speichel vermischt. In der zweiten Zone des Magens, der sogenannten Fundusdrüsenzone, beginnen die von den Drüsen sezernierte Magensäure (Salzsäure, HCl) und das Pepsin (ein Eiweiß spaltendes Enzym) mit der Verdauung. Nach dem Magen gelangt das Futter (anverdaut und durch den Speichel immer noch dickflüssig) in den Dünndarm, der in drei Abschnitte eingeteilt werden kann. Zuerst wird das Futter mithilfe der Darmperistaltik (Muskelkontraktionen) durch den Zwölffingerdarm transportiert, wo von der Bauchspeicheldrüse her die Verdauungsenzyme hinzukommen. Anschließend folgt der Leerdarm, wo die enzymatische Verdauung stattfindet. Der nun folgende kurze und durch viele Muskeln sehr kräftige Hüftdarm „schießt" das Futter in regelmäßigen Abständen in den ersten Teil des Dickdarms, den Blinddarm. Dieser anders als beim Menschen sehr kräftig und groß gestaltete Blinddarm ist die Gärkammer des Pferdes, wo die Mikroorganismen mit dem Verdauen der Zellulose beginnen. Hier wird das Futter geschichtet und eine Weile gelagert, bevor es in den hufeisenförmig angeordneten Grimmdarm geschoben wird, wo die mikrobielle Verdauung weitergeht. Abschließend gelangt der nun weitgehend verdaute Futterbrei in den End- oder Mastdarm, den letzten Abschnitt des Dickdarms. Hier werden die charakteristischen Pferdeäpfel geformt und dem Futterbrei das Wasser entzogen. Anschließend scheidet das Pferd den nicht verdaubaren Rest über den After aus.

Welchen Verdauungsvorgängen ist ein Haferkorn auf dem Weg durch den Verdauungstrakt ausgesetzt?

Nachdem das Pferd den Hafer mit seinen Lippen aufgenommen hat, beginnt die Verdauung mit dem Kauen des Pferdes durch das Zerquetschen bzw. Zermahlen der Haferkörner mit den Zähnen. Dabei produziert die Ohrspeicheldrüse den alkalischen Speichel, der den Futterbrei flüssig macht und sich im besten Fall komplett mit dem zerkauten Futter vermischt. Im Gegensatz zum Menschen hat das Pferd keine stärkespaltenden Enzyme wie die Amylase im Speichel, sondern hauptsächlich Bicarbonate, die für den hohen pH-Wert zuständig sind. Im Magen beginnt in der Fundusdrüsenzone mit der Zugabe von Salzsäure und Pepsin die chemische bzw. enzymatische Verdauung. Die Salzsäure hat vor allem die Aufgabe, die im Futter befindlichen Bakterien und Keime abzutöten (der Futterbrei wird quasi desinfiziert), das Pepsin ist für die beginnende Eiweißverdauung zuständig. Im letzten Abschnitt des Magens wird der Futterbrei hinsichtlich des pH-Wertes wieder neutralisiert und dann in den Dünndarm weitertransportiert. Dort findet in erster Linie im Leerdarm die enzymatische Verdauung statt. Die hierzu benötigten Enzyme werden dem Futterbrei im Zwölffingerdarm aus der

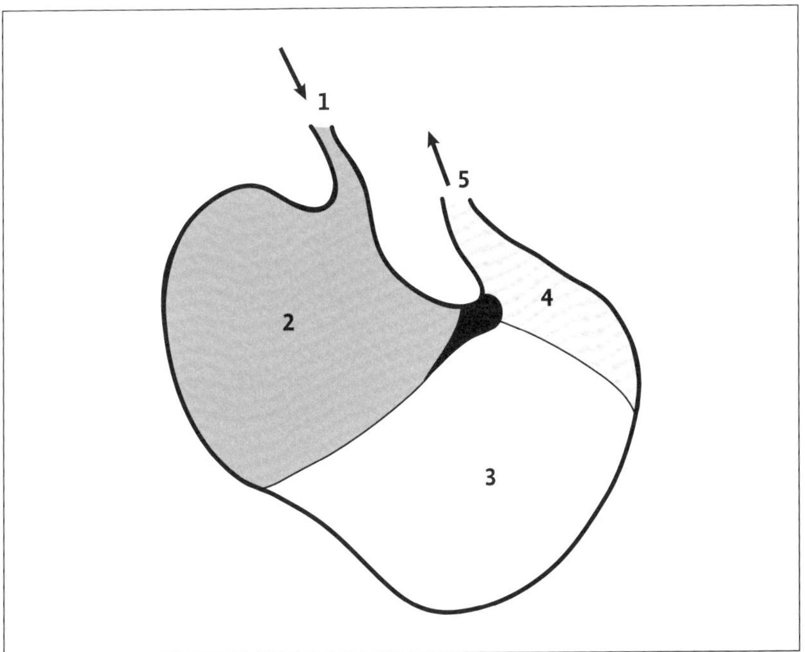

Abb. 59 Der Magen wird in folgende Abschnitte eingeteilt. 1 Mageneingang, 2 Blindsack (drüsenlos), 3 Magengrund mit Drüsenmagen (Kardia- und Fundusdrüsen), 4 Magenausgang (Pylorusdrüsen), 5 Dünndarm.

Bauchspeicheldrüse hinzugefügt. Die Galle liefert hier das Gallensekret, das zur Fettverdauung benötigt wird, da es die Fettmoleküle für die Enzyme „angreifbar" macht. Im Dünndarm werden vor allem Stärke, Fett und Eiweiß aus dem Hafer verdaut und deren Grundbausteine (Einfachzucker, Fettsäuren, Triglyzeride, Aminosäuren) über die Darmwand in das Blut aufgenommen. Der nun im Dickdarm ankommende Futterbrei besteht hauptsächlich aus Zellulose sowie vom Dünndarm noch nicht verdautem Eiweiß, Fett und Stärke. Die Mikroorganismen im Dickdarm verdauen nun durch Zersetzung die Rohfaser. Da sie für diese Verdauung relativ lange brauchen, ist dies auch der Abschnitt, in dem der Futterbrei am längsten verweilt. Vor dem Ausscheiden wird dem Futterbrei im Mastdarm noch das meiste Wasser entzogen.

In welche Abschnitte wird der Magen des Pferdes eingeteilt (Abb. 59)?

Der etwa 15 l fassende Magen des Pferdes ist einhöhlig, lässt sich jedoch in verschiedene Abschnitte unterteilen, von denen sich besonders der drüsenlose Teil und der Drüsenmagen voneinander unterscheiden. Der drüsenlose Abschnitt wird auch als Blindsack bezeichnet. Der Drüsenmagen (Magengrund und Magenausgang) besteht aus der Kardiadrüsenzone (zwischen Blindsack und Magengrund), der Fundusdrüsenzone (Magengrund) und der Pylorusdrüsenzone (Magenausgang). Während die Kardia- und Pylorusdrüsen Schleim zum Schutz der Selbstverdauung des Magens produzieren, sezernieren die Fundusdrüsen die Verdauungssäfte Salzsäure und Pepsinogen.

Was sind die wichtigsten Unterschiede der Mikroorganismen?

Die Mikroorganismen unterscheiden sich besonders hinsichtlich ihrer optimalen Lebensbedingungen, durch die sie sich unterschiedlich stark entwickeln und zu gewünschten oder unterwünschten Gärungen führen können.

Fütterungsgrundsätze

Was bedeutet artgerechte Fütterung?

Artgerechte Fütterung heißt, dass das Pferd entsprechend seiner arttypischen Bedürfnisse gefüttert wird. Das bedeutet für den Dauerfresser Pferd, dass er permanent Futter zur Verfügung haben sollte. Dieses Futter sollte (für die Mikroben im Darm) viel Zellulose enthalten und daher in erster Linie aus Raufutter (Rohfaser) bestehen. Am besten wäre es, wenn das Pferd sich den ganzen Tag über mit der „Futterbeschaffung“ beschäftigen und nicht ständig „mit vollem Maul“ Futter aufnehmen würde. Hilfreich können hier zum Beispiel Netze oder Raufen mit engen Zwischenräumen (4–5 cm) sein, die die Futteraufnahme erschweren. Weiterhin ist das Pferd ein Gewohnheitsfresser, sodass ein häufiger und plötzlicher Futterwechsel vermieden werden sollte. Zur Sicherstellung einer ausreichenden Rohfaserversorgung sollte das Pferd täglich etwa 1–1,5 kg an Raufutter pro 100 kg Körpergewicht erhalten (das bedeutet mindestens sechs Kilogramm Heu bei einem Pferd mit 600 kg Körpergewicht). Um eine arttypische Ration zu gewährleisten, sollte der Raufutteranteil am Trockensubstanzgehalt der Ration mindestens 50 % betragen. Der Rohfasergehalt der Ration sollte dagegen immer mehr als 20 % der aufgenommenen Trockensubstanz ausmachen. Dieser Aspekt wird jedoch bei Sport- und Rennpferden nicht immer berücksichtigt, da der hohe Rohfaseranteil als Ballaststoff lange im Dickdarm verweilt, viel Wasser bindet und daher zum unerwünschten „toten“ Gewicht im Pferdekörper führt.

Was muss man bei der Fütterung beachten?

Grundsätzlich muss man bei der Fütterung von Pferden beachten, dass man ihren arttypischen Bedürfnissen gerecht wird und die Fütterung der Leistung und dem individuellen Zustand des Pferdes (Wachstum, Muskelaufbau, Trächtigkeit, Laktation, Hochleistung etc.) anpasst. Das bedeutet viele kleine Rationen über den Tag verteilt, dabei möglichst viel Raufutter und wenig Kraftfutter. Wichtig ist ebenfalls (wenn das Pferd nicht ad libitum Heu zur Verfügung hat), immer zuerst Raufutter und erst mindestens eine halbe Stunde später Kraftfutter zu geben, um dem Verdauungssystem des Pferdes einen physiologischen Ablauf zu ermöglichen. Problem der Kraftfuttergabe ist stets das durch die schnelle Aufnahme zu geringe Einspeicheln des Futters, was durch vorherige Raufuttergabe ausgeglichen werden kann.

Was passiert, wenn das Pferd keine ausreichende Mineralversorgung hat?

Der Körper des Pferdes kann eine mangelnde Mineralversorgung über einen gewissen Zeitraum tolerieren. Hält die Mineralunterversorgung jedoch zu lange an, beginnt der Körper damit, sich die fehlenden Mineralien aus dem Knochengerüst des Pferdes „zu holen". Im Blut des Pferdes ist eine fütterungsbedingte Mineralunterversorgung daher nicht so leicht festzustellen, weshalb die Bedeutung einer regelmäßigen Rationsberechnung zunimmt. Besonders wichtig ist der ausgeglichene Mineralhaushalt der Ration bei wachsenden Pferden, deren Knochensubstanz noch aufgebaut wird.

Welche ernährungsbedingten Erkrankungen gibt es?

Es gibt zahlreiche Erkrankungen des Pferdes, die sich auf dessen Ernährung zurückführen lassen. Von Zahnkrankheiten über Koliken und Magenerkrankungen bis hin zu Schlundverstopfungen, Darmstörungen, Rehe, Stoffwechselstörungen, Kreuzverschlag, Entwicklungsstörungen sowie Husten und Nesselfieber ist die Palette der potenziellen Krankheiten sehr groß. Häufig ist der Auslöser die „falsche" also zu kraftfutterlastige Fütterung des Pferdes, die eine mangelnde Abnutzung der Zähne, Magengeschwüre sowie Stoffwechselerkrankungen durch zum Beispiel falsche Kohlenhydratspeicherung auslösen kann. Durch an Leistung, Größe, Rasse und Alter angepasste Fütterung mit grundsätzlich viel Raufutter können die meisten fütterungsbedingten Erkrankungen vermieden werden.

Warum bekommt ein Pferd bei Aufregung Durchfall?

Ist ein Pferd aufgeregt, so wird die Darmperistaltik und damit die Verdauung angeregt (dieser Vorgang ist beim aufgeregten Menschen ähnlich) und das Pferd scheidet häufiger Kot aus, der mit zunehmender „Ausscheidehäufigkeit" innerhalb kürzerer Zeit immer wässriger wird (dies ist besonders gut bei jungen Pferden in der Fremde oder bei neuen Erlebnissen zu beobachten). Dies liegt daran, dass der letzte Verdauungsabschnitt (der Wasserentzug im Mastdarm) beschleunigt und dem Kot nicht genügend Wasser entzogen wird, sodass das Pferd mit dem Kot auch viel Wasser ausscheidet. Durchfall führt demzufolge stets zu einem erhöhten Wasserverlust, der schnell ausgeglichen werden sollte. Bei Fohlen kann krankhafter anhaltender Durchfall sehr schnell zu Austrocknung führen, wobei der Durchfall aus Aufregung zumeist einen harmlosen Ausgang hat und nicht behandelt werden muss.

Rationsberechnung

Wie viel Liter trinkt ein Pferd?

Der tägliche Wasserbedarf eines Pferdes ist abhängig von dessen Größe und Leistung. Ein stark schwitzendes Sportpferd oder eine laktierende Stute mit einer Milchleistung von 20 l am Tag haben einen wesentlich höheren Wasserbedarf als beispielsweise ein reines Beistellpferd das nicht mehr geritten wird. Ein Pferd ohne Arbeit säuft etwa 15–25 l pro Tag, bei leichter Arbeit bis zu 35 l, bei schwerer Arbeit bis zu 50 l und in der Laktation nimmt die Stute ebenfalls bis zu 50 l Wasser pro Tag auf. Wasser sollte daher immer in ausreichender Menge und sehr sauber zur Verfügung stehen. Wasserbottiche und Tränkebecken der Selbsttränken sollten daher mehrmals täglich auf Kotreste, Verunreinigungen und Wasserfluss kontrolliert werden, um ein Austrocknen des Pferdes zu vermeiden.

Wovon ist die Ration des Pferdes abhängig?

Die Ration des Pferdes ist abhängig von dessen Alter, seiner Leistung, seinem Gewicht und seiner Rasse. Für eine optimale Rationsberechnung sind vollständige Informationen über diese Punkte von großer Bedeutung.

Wie kann man das Gewicht des Pferdes ohne Waage ermitteln?

Das Gewicht des Pferdes kann man je nach Alter und Entwicklungszustand mit unterschiedlichen Schätzformeln berechnen. Benötigt werden dazu verschiedene Maße des Pferdekörpers wie beispielsweise Bandmaß, Stockmaß, Brustumfang, Röhrbeinumfang, Länge (Buggelenk bis Sitzbeinhöcker) usw. Eine gängige Formel zur Berechnung des Gewichts von ausgewachsenen Pferden ist folgende: Körpergewicht (kg) = Brustumfang $(cm)^2 \times$ Körperlänge (cm) / 11 900.

Wie kann man den Tagesbedarf eines Pferdes berechnen?

Der Tagesbedarf eines Pferdes hängt von dessen Alter, Gewicht, Entwicklungszustand sowie der tatsächlichen Leistung ab. Um den genauen Tagesbedarf zu berechnen, benötigt man daher Angaben über Alter, Gewicht und Leistung des Pferdes. Zur individuell genauen Berechnung der Leistung eines Reitpferdes beispielsweise verrechnet man je nach Dauer der Schritt-, Trab-, oder Galoppzeit diese Zahlen mit dem Verbrauch pro Minute Schritt, Trab oder Galopp in Mega-Joule und addiert die ermittelten Zahlen zum Erhaltungsbedarf des Pferdes hinzu. Für die durchschnittlichen Leistungsangaben (Erhaltung, leichte Arbeit, mittlere Arbeit, schwere Arbeit) gibt es in Bedarfstabellen durchschnittliche Bedarfswerte für die wichtigsten Inhaltsstoffe. Für besondere, sportunabhängige Leistungen des Pferdes wie zum Beispiel Leistung, Gravidität (Trächtigkeit) und Laktation (Milchleistung) sind darin die entsprechenden Bedarfswerte ebenfalls angegeben.

Wovon sind Eiweiß- und Energiebedarf abhängig?

Der Erhaltungsbedarf von Energie und Eiweiß orientiert sich an den Stoffwechselvorgängen des Körpers. Zusätzlicher Bedarf entsteht durch Wachstum, Muskelaufbau, Laktation und sportlichen Einsatz.

Was ist bei der Rationsberechnung hinsichtlich der Versorgung mit Energie und Eiweiß zu beachten?

Die Energieversorgung sollte zur Aufrechterhaltung aller lebensnotwendigen Vorgänge im Körper immer ausgeglichen sein. Die Eiweißversorgung ist dadurch selten im Optimalbereich, meist wird das Pferd in dieser Hinsicht überversorgt. Während ein „Zuviel“ in der Energieversorgung meist direkt im Verhalten des Pferdes sichtbar wird und Probleme vor allem durch die energieliefernden Futtermittel im Verdauungstrakt entstehen können (Fehlgärungen im Dickdarm durch zu viel Stärke), äußert sich eine Überversorgung mit Eiweiß in Stoffwechselstörungen, Durchfall, angelaufenen Beinen, verstärkter Wasseraufnahme und damit verbunden häufigem Urinieren (zur Ausscheidung des Harnstoffs). Während Pferde eine überhöhte Eiweißversorgung kurzfristig gut tolerieren können, resultieren länger währende Überversorgungssituationen in einer Überbelastung von Leber und Niere. Ein Eiweißüberschuss in der Ration von über 25 % sollte langfristig vermieden werden. Das Verhältnis von Eiweiß zu Energie (Protein-Energie-Quotient, PEQ) sollte bei Sportpferden bei 5:1 liegen, was mit den üblichen Futtermitteln nur schwer zu realisieren ist. Durch den Einsatz von spät geschnittenem Heu und Pflanzenöl lässt sich der PEQ einer Ration optimieren. Bei hoch tragenden und laktierenden Stuten sowie im Wachstum junger Pferde liegt der PEQ höher, da für die Milchproduktion und den Körpermasseaufbau (Muskulatur) viel Eiweiß benötigt wird. Junge, noch wachsende Reit- und Rennpferde haben einen höheren Eiweißbedarf, tolerieren daher auch Eiweißüberschüsse besser.

Wonach richtet sich der Bedarf an Mineralien?

Der Mineralstoffbedarf eines Pferdes steigt häufig nicht mit dessen Leistung (Ausnahme ist Natrium, das vom schwitzenden Pferd mit seinem Schweiß und daher vermehrt bei hoher Leistung ausgeschieden wird). Jedes Pferd hat abhängig vom Gewicht einen Grunderhaltungsbedarf. Bei tragenden und säugenden Stuten sowie Fohlen im Wachstum kann der Bedarf an bestimmten Nährstoffen bis auf das Doppelte ansteigen. Der Mineralstoffbedarf der Ration muss stets ausgeglichen sein, wobei das Verhältnis bestimmter Mineralstoffe zueinander (beispielsweise Kalzium und Phosphor) noch wichtiger ist als die absoluten Werte der Ration. Das Verhältnis von Kalzium zu Phosphor sollte beispielsweise immer zwischen 1,5–2:1 liegen, da dieses Verhältnis dem der Knochen des Pferdes ähnelt. Hinsichtlich der Mineralstoffversorgung gilt außerdem in weiten Teilen das Liebig'sche „Gesetz des Minimums“, nach dem sich die Nährstoffversorgung im Körper immer am Minimum bzw. hier an dem am wenigsten vorhandenen Mineralstoff orientiert. Die

Über- oder Unterversorgung eines einzigen Mineralstoffs (oder Vitamins) kann durch die verschiedenen Wechselwirkungen schwerwiegende Folgen für den gesamten Organismus mit sich führen. Eine Überversorgung mit Vitamin D3 zum Beispiel „täuscht" im Körper Kalziummangel vor, sodass der Organismus mit dem Kalziumabbau aus den Knochen beginnt. Verkalkung der Weichteile und Knochenbrüchigkeit sind hier die Folge. Eine Blutuntersuchung gibt nicht immer verlässlich Auskunft über die tatsächliche Mineralstoffversorgung des Pferdes. Ein hoher Kalziumgehalt des Pferdes im Blut kann beispielsweise die Folge einer tatsächlichen Unterversorgung sein, die der Körper durch Kalziumabbau aus den Knochen auszugleichen versucht. Es ist daher unumgänglich, die Nährstoffversorgung über die Ration möglichst zu optimieren.

Welche Mineralstoffe gibt es in der Pferdefütterung und wie werden sie unterschieden?

In der Pferdefütterung werden die Mengen- und die Spurenelemente unterschieden. Mengenelemente kommen im Körper in größeren Mengen vor, Spurenelemente dagegen nur in geringen Spuren. Die wichtigsten Mengenelemente sind Kalzium, Phosphor, Magnesium, Natrium, Kalium, Chlorid und Schwefel. Die wichtigsten Spurenelemente sind Eisen, Kupfer, Cobalt, Jod, Mangan, Zink, Selen (besonders in Gegenden mit selenarmen Böden von Bedeutung), Molybdän, Fluor, Chrom und Nickel.

Wie werden passende Rationen für Pferde berechnet und beurteilt?

Bei der Berechnung von Futterrationen werden die Angaben für die Inhaltsstoffe eines Futtermittels mit den Angaben für die täglich verabreichte Futtermenge verrechnet und die ermittelten Werte mit den Bedarfswerten des Pferdes verglichen. Nach der Berechnung einer Ration muss sie anhand verschiedener Gesichtspunkte beurteilt und gegebenenfalls angepasst werden. Die Beurteilung erfolgt in folgenden Schritten:

1. Ist die berechnete Trockensubstanz realistisch und sättigend?
2. Werden die arttypischen Bedürfnisse des Pferdes mit der Ration befriedigt?
3. Ist die Energie- und Eiweißversorgung bedarfsdeckend, stimmt der PEQ?
4. Ist die Mineralstoffversorgung ausreichend, stimmt das Ca:P-Verhältnis?

Was muss bei der Rationsberechnung berücksichtigt werden, wenn die Pferde zusätzlich auf die Weide gehen?

Wenn Pferde zusätzlich zur Stallhaltung mehrere Stunden täglich auf die Weide gehen, muss dies bei der Rationsberechnung berücksichtigt werden. Entscheidender Faktor ist dabei die Qualität der Weide und der Vegetationszeitpunkt. Im Frühjahr zu Beginn der Weidesaison ist der Bewuchs der Weide häufig üppig und die Nährstoffgehalte hoch. Je später im Jahr, desto weniger Bewuchs ist auf den Weiden vorhanden und desto geringer sind die Nährstoffgehalte im Gras. Geht man von mehrstündigem Weidegang auf intensiv bewirtschafteten und gut bewachsenen Weiden aus, so wirkt sich dies erheblich auf die Rationsgestaltung aus. Anders sieht es aus bei den „üblichen" schnell abgefressenen Weideflächen für Pensionspferde aus, die mehr der Bewegung als der tatsächlichen Fütterung dienen. Für die Berücksichtigung in der Rationsberechnung kann von einer Grasaufnahme von 1 % des Körpergewichtes pro Stunde ausgegangen werden, wobei sich die tatsächliche Futteraufnahme je nach Weide (Aufwuchs, botanische Zusammensetzung, Vegetationszeitpunkt) und Pferdetyp (Ponys und Robustrassen nehmen in gleicher Zeit mehr Gras auf als z. B. Vollblüter) unterscheiden kann.

Wie unterscheidet sich die Fütterung von Zuchtpferden, Aufzuchtpferden und Sportpferden?

Die Fütterung der genannten Pferdegruppen muss an den unterschiedlichen Bedarf der Pferde bezüglich der Mineral- und Nährstoffe angepasst werden. Je nachdem, ob sich das Pferd im Wachstum befindet, hochträchtig ist, ein Fohlen mit Milch versorgen muss oder sportliche Höchstleistungen erbringen soll, hat es unterschiedliche Ansprüche an seine Versorgung. Die jeweiligen Bedarfswerte können in Bedarfstabellen nachgelesen und die Ration entsprechend angepasst werden.

Was sollte bei der Fütterung einer aktiven Zuchtstute beachtet werden?

Bei der aktiven Zuchtstute gilt es hinsichtlich der Fütterung verschiedene Phasen zu unterscheiden. In den ersten beiden Dritteln der Trächtigkeit ist die Stute „nieder tragend", im letzten Drittel „hoch tragend" und nach der Geburt laktierend (milchgebend). In der ersten Phase (Niederträchtigkeit) müssen keine besonderen Punkte für die Rationsgestaltung beachtet werden und die Stute kann zur Deckung ihres Erhaltungsbedarfes gefüttert werden (anders sieht es jedoch aus, wenn die Stute gleichzeitig ein Fohlen bei Fuß führt, das sie mit Milch versorgen muss). In der Hochträchtigkeit muss die Stute etwa 0,25–1,5 kg Kraftfutter zusätzlich zum Erhaltungsbedarf bekommen, da nun das Fohlen am stärksten wächst. Es werden noch keine besonders eiweißreichen Futtermittel benötigt, jedoch steigt der Energiebedarf auf das 1,25- bis 1,4-Fache und der Eiweiß-, Kalzium- und Phosphorbedarf auf das 1,5-Fache des Erhaltungsbedarfs an. Dieser Zusatzbedarf sollte durch das Anpassen der Ration ausgeglichen werden. Eine Überfütterung und damit verbunden eine Verfettung der Stute muss jedoch vermieden werden, um eine komplikationslose Geburt nicht zu gefährden. In der dritten Phase (Laktation) muss die Stute sich selbst ernähren und täglich bis zu 20 l Milch produzieren. Nun braucht sie bis zu 6 kg Kraftfutter zusätzlich und ihr Bedarf an Nähr- und Mineralstoffen steigt bis auf das 3-Fache des Erhaltungsbedarfs an. Für die Milchbildung sollten die verwendeten Futtermittel hochwertiges Eiweiß mit ausreichend essenziellen Aminosäuren enthalten. Geeignete Futtermittel zum Ausgleich des erhöhten Eiweißbedarfes einer Zuchtstute (besonders in den ersten drei Monaten der Laktation) sind hochwertiger

Hafer, Sojaextraktionsschrot, Luzerne(heu) und Gras vor der Blüte bzw. früh geschnittenes Heu.

Was sollte bei der Fütterung von Aufzuchtpferden beachtet werden?

Schon vor dem Absetzen sollten Fohlen daran gewöhnt werden, eigenständig Kraftfutter zu fressen, damit es nicht nach der Trennung von der Mutter zu einem Entwicklungsstillstand kommt. Das Futter für die aufwachsenden Jungpferde sollte ihrem in erster Linie durch ständiges Wachstum und tägliche Zunahme an Körpermasse bestimmten Bedarf angepasst werden und hochwertiges Eiweiß mit einem ausreichenden Anteil essenzieller Aminosäuren enthalten. Der Energiebedarf sollte ebenfalls eingehalten werden, um nicht durch eine Überversorgung Wachstumsstörungen hervorzurufen. Der PEQ sollte bei Absetzern in der Ration zwischen 8–10:1 liegen. Wichtig für die Knochenbildung in der Verknöcherungsphase ist auch das Einhalten des optimalen Ca:P-Verhältnisses von 1,5–2:1. Aufzuchtpferde (Jährlinge und Zweijährige) sollten sowohl im Hinblick auf eine optimale körperliche und geistige Entwicklung wie auch hinsichtlich ihrer fütterungstechnischen Versorgung am besten auf der Weide gehalten werden. Bedarfsangepasste Fütterung mit hochwertigem Kraftfutter sollte im Winter die Heu- oder Silagefütterung ergänzen.

Was sollte bei der Fütterung von Sportpferden beachtet werden?

Bei Sportpferden sollte die erbrachte Leistung, die vor allem in Muskelkraft zu messen ist, zusätzlich zum Erhaltungsbedarf über die Fütterung ausgeglichen werden. Bei gut trainierten Sportpferden, deren Körper weitgehend mit der Entwicklung fertig sind und bei denen auch kein Muskelaufbau (erhöhter Eiweißbedarf) mehr stattfindet, ist es hauptsächlich der Energiebedarf, der mit zunehmender Leistung steigt. Bei leichter Arbeit geht man von einer Bedarfssteigerung von etwa 25 % aus, bei mittlerer Arbeit steigt der Mehrbedarf um bis zu 50 % und bei schwerer Arbeit um bis zu 100 %. Sehr schwere Arbeit erfordert eine Energieversorgung von bis zu 200 % über dem Erhaltungsbedarf. Die Definition der Arbeitsintensität richtet sich nach der tatsächlich geleisteten Arbeit in Strecke, Dauer und Geschwindigkeit. Sportpferde, die sich noch im Wachstum befinden oder bei denen die Muskeln erst noch aufgebaut werden müssen, haben zusätzlich zum erhöhten Energiebedarf noch einen erhöhten Eiweißbedarf für den Aufbau der Muskulatur. Reine Muskelarbeit vom gut trainierten Pferd braucht kein zusätzliches Eiweiß. Der PEQ eines ausgewachsenen und trainierten Sportpferdes liegt bei 5:1. Je schwerer die Arbeit eines Pferdes ist (beispielsweise ein Rennen oder ein Distanzritt von 160 km), desto wichtiger ist die gezielte Nährstoffversorgung für die jeweilige Leistung. Zu viel Raufutter im Darm des Pferdes bringt zu viel totes Gewicht mit, wodurch die Leistung des Pferdes zusätzlich erschwert wird. Es gilt in Phasen der Hochleistung, möglichst hochkonzentriertes Kraftfutter mit einer hohen Nährstoffdichte zu verabreichen. Da diese Fütterung jedoch nicht sehr artgerecht ist und über einen längeren Zeitraum zu ernährungsbedingten Krankheiten führen kann und wird, sollte diese Art der Fütterung des Pferdes, die eng mit seiner Nutzung verbunden ist, streng kontrolliert und außerhalb der Hochleistungsphasen an die arttypischen Bedürfnisse des Pferdes angepasst werden.

Grünland

Weideformen und -pflege

Was sind die wichtigsten Grünlandpflanzen?

Hochwertige, hinsichtlich ihres Futterwertes besonders wertvolle Weidepflanzen sind das Deutsche Weidelgras, das Wiesenrispengras, das Lieschgras, der Wiesenschwingel, das Welsche Weidelgras, der Glatthafer sowie Klee. Häufig auf Grünland zu finden, wenn auch weniger wertvoll, sind Knaulgras, Fuchsschwanz, Rispengras und Kammgras.

Wovon hängt es ab, wie eine Weide genutzt wird?

Die optimale Nutzungsart einer Weide hängt von verschiedenen Faktoren ab. Zum einen ist es entscheidend, wie viele Pferde im Betrieb und auf dem vorhandenen Grünland über welchen Zeitraum gehalten werden sollen. Wichtig ist auch, ob die Grünlandflächen des Betriebes außer zur Beweidung auch noch zur Winterfutterproduktion (Heu oder Silage) genutzt werden sollen. Ebenfalls kommt es darauf an, ob das weidende Pferd zusätzlich zum Beispiel im Stall mit Kraftfutter und Raufutter versorgt wird (wie beispielsweise ein Sportpferd, das nur stundenweise auf Gras steht und ansonsten in der Box versorgt wird) oder ob es sich ausschließlich vom Gras ernährt (wie z. B. Aufzuchtpferde). Für die Pflege und Erhaltung einer qualitativ hochwertigen Grasnarbe gilt unabhängig von der Nutzung der Grundsatz: kurze Fresszeit, lange Weideruhe. Um diesen Grundsatz erfüllen zu können, werden jedoch relativ viele Koppeln benötigt.

Was ist eine Standweide?

Die Standweide ist die einfachste Art, eine Weide zu führen, da alle Pferde auf eine ausreichend große Weidefläche gebracht und die gesamte Weidezeit über dort gelassen werden. Die Fläche muss sehr groß sein und für alle Pferde ausreichend Futter bieten. Da diese Form der Weideführung meist extensiv ist, ist die benötigte Düngermenge gering. Da Pferde selektive Pflanzenfresser sind und gleichzeitig das Futterangebot über die Vegetationszeit hinweg sehr unterschiedlich ist, müssen die Tiere über die gesamte Zeit sehr genau hinsichtlich ihres Ernährungszustandes beobachtet werden. Die Weidepflege ist hier besonders gut zu planen, da die Pferde stets auf der Fläche verbleiben. Giftige Pflanzen sowie schnell wachsende Unkräuter sollten regelmäßig entfernt werden.

Was ist eine Umtriebsweide?

Bei der Umtriebsweide beweiden die Tiere phasenweise unterschiedliche Weideparzellen. Dabei gilt stets der Grundsatz: kurze Fresszeit, lange Weideruhe, wobei Weideruhe ca. drei bis vier Wochen „Pferdefreiheit" zum ausreichenden Nachwachsen der Grasnarbe bedeutet. Bei Umtriebsweiden, die meist wesentlich kleiner sind als Standweiden, ist der hohe Flächenbedarf eines Pferdes zu berücksichtigen. Die Weidefläche einer Umtriebsweide muss besonders bei größeren Pferdegruppen deren Laufbedürfnis angepasst werden. Dünge- und Pflegemaßnahmen können auf Umtriebsweiden nach der Beweidung durchgeführt werden.

Was ist eine Portionsweide?

Bei einer Portionsweide wird die Weidefläche sehr intensiv genutzt. Die Pferde bekommen täglich einen neuen Streifen Futter durch Weiterstecken eines mobilen Zauns zugeteilt. Wichtig ist auch hier die ausreichende Größe des ersten Weidestücks, um den Pferden ihr Raumbedürfnis zu erfüllen. Durch die Portionierung wird die Weide sehr sauber abgefressen und kann daher optimal ausgenutzt werden. Das Weiterstecken des Zauns erfordert jedoch einen relativ hohen Arbeitsaufwand und die elektrische Spannung des Portionszauns sollte sehr hoch sein, damit die Pferde ihn nicht umtreten können.

Welche Vor- und Nachteile haben die unterschiedlichen Weidetypen?

Der Vorteil der Standweide ist eindeutig der geringe Arbeits- und Düngeaufwand, der mit diesem Haltungssystem verbunden ist. Ein großer Nachteil ist der hohe Flächenbedarf und die aufwendige Weidepflege der ausschließlich durch die Pferde und ihr selektives Fressverhalten gestalteten Flächen. Die Vorteile der Umtriebsweide liegen in der sehr einfachen Pflege nach dem Abweiden durch die Pferde. Da dieses Weidesystem kaum Nachteile hat, hat es sich in der praktischen Pferdehaltung weitgehend durchgesetzt. Die Vorteile der Portionsweide sind in erster Linie im intensiven Ausnutzen der gesamten Weidefläche zu sehen, da die Pferde die zugeteilten Stücke meist sehr sauber abfressen und durch das verhältnismäßig knappe Futterangebot weniger selektieren. Nachteilig ist sicherlich der hohe Arbeitsaufwand hinsichtlich des Portionierzauns, der täglich weitergesteckt und sehr gründlich kontrolliert werden muss.

Welche Weidepflegemaßnahmen sind notwendig?

Ein guter Weidepflegeplan richtet sich immer nach dem Vorhandensein der verschiedenen Flächen und ist daher individuell für jeden Betrieb zu gestalten. Dennoch gibt es bestimmte Weidepflegemaßnahmen, die für jede Weide zu bestimmten Jahres- und Nutzungszeiten durchgeführt werden sollten. So können zum Beispiel die Wintermonate und das zeitige Frühjahr dafür genutzt werden, um die Weide möglichst gut auf die nächste Saison vorzubereiten. Während dieser „pferdefreien" Zeit können Zäune kontrolliert und repariert, Weiden nachgemäht

(Herbst) und geschleppt oder gewalzt (Frühjahr) werden. Das Schleppen der Weide gleicht Bodenunebenheiten (Trittspuren, Maulwurfshügel, Grasreste) aus und belüftet die Grasnarbe. Das Ausmähen ist wichtig, um die Grasnarbe zu verjüngen und um die stark bewachsenen Geilstellen einzudämmen. Wichtig ist, das hier entstandene Schnittgut von der Weide zu entfernen. Das Ausmähen der Weide ist auch nach einem Umtrieb in der Vegetationsperiode zu empfehlen, damit sich die Grasnarbe schnell verjüngen und Unkräuter sich nicht so schnell ausbreiten können. Im Zusammenhang mit der optimalen Weidepflege ist auch ein angepasster Düngeplan von großer Bedeutung.

Was versteht man unter Photosynthese

Photosynthese ist die Umwandlung von Lichtenergie in chemische Energie, die dazu genutzt wird, das in der Luft und im Wasser vorhandene Kohlendioxid organisch in Form von Glukose zu binden. Zu Photosynthese sind nur höhere Pflanzen befähigt. Für die Weidepflanzen bedeutet dies, dass sie nur dann ausreichend Masse aufbauen und wachsen können, wenn sie genug Licht und Luft sowie Kohlendioxid und die optimale Temperatur zum Wachsen zur Verfügung haben.

Düngung

Warum ist die Düngung einer Weide erforderlich?

Eine Weide bzw. Wiese oder Mähweide muss gedüngt werden, da ihr durch die Nutzung und Abfuhr des Grases durch Mähen oder Abweiden die Nährstoffe entzogen werden. Dieser Nährstoffentzug sollte durch regelmäßiges Düngen ausgeglichen werden, um eine gleichbleibende Qualität der Weide langfristig zu gewährleisten.

Welche Nährstoffe brauchen die Pflanzen zum Leben?

Pflanzen brauchen verschiedene Nährstoffe, um optimal wachsen zu können und so als hervorragendes Pferdefutter zu dienen. Folgende Nährstoffe sollten verfügbar sein und gegebenenfalls über die Düngung dem Boden zugeführt werden: Kalk ($CaCO_3$), Phosphor (P_2O_5), Kalium (K_2O) sowie Magnesium (MgO) und Stickstoff (N).

Warum muss eine Weide regelmäßig mit Kalk ($CaCO_3$) versorgt werden

Die Kalkversorgung bzw. der Säuregrad (pH-Wert) beeinflusst maßgeblich die Pflanzenverfügbarkeit der Nährstoffe im Boden. Kalzium ist zudem ein wichtiges Bau- und Funktionselement der Pflanzen. Durch Verbesserung der Krümelstruktur können auch die Bodenlebewesen vom Kalk profitieren. Je nach Ertragspotenzial und botanischer Zusammensetzung des Grünlandes schwankt der Kalziumentzug zwischen 60 und 150 kg $CaCO_3$/ha und Jahr. Der obere Wert wird dabei von ertragreichen Grünlandbeständen mit hohem Klee- und Kräuteranteil erreicht. Bei Grünland kann mit einem mittleren Entzug von 100–120 kg $CaCO_3$/ha und

Jahr gerechnet werden, der durch das Kalken der Weiden ausgeglichen werden muss, um die Pflanzenverfügbarkeit aller Nährstoffe zu erhalten.

Wie oft sollte man eine Weide mit Phosphor, Kali und Magnesium düngen

Hinsichtlich der Nährstoffe Phosphor, Kali und Magnesium ist es sinnvoll, vor der Düngung eine Bodenuntersuchung durchzuführen und das Ergebnis in die Düngebedarfsermittlung mit einzubeziehen. Die Phosphat- und Kaligehalte im Boden sind kurzfristig kaum veränderbar und variieren jahreszeitlich nur wenig. Die Mengenberechnung beruht auf dem Prinzip der Kalkulation und Ergänzung der Nährstoffabfuhr und des Verbrauchs. Die Abfuhr beträgt pro Schnitt als grobe Faustzahl auf mittelgutem Standort und durchschnittlichem Wiesentyp: Phosphor 25 kg/ha, Kali 60 kg/ha und Magnesium 10 kg/ha. Eine überhöhte Nährstoffversorgung an Phosphat trägt nicht zu einer Verbesserung der Phosphatgehalte im Futter bei. Diese werden (sofern keine niedrige Phosphatversorgung des Bodens vorliegt) ausschließlich von der rechtzeitigen Nutzung und dem Pflanzenbestand beeinflusst. Im Falle des Kaliums führt eine überhöhte Nährstoffversorgung zu Luxuskonsum der Grünlandpflanzen, was insbesondere bei kräuter- und weidelgrasreichen Pflanzenbeständen zum Problem werden kann. Ein sehr hohes Kaliangebot behindert zudem die Aufnahme von Magnesium und Natrium in die Pflanzen. Als Folge einer unausgewogenen Mineralstoffversorgung können sich negative Auswirkungen auf die Tiergesundheit ergeben. Um diesem entgegenzuwirken, sind einzelne Kaligaben auf maximal 100–150 kg K_2O/ha zu beschränken.

Warum braucht eine Weide Stickstoff?

Stickstoff (N) gehört zu den wichtigsten Pflanzenbausteinen, da er am Aufbau von Eiweiß und Blattgrün beteiligt ist und daher alle pflanzlichen Stoffwechselvorgänge beeinflusst. Es ist daher der Nährstoff mit den größten Ertrags- und Qualitätseinflüssen. Weit stärker als bei anderen Nährstoffen bewirkt sowohl ein Zuwenig mit Mindererträgen und Qualitätseinbußen als auch ein Zuviel mit Belastung des Grundwassers und Verkümmerung der Grasartenvielfalt wirtschaftliche Nachteile.

Wie viel Stickstoff braucht eine Weide und wie wird der Bedarf ermittelt?

Die Höhe des gesamten Stickstoff-Düngebedarfs berechnet sich aus dem standorttypischen Stickstoffverbrauch (Abfuhr) abzüglich der standortabhängigen natürlich vorhandenen Stickstoffnachlieferung aus dem Boden, der als N_{min}-Gehalt (Gehalt an mineralischem Stickstoff im Boden) bezeichnet wird. Der N-Düngebedarf lässt sich mit folgendem Ansatz berechnen: N-Düngebedarf = Abfuhr – N_{min}-Gehalt im Boden. Die Abfuhr (das ist die Stickstoffmenge, die eine Pflanze während der Vegetationsperiode für ein optimales Wachstum benötigt, also der Verbrauch durch die Pflanze) beträgt als grobe Faustzahl für einen durchschnittlichen Wiesentyp 50 kg N/ha und Schnitt. Der N_{min}-Gehalt im Boden zu Vegetationsbeginn kann entweder durch Bodenuntersuchungen direkt ermittelt oder durch Untersuchungsergebnisse vergleichbarer Standorte herangezogen werden. Die Höhe der Nachlieferung ergibt sich auf Grünland aus dem Humus- sowie Kleeanteil. Die Kleewurzeln können mit den sogenannten Knöllchenbakterien eine Symbiose bilden, die es ermöglicht, den Stickstoff aus der Luft in pflanzenverfügbaren mineralischen Stickstoff umzusetzen.

Wann muss wie viel Stickstoff gedüngt werden?

Stickstoff wird von den Pflanzen sehr schnell aufgenommen oder durch Regen ausgewaschen und kann daher nicht auf Vorrat gedüngt werden. Um die Versorgung der Pflanze über die gesamte Vegetationszeit gewährleisten zu können, ist es unumgänglich, die erforderliche Stickstoffmenge auf mehrere kleine Gaben zu verteilen. Die erste Stickstoffgabe sollte vor Vegetationsbeginn im März/April erfolgen. Meistens blüht es draußen zu dieser Zeit durch Forsythien und Huflattich gelb. Weitere Stickstoffgaben sind jeweils nach der Nutzung (Beweidung oder Heuernte) sinnvoll. Viele Grünlandpflanzen neigen bei einem hohen Stickstoffangebot zu Luxuskonsum. Dadurch können die Rohproteingehalte im Gras so stark ansteigen, dass die Rationsgestaltung erschwert und die Tiergesundheit beeinträchtigt werden kann. Bei sehr stark humosen Standorten sind 50 kg N/ha und bei anmoorigen Böden bzw. Moorböden 80 kg N/ha als gesamte N-Nachlieferung anzusetzen.

Was sind die Gehaltsklassen einer Weide und was bedeutet das für die Düngung?

Mittels Bodenuntersuchung wird die Weidefläche einer sogenannten Gehaltsklasse zugeordnet, die der besseren Übersicht der notwendigen Düngemengen für Phospat, Kali und Magnesium auf Grünland dient. Die anzustrebende Gehaltsklasse C ist ausreichend, um das Ertragspotenzial eines Standortes optimal ausnutzen zu können. Sie ist so bemessen, dass auch unter ungünstigen Standortbedingungen die Pflanze ausreichend mit Nährstoffen versorgt ist. Bei einem solchen Boden muss nur so viel gedüngt werden, wie Abfuhr anzusetzen ist. So wird eine Abnahme oder Anreicherung von Nährstoffen im Boden vermieden. Die Gehaltsklassen A (sehr niedrig) und B (niedrig) deuten auf eine Unterversorgung des Bodens mit dem jeweiligen Nährstoff hin, wohingegen D (hoch), E (sehr hoch) und F (extrem hoch) für eine Überversorgung stehen. Je nach Gehaltsklasse muss demnach mehr als der Entzug (A und B) oder weniger (D) bis gar nicht (E) gedüngt werden. Bei Gehaltsklasse F müssen sogar Maßnahmen gegen eine Überversorgung getroffen werden, um die Qualität des Grünlands zu erhalten.

Zaunbau

Was ist bei der Verwendung eines Elektrozaunes zu berücksichtigen?

Bei der Installation eines Elektrozauns werden Holz-, Metall- oder Kunststoffpfähle im Boden fixiert und zwischen den Pfählen ein Elektrozaun gespannt. Der Elektrozaun kann aus verschiedenen Materialien bestehen. Hier können entweder ein einfacher Draht, eine schmale Litze, ein gedrehtes Seil oder ein Breitbandzaun in die engere Auswahl kommen. Eine pauschale Empfehlung für „den richtigen" Zaun gibt es nicht, wichtig ist bei der Variante Stromzaun jedoch in jedem Fall der Stromlieferant und die Leitfähigkeit des Materials. Bei dieser Zaunvariante sind für die Gewährleistung ausreichender Sicherheit die tägliche Kontrolle des gesamten Zauns sowie die Überprüfung der vorhandenen Spannung obligatorisch. Ein Pferdezaun sollte eine Mindestspannung von 2000 Volt aufweisen, um als „hütesicher" zu gelten, sicherer sind jedoch Spannungen zwischen 3000 und 4000 Volt.

Was ist bei der Gestaltung eines Weidezaunes generell zu berücksichtigen?

Von Holz über Gummiriemen bis hin zu verschiedensten Elektrozäunen ist die Auswahl möglicher Pferdezäune groß. Unabhängig vom Material sollte der Zaun das Pferd beeindrucken, gut sichtbar sein und sicher begrenzen. Dies kann bei fachgerechter Anwendung mit einem spannungsgeladenen Elektroband genauso gut gelingen wie mit dem dreistöckigen Holzzaun. Meist schön anzusehen und als fixe Einzäunung sehr beliebt ist der traditionelle Weidezaun aus Holz. Um eine möglichst lange Haltbarkeit zu gewährleisten, müssen die im Boden fixierten Pfähle sowie die Querlatten aus einem besonders widerstandsfähigen Holz bestehen und für eine optimale Wetterbeständigkeit zusätzlich imprägniert werden. Durch feuchtes Klima wird der organische Baustoff Holz mit der Zeit verwittern und morsch. Ein derart angegriffener Weidezaun kann keinen ausreichenden Schutz mehr bieten und gefährdet die Sicherheit von Mensch und Tier, wenn die Pferde ausbrechen und beispielsweise eine befahrene Straße erreichen. Ein Holzzaun muss demzufolge regelmäßig kontrolliert und früh genug ausgebessert werden. Da besonders Pferde Holzzäune gerne anfressen und dies die Haltbarkeit und damit verbunden auch die Sicherheit des Zaunes gefährden würde, sollte zusätzlich vor den Querbalken ein Strom führender Draht gespannt werden, der über eine Batterie mit Strom versorgt werden kann und das Pferd nachhaltig am Holzknabbern hindert.

Parasiten

Ektoparasiten

Welches sind die wichtigsten Ektoparasiten des Pferdes?

Zu den wichtigsten, da häufigsten Ektoparasiten des Pferdes gehören zahlreiche Milbenarten wie die Haarbalgmilbe, die Grabmilbe, die Saugmilbe, die Schuppenmilbe und die Grasmilbe. Außerdem kann das Pferd durch Haarlinge, Läuse, Zecken sowie weitere Mücken- und Fliegenarten belästigt werden. Der Befall mit einem Ektoparasiten ist meist mit einer Sekundärinfektion durch Bakterien verbunden, sodass eine schmierige und oft eitrige Entzündung der Haut und Unterhaut entstehen kann.

Wie kann der Befall mit Ektoparasiten behandelt und vermieden werden?

Vor dem Befall durch Ektoparasiten kann ein Pferd nicht gänzlich geschützt werden, da zahlreiche Ektoparasitenarten in der freien Natur vorkommen (wie beispielsweise Zecken). Gute Haut- und Fellpflege sowie Hygiene im Stall und bei den Ausrüstungsgegenständen beugt jedoch dem Befall und damit verbundenen Sekundärinfektionen vor. Ist ein Pferd befallen, so helfen bestimmte Medikamente gegen den jeweiligen Parasiten.

Endoparasiten

Welches sind die wichtigsten Endoparasiten des Pferdes?

Die wichtigsten, weil schädlichsten Endoparasiten des Pferdes sind die großen Blut- oder Palisadenwürmer (*Strongylus vulgaris*), die kleinen Strongyliden (Strongylinae und Trichonematinae), die Spulwürmer (*Parascaris equorum*), die Bandwürmer (*Anoplocephala perfoliata*), die Pfriemenschwänze (*Oxyuris equi*), die Magendasseln (*Gasterophilus intestinalis*), die Lungenwürmer (*Dictyocaulus arnifieldi*) und die Zwergfadenwürmer (*Strongyloides westeri*).

Welche Parasiten befallen vor allem Jungpferde und Fohlen und wie verlaufen ihre Entwicklungszyklen?

Die in Tab. 13 dargestellten Endoparasiten befallen vor allem Jungpferde und Fohlen.

Tab. 13 Entwicklungszyklen und Schadwirkungen der Endoparasiten von Jungpferden und Fohlen

Name	Strongyloides westeri Zwergfadenwurm (Strongyloiden)	Parascaris equorum Spulwurm (Ascariden)
Betroffene Pferde	vor allem Fohlen, ältere Pferde häufig nur stille Ausscheider	Hauptparasit der Fohlen und Jährlinge
Aussehen	8–9 mm lange, sehr dünne Würmer	15–50 cm lange, gelbe, bleistiftdicke Würmer
Sitz	Schleimhaut des vorderen Dünndarmes	Larven: Körperwanderung, Erwachsene Würmer: Dünndarm
Schäden	Husten, Lungenentzündung, Durchfälle (meist zeitgleich mit Fohlenrosse)	Transport über Blut und Lymphe zur Leber, Lunge, Luftröhre (Husten), Magen, Darm (Darmentzündungen); Blutungen in den Bohrgängen; bei starkem Befall Darmverschluss, Ruptur der Darmwand
Entwicklungs zyklus	Eiablage im Dünndarm, Eiausscheidung über Kot	Eiablage im Dünndarm, Eiausscheidung über Kot
	Sehr schnelle Entwicklung über verschiedene Larvenstadien zu infektionsfähigen Larven	Nach 8–15 Tagen Entwicklung der infektionsfähigen Larven in den Eiern
	Aufnahme Perkutan (über die Haut) oder über das Maul (Fohlen nehmen die Larven häufig direkt mit der Muttermilch auf)	Abschlucken der Eier, Schlüpfen der Larven im Darm, Larven bohren sich durch die Darmwand und wandern über o. g. Weg bis in die Lunge
	Larven wandern durch die Magen- und Darmwand bzw. durch die Haut in die Blut- und Lymphgefäße und dann in die Lunge	Weiterentwicklung in der Lunge, über Luftröhre (Abhusten) ins Maul, über Abschlucken in den Magen und dann Dünndarm
	In der Lunge werden sie hochgehustet und gelangen über das Abschlucken in den Magen-Darm-Trakt.	Nach 6–12 Wochen beginnen reife Würmer im Dünndarm mit der Eiablage
	Entwicklung während der Wanderung zu geschlechtsreifen Würmern, Eiablage im Dünndarm (9 Tage nach Infektion)	
Ansteckung	Fohlen stecken sich nach der Geburt über die Muttermilch und über die Haut an	Aufnahme der infektionsfähigen Larven in den Eiern über das Futter
Bekämpfung/ Vorbeuge	Entwurmung der Mutterstute vor und direkt nach der Geburt (Ivermectin)	Regelmäßige Entwurmung von Fohlen und Jährlingen nach genauem Plan
	Entwurmung der Fohlen am 7. Tag	Tägl. Kotentfernung, Desinfektion

Welche Endoparasiten können alle Pferde befallen und wie verlaufen deren Entwicklungszyklen?

Die in der Tab. 14 dargestellten Endoparasiten befallen alle Pferde.

Tab. 14 Entwicklungszyklen und Schadwirkungen der Endoparasiten die alle Pferde befallen

Name	Strongylus vulgaris Blutwurm/ Palisadenwurm	Strongylinae kleine Strongyliden	Oxyuris equi Pfriemenschwanz (Oxyuren)
Betroffene Pferde	Alle	Alle	Besonders im Stall gehaltene und ältere Pferde sind betroffen
Aussehen	Rotbraune Rundwürmer 1,7 (männl.), 2,5 cm (weibl.)	4–26 mm lange weiße Würmer	Helle Würmer, pfriemenartiges Ende; 0,9–1,9 cm (männl.), 4–18 cm (weibl.)
Sitz	Larven: Gefäßwände der Darmarterie Erwachsene: Dickdarm	Blind- und Dickdarm	Blind- und Dickdarm
Schäden	Schwere Gefäßschäden	Verletzungen der Darmschleimhaut Darmentzündungen und Darmblutungen	Schädigung der Dickdarm-schleimhaut
	Verstopfen der Blutgefäße		Schleimhautentzündung
	Absterben v. Darm-abschnitten		Geschwürbildung
	Koliken, Leberschäden		Koliksymptome
	Entstehung von Blutstau, Thromben und Gefäßaus-weitungen		Juckreiz am After durch Eischnüre, haarlose Stellen, Hautekzeme
Entwick-lungszyklus	Eiablage im Dickdarm	Eiablage im Dickdarm, Eiausscheidung über Kot	Eiablage in der Analgegend, tausende Eier in zähklebriger Flüssigkeit
	Eiausscheidung über Kot, nach 5–8 Tagen verlassen Larven den Kot	Nach 6–7 Tagen wer-den Larven infektions-fähig (2 Häutungen)	Rückkehr der Weibchen in Dick-darm
	Larven klettern an den Grashalmen empor, wenn die Gräser vom Tau feucht sind	Aufnahme durch Bele-cken oder Grasen, Lar-ven kriechen an feuch-ten Grashalmen und Stallwänden empor	Heranreifen der Larve im Ei, nach einer Woche fällt infekti-onsfähige Larve mit Eihülle in Einstreu
	Dringen über Darm in die Schleimhaut und die Arterien, bewegen sich gegen Blutstrom richtung Aorta	Reifung der Larven in der Darmschleimhaut (Knötchen) zu geschlechtsreifen Wür-mern (6–12 Wochen)	Aufnahme der Larven durch die Pferde, Eindringen in die Darm-schleimhaut

Tab. 14 Entwicklungszyklen und Schadwirkungen der Endoparasiten die alle Pferde befallen (Fortsetzung)

Name	Strongylus vulgaris Blutwurm/ Palisadenwurm	Strongylinae kleine Strongyliden	Oxyuris equi Pfriemenschwanz (Oxyuren)
	Zurückwanderung in die Arterien der Darmwand	Paarung im Darm	Weiterentwicklung in der Darmschleimhaut nach 4–5 Monaten zu geschlechtsreifen Würmern
	Geschlechtsreif Ansiedlung im Dickdarm, Paarung, Eiablage		Männchen sterben nach Paarung und Weibchen nach Eiablage im Enddarm
Ansteckung	Aufnahme der Larven über das Futter Larven überwintern auf Weide und an Boxenwänden	Aufnahme der Larven über das Futter Larven können monatelang überleben und überwintern	Aufnahme der Eier/Larven über das Futter vom Boxenboden
Bekämpfung/ Vorbeuge	Trockene Boxen, Weidegang nach Morgentau	Boxen- und Weidehygiene, Weidewechsel, Abäppeln	Entwurmung mit geeigneten Präparaten, tägl. Reiniung der Boxen
	Wurmkur	Wurmkur	Abwaschen der Eischnüre

Welche weiteren, hinsichtlich Entwicklungszyklus und Vorkommen besonderen Endoparasiten können die Pferde befallen und wie verlaufen ihre Entwicklungszyklen?

Die in der Tab. 15 dargestellten Endoparasiten haben besondere Entwicklungs- und Übertragungswege und können alle Pferde befallen.

Tab. 15 Entwicklungszyklen und Schadwirkungen der Endoparasiten, die alle Pferde befallen und besondere Entwicklungs- und Übertragungswege haben.

Name	Gasterophilus intestinalis Magendassel(larve), kein Wurm sondern Insekt	Anoplocephala perfoliata Bandwurm	Dictyocaulus arnifieldi Lungenwurm
Betroffene Pferde	Alle, vor allem Weidepferde, die gelbe Eier im Fell hatten (Juli/ August)	Alle, besonders Weidepferde (feuchte Weiden)	Alle, vor allem in gemeinsamer Haltung mit Eseln
Aussehen	Dassellarve: tonnenförmige Larve, 1,5 cm lang, Dornenreihen am Maul	Fingernagelgroßer, platter Wurm	2,5–7 cm langer, schlanker Wurm
Sitz	Maulschleimhaut, Zunge, Gaumen, Magen, Magenschleimhaut	Dünndarm	Lunge

Tab. 15 Entwicklungszyklen und Schadwirkungen der Endoparasiten, die alle Pferde befallen und besondere Entwicklungs- und Übertragungswege haben. (Fortsetzung)

Name	Gasterophilus intestinalis Magendassel(larve), kein Wurm sondern Insekt	Anoplocephala perfoliata Bandwurm	Dictyocaulus arnifieldi Lungenwurm
Schäden	Gaumenschwellung	Darmentzündungen zwischen Hüft- und Blinddarm	Vermehrte Schleimproduktion
	Kau- und Schluckbeschwerden		Verdickte Bronchialschleimhäute
	Magenschleimhautentzündung	Abmagerung	Anhaltender trockener Husten
	Magengeschwüre	Verdauungsstörungen, Kolik, Durchfall	Atemnot, Nasenausfluss
	Im schlimmsten Fall Magendurchbruch und Bauchfellentzündung		Lungenentzündungen durch Sekundärinfektionen
Entwicklungs zyklus	Eiablage durch die Dasselfliege im Fell des Pferdes	Eiablage im Dünndarm	Eiablage in den Atemwegen
	Ablecken der aus den Eiern an den Beinen geschlüpften Larven (Larve I) durch das Pferd	Eiausscheidung über Kot	Abschlucken der Eier nachdem sie hochgehustet wurden
	Larven gelangen in die Maulhöhle, bohren sich in Zunge und verweilen für 3–4 Wochen	Aufnahme der Eier und bereits geschlüpfter Larven durch die Moosmilbe (Zwischenwirt)	Eiausscheidung über Kot, Entwicklung zu infektionsfähigen Larven in 3–4 Tagen
	Nach dieser Reifungsphase gelangt die gehäutete Larve II in den Magen, bohrt sich in die Magenschleimhaut und entwickelt sich weiter zu Larve III	In der Moosmibe Weiterentwicklung zur Cysticercoid-Larve	Aufnahme der Larven beim Weidegang über das Maul
	Nach 8–10 Monaten Aufenthalt im Magen wird Larve III mit Kot ausgeschieden, Verpuppung im Boden,	Aufnahme der Larven über das mit Moosmilben behaftete Weidegras (Moosmilben werden mit Gras gefressen)	Larven erreichen über Blutbahn die Lunge, wo sie sich durch das Gewebe bohren und die kleinen Bronchien erreichen
	Puppenruhe von 3–4 Wochen, Eiablage, Absterben der Fliegen nach 3 Wochen	Entwicklung zu ausgewachsenen Bandwürmern im Dünndarm des Pferdes	32–42 Tage nach der Infektion sind Lungenwürmer geschlechtsreif und beginnen mit erneuter Eiablage

Tab. 15 Entwicklungszyklen und Schadwirkungen der Endoparasiten, die alle Pferde befallen und besondere Entwicklungs- und Übertragungswege haben. (Fortsetzung)

Name	Gasterophilus intestinalis Magendassel(larve), kein Wurm sondern Insekt	Anoplocephala perfoliata Bandwurm	Dictyocaulus arnifieldi Lungenwurm
Ansteckung	Aufnahme der Larven über das Belecken des Fells	Aufnahme der Larven über feuchtes Weidegras, das mit Moosmilben behaftet ist	Aufnahme über das Gras bei Gemeinschaftshaltung mit Eseln
Bekämpfung/ Vorbeuge	Wurmkur und damit medikamentöse Abtötung der Larven im Magen	Regelmäßige Wurmkur mit speziellem Präparat (Praziquantel)	Tierärztliche Behandlung mit Antibiotika gegen Sekundärinfekte
	Entfernung der Eier aus dem Fell	Pferdeweiden trocknen (Drainage)	Entwurmung des Bestandes
			Trennung von Eseln und Pferden
			Sperrung der Weiden von infizierten Tieren

Gibt es spezielle Wurmkuren und müssen diese auch gewechselt werden?

Es gibt verschiedene Wirkstoffgruppen bei den Wurmkuren, die zum Teil auch für unterschiedliche Parasiten zum Einsatz kommen. Ein regelmäßiger Wechsel der Präparate ist jedoch in jedem Fall sinnvoll und notwendig, um eine Resistenzentwicklung bei den Würmern weitgehend zu vermeiden. Bei Fohlen und tragenden Stuten sollten manche Präparate nicht zur Anwendung kommen, hier müssen geeignete Alternativen gefunden werden. Bestimmte Würmer (Bandwürmer) reagieren nur auf ein Präparat. Die genauen Anwendungsbereiche und Dosierungen sind den Verpackungen der Entwurmungsmittel zu entnehmen.

Welche Wirkstoffe gibt es in der Wurmbekämpfung?

Folgende Wirkstoffe (Präparate) gibt es für die Wurmbekämpfung: Benzimidazole (Panacur, Rintal, Telmin), hier bestehen häufig Resistenzen gegen kleine Strongyliden; Pyrantel (Banminth, Jernadex), hier bestehen vereinzelt ebenfalls Resistenzen bei kleinen Strongyliden; Praziquantel (in Equimax, Pramox enthalten, auch einzeln erhältlich), wirkt nur gegen Bandwürmer; makrozyklische Laktone wie Ivermectin (Eraquell, Ivomec P, Diapec, Furexell, Equimax) und Moxidectin (Equest, Pramox), hier bestehen erste Resistenzen gegen Spulwürmer, diese Präparate sollten nicht bei Pferden unter 6 Monaten verwendet werden.

Welche Ziele verfolgt die Parasitenbekämpfung?

Die Parasitenbekämpfung verfolgt das Ziel, den Infektionsdruck in einem Betrieb langfristig und nachhaltig zu senken und dadurch die Gesundheit der Pferde zu steigern. Weiterhin sollen parasitenbedingte Verluste (wie sie z. B. durch Koliken entstehen können) vermieden werden.

Wie oft sollte man entwurmen?

Wie oft in einem Betrieb entwurmt wird, hängt von dem Gesamtmanagement des Betriebes und seinem Entwurmungskonzept ab. Während es bisher in den meisten Betrieben üblich ist oder war, viermal im Jahr mit wechselnden Präparaten zu entwurmen, geht man mittlerweile in vielen Betrieben zur selektiven Entwurmung nach Bedarf über. Dieses Verfahren ist nachhaltiger, da es sowohl aus wirtschaftlicher (es müssen nur noch wirklich notwendige Präparate verabreicht werden) als auch aus ökologischer Sicht (das Grundwasser wird durch den Kot der entwurmten Tiere und die hierüber ausgeschiedenen Präparatreste nicht mehr als notwendig verunreinigt) schonender ist, weil die Häufigkeit der durchgeführten Wurmkuren reduziert werden kann. Auch die Gefahr der Resistenzentwicklungen bestimmter Parasiten gegenüber den Präparaten und Wirkstoffen wird durch die selektive Entwurmung geringer. Ein Problem bei diesem Verfahren ist häufig der korrekte Nachweis des Wurmbefalls im Kot.

Wie wird die selektive Entwurmung durchgeführt?

Für die selektive Entwurmung bestimmt der Tierarzt durch eine im gesamten Bestand über mehrere Tage gesammelte Kotprobe die tatsächlich vorhandene Wurmart im Betrieb. Mithilfe eines sogenannten Eierzahlreduktionstestes durch den Tierarzt kann eine wirklich wirksame Wurmkur ermittelt und dann im gesamten Bestand verabreicht werden, wenn ein bestimmter Schwellenwert für die Eizahl im Kot überschritten wurde. Wie hoch der tatsächliche Wurmbefall eines jeden Pferdes ist, lässt sich nur durch regelmäßige Kotuntersuchungen beim Tierarzt feststellen.

Durch welche Weide- und Stallhygienemaßnahmen lässt sich der Infektionsdruck durch Parasiten langfristig senken?

Der Infektionsdruck durch Parasiten lässt sich auf einer Weide durch verschiedene Maßnahmen langfristig senken. Es ist sehr wichtig (besonders relevant auf kleineren und stark frequentierten Weideflächen), den Kot der Pferde in kurzen Abständen regelmäßig und vollständig von den Weideflächen abzusammeln und die für Pferde vorgesehenen Grünlandstücke nicht mit Pferdemist zu düngen. Der Infektionsdruck sinkt außerdem, wenn die Weide nicht bis knapp über der Grasnarbe abgefressen wird, sondern mindestens sechs bis acht cm Gras stehen bleiben. Auch die Wechselbeweidung mit Wiederkäuern kann den Infektionsdruck senken, da beide Tiersorten für die Parasiten des anderen nicht anfällig sind und die gegenseitigen Geilstellen abgefressen werden. Weiterhin reduzieren das regelmäßige Abmähen der Weide nach der Nutzung sowie das Entfernen des Schnittgutes den Infektionsdruck mit Parasiten. In Betrieben mit Fohlen und Jungpferden sollten die Weiden von jungen und alten Pferden getrennt und Fohlen nicht auf Weiden verbracht werden, die im Spätherbst noch stark genutzt wurden. Nach einer Wurmkur sollte die Weide sofort gewechselt werden. Bei stark vermoosten Weiden sind Präparate mit einem Mittel gegen Bandwürmer empfehlenswert, da Bandwürmer die Moosmilbe als Zwischenwirt nutzen und hier besonders häufig zu finden sind. Neue Pferde sollten erst nach einer Quarantänezeit von etwa zwei Wochen auf neue Weideflächen gebracht werden. Vor dem morgendlichen Weidegang von Stallpferden sollte der Tau abgetrocknet sein, damit die Würmer nicht über diesen Weg in das Pferd gelangen können. Die Düngung der Weide mit Kalkstickstoff im Frühjahr kann hier ebenfalls helfen.

Krankheiten

Gesundheitszustand und Notfallversorgung

Welche Informationen zum Gesundheitsstatus des Pferdes liefert der Pferdepass?

Der Pferdepass liefert hauptsächlich Informationen zum Impfstatus des Pferdes. Sollte das Pferd als Schlachttier eingetragen sein, werden alle verabreichten Medikamente ebenfalls in den Pass eingetragen.

Welche Kriterien werden zur Ermittlung des Gesundheitszustandes überprüft?

Um den Gesundheitszustand eines Pferdes zu ermitteln, können verschiedene Merkmale und Kennzeichen herangezogen werden. Zunächst wird durch das Betrachten von Fell und Haut festgestellt, ob bereits hier erste Krankheitsanzeichen sichtbar sind. Die Haare sollten glänzen und die Haut frei von Krankheiten oder Verletzungen sein. Schuppen, Schorf und andere Hautveränderungen geben immer einen Hinweis auf eine Störung. Der Hautfaltentest (wenn eine Hautfalte angehoben wird, sollte sie nicht stehen bleiben, sondern sofort wieder verschwinden) gibt Auskunft darüber, ob das Pferd ggf. ausgetrocknet sein könnte. Die Augen des Pferdes geben ebenfalls Hinweise auf die Gesundheit. Sie sollten klar, lebhaft und ohne Ausfluss oder Verletzungen sein, die Bindehäute sollten rosa und nur leicht feucht sein. Das Ohrenspiel sollte wach und lebhaft sein und sich an der Umwelt orientieren. Die Nüstern sollten ebenfalls frei von Ausfluss und älteren Verklebungen sein. Rücken, Beine, Hufe sollten beim Abtasten unauffällig und nicht überempfindlich reagieren. Verletzungen, Beulen oder Überbeine sind zu notieren. Verklebungen an den Beinen können von Nasenausfluss (vorne) oder Durchfall bzw. Scheidenausfluss (hinten) herrühren und sollten ebenfalls beachtet werden. Schwellungen der Beine oder krustige Veränderungen geben ebenfalls Hinweise auf krankhafte Prozesse. Auch die Geschlechtsteile der Pferde sollten unauffällig und frei von Sekreten sein. Beim Abtasten des Körpers sollten auch immer die Kehlgangslymphknoten abgetastet werden, da eine Schwellung auf eine Infektion hinweisen kann. Im Gang sollte das Pferd lahmfrei und bei der Kontrolle der PAT-Werte ebenfalls unauffällig sein.

Wie kann man Pferdekrankheiten optimal vorbeugen?

Jeder Pferdekrankheit kann durch artgerechte Haltung und optimale Fütterung sowie Bewegung vorgebeugt werden. Infektionskrankheiten können durch optimales Hygienemanagement sowie Schutzimpfungen weitgehend vermieden werden.

Was gehört in eine Stallapotheke und wie oft muss sie aufgefrischt werden?

Was in eine Stallapotheke gehört, kann nicht pauschal gesagt werden, denn je nach Erfahrungsschatz und Vorerkrankungen im Stall schwören die Pferdehalter auf unterschiedlichste Dinge. Dennoch gibt es einige Utensilien und Medikamente, die jede Stallapotheke enthalten sollte. Da Medikamente jedoch ablaufen und Batterien sich leeren, ist eine regelmäßige Überprüfung der Stallapotheke etwa zwei Mal im Jahr sowie jedes Mal nach Verwendung obligatorisch. Wichtige Gegenstände, die in einer Stallapotheke enthalten sein sollten, sind: Telefonnummern des Tierarztes, Fieberthermometer, Hufbearbeitungsmaterial (Messer, Zange, Raspel), eine rostfreie Verbandsschere mit stumpfem Ende, Verbandsmaterialien (sterile Kompressen, Verbandswatte, selbstklebende Bandagen, Gewebeklebeband, Pflaster, Bandagen, Bandagierunterlagen), Medikamente zur Wund- und Verletzungsversorgung (Jodsalbe und -seife, Desinfektionsmittel, Wundsalben, Heparin, Percutin, Kamillosan) Stullmisan gegen Durchfall, Beruhigungsmittel.

Was bedeuten die PAT-Werte?

Die PAT-Werte sind die Werte für Puls, Atmung und Temperatur. Hier gibt es folgende Ruhewerte, die ein gesundes Pferd (Fohlen) aufweisen sollte: Atemzüge: 8–16 (24–30) pro Minute, Puls: 28–44 (ca. 80) Schläge pro Minute, Temperatur: 37,5–38,3 °C (37,5–38,5 °C). Da jedes Pferd einen eigenen Puls-, Atmungs- und Temperaturbereich hat, sollten wenn möglich von jedem Pferd im Normalzustand über eine Woche dessen Werte gemessen und notiert werden.

Wie können die PAT-Werte ermittelt werden?

Der Puls wird durch Betasten einer Arterie mit dem Mittelfinger gemessen. Dabei sollte man nicht den Daumen nehmen, da dieser einen eigenen Puls hat. Besonders geeignet zur Messung des Pulses ist die Arterie unter dem Ganaschenknochen am Unterkiefer. Durch langsames Heruntergleiten am Knochen vom Hals aus kommend kann die pulsierende Blutbahn ertastet werden. Wird sie mit Zeige- und Mittelfinger an den Knochen gedrückt, spürt man den Puls und kann ihn mithilfe einer Uhr in einer Minute zählen (man kann auch 15 oder 30 Sekunden zählen und dann die gezählte Zahl mit vier oder zwei multiplizieren). Die

Atmung ermittelt man am besten durch das Beobachten der Atemzüge im Flankenbereich des Pferdes. Dazu stellt man sich neben die Schulter, beobachtet die Atmung und zählt die Atemzüge. Die Flanken des Pferdes sollten dazu nicht berührt werden, damit das Pferd nicht dadurch beeinflusst die Luft anhält. Die Temperatur kann am besten rektal mithilfe eines Fieberthermometers gemessen werden. Dabei muss darauf geachtet werden, das Thermometer weit hineinzuschieben und leicht an die Darmwand zu drücken. Wichtig ist, dass man das Thermometer nicht im Darm des Pferdes „verliert", was man mithilfe einer am Thermometer befestigten Schnur vermeiden kann.

Welche Notfallversorgung muss beim Pferd durchgeführt werden?

Welche Notfallversorgung beim Pferd durchgeführt werden muss, hängt vom jeweiligen Unfall bzw. der Verletzung ab und sollte im Einzelfall mit dem sofort zu kontaktierenden Tierarzt abgesprochen werden. Unabhängig von der Verletzung sollten alle beteiligten Personen Ruhe bewahren und sich zunächst einen Eindruck von der Situation verschaffen. Zitternde Pferde sollten eingedeckt und ggf. geführt, stark lahmende dagegen gar nicht bewegt werden. Sollte ein Nagel im Huf stecken, sollte er nur dann entfernt werden, wenn die Gefahr des weiteren Eindringens besteht. Eintrittstiefe und -richtung sollten unbedingt markiert und später dem Tierarzt mitgeteilt werden. Wenn der Nagel entfernt wird, sollte er aufgehoben und der Huf zum Schutz verbunden werden. Weiterhin sollte man die PAT-Werte ermitteln und keine Medikamente verabreichen, um die Situation nicht zu verfälschen. Verbände sollten ebenfalls ohne Salben oder Medikamente angelegt und Wunden weder gereinigt noch versorgt werden.

Wie sollte eine Wundverletzung richtig behandelt werden?

Wie eine Wundverletzung bestenfalls versorgt werden sollte, hängt stets von der Art der Wunde und der Tiefe sowie dem Ort der Verletzung ab. Häufig ist der Schweregrad einer Verletzung jedoch nicht vom Laien sofort zu erkennen und im Zweifelsfall sollte die Verletzung einem Fachtierarzt vorgeführt werden. Oberflächliche Wunden wie Hautabschürfungen können mit Mitteln aus der Stallapotheke versorgt werden. Hierzu zählen Desinfektionsspray oder jodhaltige Mittel. Ist die oberflächliche Wunde verschmutzt, kann sie zunächst mit einer Jodseife oder klarem Wasser ausgewaschen werden, um Dreckreste zu entfernen. Oberflächliche Verletzungen an den Gliedmaßen (wo wenig Muskulatur unter der Haut zu finden ist) können schnell zu einer Phlegmone führen (eitrige Unterhautentzündung mit einer starken Schwellung des Beins) und sollten immer tierärztlich betreut werden. Hier ist je nach Schwere der Verletzung die Gabe eines Antibiotikums angezeigt, um die bakterielle Infektion einzudämmen. Tiefe Wunden oder Wunden in Gelenksnähe sollten immer von einem Tierarzt versorgt werden, da nur er entscheiden kann, welche Behandlungsmaßnahmen im entsprechenden Fall notwendig sind und ob genäht oder geklammert werden muss. Bei Verletzungen in Gelenksnähe können meist nur Röntgenbilder Auskunft darüber geben, ob das Gelenk betroffen ist oder nicht und ob besondere Behandlungsmaßnahmen notwendig werden.

Welche Verbände gibt es und wie werden sie angelegt?

Generell gibt es zahlreiche Möglichkeiten, einem Pferd Verbände anzulegen. Unterschieden werden muss generell zwischen Hufverbänden, Gelenksverbänden, Gliedmaßenverbänden sowie den Verbänden an Kopf und Körper. Für alle Verbände, unabhängig von ihrer Lage gilt, dass sie nie ohne Polster angelegt werden dürfen, um kein darunterliegendes Gewebe abzuschnüren oder Drucknekrosen zu verursachen. Bei Gelenken muss stets beachtet werden, dass die um das Bein herumgeführten Lagen des Verbandes sich kreuzen. Dies ist wichtig, damit sich das Pferd relativ ungestört bewegen kann und der Verband bei Bewegung nicht verrutscht. Knochenvorsprünge wie das Erbsbein hinter dem Karpalgelenk sollten beim Anlegen eines Verbandes stets besonders gut abgepolstert werden, damit der Verband hier keine neuen Druckstellen oder Wunden verursacht. Hoch liegende Verbände am oberen Teil der Gliedmaße sollten stets durch darunterliegende Verbände abgestützt werden, damit sie nicht verrutschen.

Erkrankungen der inneren Organe

Welche Ursachen kann es haben, wenn ein Pferd nicht mehr frisst?

Wenn ein Pferd nicht mehr frisst, ist dies immer als Alarmzeichen zu werten. Fressunlust kann verschiedene Ursachen haben, die stets abgeklärt werden müssen. Die einfachste Ursache kann eine durch Pferdeäpfel verstopfte Tränke sein, sodass der Durst die Pferde am Fressen hindert. Weitere Ursachen können verabreichte Medikamente im Futter oder eine plötzliche Futterumstellung sein. Auch ein von der Wiese satt gefressenes Pferd hat zuweilen keinen Appetit mehr auf seine abendliche Futterration. Krankhafte Ursachen können Infektionen, Schmerzen oder Koliken sein. Auch eine verschobene und ins Zahnfleisch stechende Zahnkappe kann einem jungem Pferd den Appetit verderben.

Ist eine Kolik eine Krankheit oder kann das auch nur ein Symptom sein?

Kolik ist grundsätzlich der Überbegriff für das Symptom Bauchschmerz und keine einzelne Krankheit.

Wie erkennt man eine Kolik?

Eine Kolik kann sich beim Pferd sehr vielfältig darstellen. Von heftigem Wälzen, starkem Schwitzen, Unruhe, einem sehr hohen Puls bis hin zu Apathie, ruhigem Liegen und Fressunlust kann alles auf eine Kolik hinweisen. Typisch ist auch das Umsehen zum manchmal aufgeblähten Bauch und starkes Scharren.

Durch welche Ursachen können Koliken ausgelöst werden?

Da der Begriff Kolik grundsätzlich nur das „Symptom Bauchschmerz“, nicht aber eine einzelne Krankheit bezeichnet, sind auch die Ursachen für eine Kolik vielfältig. Beim Pferd können sowohl verdorbenes Futter, zu viel frisches Gras, zu viel Stroh, Stress, Sandfressen, Wetterumschwung, Überhitzung, als auch mangelnde Bewegung zu Kolik führen. Bei tragenden Stuten kann auch eine Lageveränderung des Fohlens oder das Fressen von Schnee zu Koliksymptomen führen. Fohlen zeigen Koliksymptome auch bei einem Blasenriss oder Darmpechverhaltung. Koliksymptome sind immer als Warnsignal zu sehen und sollten in einer gründlichen Untersuchung des Pferdes münden.

Welche Maßnahmen muss man vor Eintreffen des Tierarztes treffen, wenn ein Pferd an Kolik erkrankt ist?

Bei den ersten Koliksymptomen sollte man sofort den Tierarzt rufen, da in diesem Fall nie lange gewartet werden darf. Ruhige Pferde, die sich hin und wieder hinlegen, zum Bauch umsehen und ansonsten apathisch sind, sollten herumgeführt werden. Traben oder Galoppieren sowie Reiten sollte man vermeiden, um den Kreislauf nicht unnötig zusätzlich zu belasten. Pferde, die sich immer wieder hinwerfen und heftig wälzen, sollte man nicht mit aller Macht zum Weitergehen bewegen. Hier kann das Wälzen sowohl positiv wie negativ sein, da durch heftiges Wälzen sowohl bereits bestehende Verschlingungen gelöst werden, als auch neue entstehen können. In jedem Fall sollte man das Tier beobachten und in Wälzpausen führen. Futter sollte entfernt und die PAT-Werte gemessen und dem Tierarzt durchgegeben werden (falls man dazu kommt). Falls das Pferd in einer engen Box steht, wo Verletzungsgefahr für die umstehenden Personen besteht, sollte man es in eine Halle oder den Reitplatz bringen, wo es sich für alle gefahrlos hinlegen und wälzen kann.

Wie kann man Erkrankungen an den Zähnen vermeiden?

Zahnerkrankungen können durch regelmäßige Kontrollen (einmal jährlich) und ausreichende Fütterung mit rohfaserreichem Kraftfutter vermieden werden.

Erkrankungen der Haut

Was sind die häufigsten beim Pferd vorkommenden Hautkrankheiten?

Die häufigsten Hauterkrankungen des Pferdes sind Mauke, Nesselfieber, Ekzeme, Hautpilz, Pigmentstörungen, Haarausfall, Schuppen, Warzen, Einschuss (Unterhaut), Abszesse und Tumore.

Welche Ursachen haben die Erkrankungen der Haut?

Hauterkrankungen können verschiedenste Ursachen haben, wobei häufig erworbene Krankheiten eine Rolle spielen, die durch Haltungsbedingungen, Pflege und nicht selten regional bedingte Allergene hervorgerufen werden können. Die Pigmentstörungen beispielsweise entstehen meistens durch eine Drucknekrose, wenn schlecht sitzende Sättel oder Gamaschen bzw. Bandagen die Haut derart quetschen, dass die Haarzellen zerstört werden und die nachwachsenden Haare weiß sind. Haarausfall kann die Folge einer Infektionskrankheit oder bestimmter

Nährstoffmängel bzw. -überschüsse sein. Ekzeme (oberflächliche, schorfige und nässende Hautentzündungen, häufig verbunden mit starkem Juckreiz und schubweisem Auftreten), zu denen als wichtigste Vertreter die Mauke und das Sommerekzem gehören, werden häufig durch Milben (Mauke) oder Mücken (Sommerekzem) ausgelöst, die sich zum Blutsaugen an die Haut der Pferde setzen und über ihren Speichel Gerinnungshemmer in die Blutbahn ihrer „Wirte“ übertragen, auf die die Pferde dann häufig allergisch reagieren. Mauke kann ebenfalls durch einen ähnlichen Effekt über Milben ausgelöst werden, wobei das Auftreten dieser Hautkrankheit häufig mit schlechten Haltungsbedingungen einhergeht. Durch langes Stehen in feuchten und matschigen Untergründen, vermischt mit Kot und Urinresten, wird die Haut in den Fesselbeugen des Pferdes angegriffen und reizbar. Ihre Elastizität lässt nach und die Haut wird anfälliger für eindringende Bakterien, Viren oder Pilze. Während die leichte Mauke durch schorfige kleine Stellen in der gesamten Fesselbeuge beginnt, kann sie sich innerhalb kürzester Zeit zu einer offenen Fleischwunde mit Phlegmonen in den betroffenen Beinen entwickeln. Pferde mit Mauke haben oft starke Schmerzen in diesem Bereich, da die gespannte Haut zusätzlich schmerzt. Lahmheiten sind möglich. Besonders gefährdet sind Pferde mit heller Haut in diesem Bereich und viel Behang in der Fesselbeuge. Bei der Phlegmone ist die Unterhaut meistens eitrig entzündet und muss tierärztlich behandelt werden. Allergische Symptome, zu denen auch Nesselfieber gehört, werden in der Regel durch unverträgliche Allergene ausgelöst. Mückenstiche, bestimmte Pflanzen oder ein Zusatzstoff in der Einstreu (z. B. Pflanzenschutzmittel) können allergische Reaktionen in Form von Nesselfieber auslösen. Der besonders in Ställen mit hoher Fluktuation an Mensch und Tier (z. B. Auktionsställe, Ausbildungsställe, Reitervereine) gefürchtete Hautpilz des Pferdes zeigt sich meist durch kreisrunden Haarausfall am gesamten Körper oder in einzelnen betroffenen Regionen, der auch mit Juckreiz verbunden sein kann. Hautpilz wird sehr leicht übertragen, hier reicht schon ein gleiches Putzzeug oder derselbe Anbindeplatz. Besonders begünstigt ist das Pilzwachstum bei feuchtwarmem Klima (z. B. im Sattelgurt) oder bei Pferden mit geschwächtem Immunsystem (häufig bei Stallwechsel der Fall). Tumore, Warzen und Melanome können ebenfalls verschiedene Ursachen haben. Hier sind Viren oder bereits vorhandene Veränderungen in der DNA des Tieres mögliche Ursachen.

Was macht man zur Vorbeuge gegen Hauterkrankungen?

Die Vorbeuge von Hauterkrankungen richtet sich stets nach der Anfälligkeit des Pferdes für eine bestimmte Krankheit und sollte durch ein optimales Haltungssystem für alle Pferde durchgeführt werden. Saubere Boxen, Weiden und Paddocks, gepflegte Pferde und das regelmäßige Waschen von Putzzeug und Satteldecken mit antiallergenem Waschmittel können die meisten Hauterkrankungen vor der Entstehung vermeiden. Eine Stärkung des Immunsystems hilft ebenfalls, viele Hauterkrankungen im Keim zu ersticken. Gezielte Pflegemaßnahmen in

Rücksprache mit dem Tierarzt können bei betroffenen Pferden die Schwere der Krankheit und das wiederholte Auftreten vermindern.

Durch welche Maßnahmen kann man zur Vermeidung von Hautkrankheiten beim Pferd beitragen?

Die Haut des Pferdes ist ein Organ, das regelmäßig stimuliert und massiert werden muss. In der freien Natur erledigen die Pferde das untereinander durch Sozialkontakte, Wälzen oder das Scheuern an Bäumen. Durch „Wind und Wetter", also die natürlichen Einflüsse des Wetters wie Regen, Sonne und Wind, bildet die Haut eine talgige Schicht, die Haut und Haare vor extremen Wettereinflüssen schützt. Durch das Wälzen auf unterschiedlichen Untergründen (feucht, staubig etc.) versorgt das Pferd seine Haut zusätzlich mit einer Schutzschicht, um gegenüber äußeren Einflüssen besser gewappnet zu sein. Wenn wir die Pferde im Stall halten, regelmäßig trainieren, sodass die Pferde schwitzen, häufig abspritzen und „sauber" halten, verliert die Haut die naturgegebenen Schutzmechanismen. Durch verschmutzte Sattel- und Stalldecken, hartes Leder oder scheuernde Gurte wird die Haut zusätzlich beansprucht. Werden die Pferde im Winter noch geschoren, so verliert die Haut den letzten natürlichen Schutz. Es ist nun die Aufgabe des Menschen, die Funktion der Haut soweit es geht trotz der unnatürlichen Haltung des Pferdes aufrechtzuerhalten. Regelmäßiges Wälzen, gründliches Putzen mit ausgiebigem Striegeln, gute Pflege der Ausrüstungsgegenstände sowie eine ausgewogene Fütterung dienen der Hautpflege beim Stallpferd. Pferde, die bei jedem Wetter ohne Decke draußen gehalten werden und trotzdem zum Reiten genutzt werden, sollten dagegen nicht so gründlich geputzt werden, damit die schützende Talgschicht nicht aus dem Fell entfernt wird. Diese Pferde holen sich ihre „Massagen" selbst durch das Wälzen, Scheuern und gegenseitiges Kraulen. Weiterhin sollte die Haltung des Pferdes auch hinsichtlich hygienischer Gesichtspunkte optimiert werden. Das bedeutet, dass die Einstreu sowie Weide und Paddock gepflegt und von Kot- und Urinresten gereinigt werden muss. Auch Ungezieferbefall im Stall, der Weide, auf dem Paddock oder im Fell des Pferdes sollte rechtzeitig entdeckt und so schnell wie möglich behandelt werden. In einem großen Stall helfen bestimmte Hygienemaßnahmen wie das Abkochen der Satteldecken sowie eigenes Putzzeug für jedes Pferd, die Haut gesund zu erhalten.

Warum sind hohe Schweißverluste für das Pferd gefährlich?

Das Pferd gibt mit dem Schweiß zahlreiche Mineralien (vor allem Natrium) ab, die dem Körper entzogen und später ersetzt werden müssen. Das Pferd verliert bei schwerer Arbeit bis zu 20 l Schweiß, was durch den Flüssigkeitsverlust eine Dehydrierung des Kreislaufes zur Folge haben kann. Bei großen Schweißverlusten muss das Pferd mit Flüssigkeit und Elektrolyten versorgt werden, damit es nicht zu einem Zusammenbruch kommt.

Infektionskrankheiten

Was ist die Inkubationszeit?

Die Zeit vom Haften und Eindringen eines Mikroorganismus' in einem Körper bis zum Ausbrechen der ersten klinischen Krankheitserscheinungen nennt man die Inkubationszeit. Diese Zeit ist je nach Krankheitserreger unterschiedlich lang (Influenza 1–2 Tage; Tollwut bis zu 8 Monate). Problem im Hinblick auf lange Inkubationszeiten ist, dass die Tiere während dieser Zeit die Erreger bereits im Körper tragen, diese auch ausscheiden und andere Tiere anstecken können, während die Erkrankung beim Träger selbst noch nicht erkennbar ist.

Wie funktioniert der Abwehrmechanismus des Körpers?

Zur Abwehr und Vernichtung krankmachender Mikroorganismen besitzt der Körper ein komplexes Immunsystem, das über verschiedene, miteinander vernetzte Schutzeinrichtungen wirkt (Immunreaktion). Zur unspezifischen Immunreaktion des Körpers (oder „Resistenz“) gehört die direkte Abwehr von körperfremden Stoffen durch Haut, Schleimhäute sowie bestimmte weiße Blutzellen.

Was bedeutet Resistenz?

Bei der unspezifischen Immunreaktion (Resistenz) handelt es sich um angeborene und sofort verfügbare Abwehreinrichtungen. Unterschieden wird zwischen allgemeiner und selektiver Abwehr. Zur allgemeinen Abwehr zählen in erster Linie die mechanischen Schutzmechanismen, die durch Haut und Schleimhäute gebildet werden. Eine ebenfalls allgemeine, jedoch chemische Abwehr erfolgt durch Säuren (z. B. Desinfektion, also das Abtöten der Bakterien, durch Magensäure). Mit selektiver Abwehr wird die Abwehr durch weiße Blutkörperchen (Leukozyten) bezeichnet. Bestimmte Leukozyten nehmen eingedrungene Mikroorganismen und Viren durch Phagozytose (Nahrungsaufnahme) auf und bauen sie in ihrem Innern ab. Leukozyten zirkulieren im Blut und gelangen auf diese Weise rasch an die Orte, an denen sie benötigt werden. Alle Leukozyten stehen auch mit den spezifischen Immunreaktionen in enger Verbindung und bilden Untergruppen (Lymphozyten).

Was bedeutet Immunität?

Bei der spezifischen Immunreaktion (oder „Immunität“) erkennen spezialisierte weiße Blutzellen (Lymphozyten) die eingedrungenen Fremdkörper und lösen Reaktionen zu deren Vernichtung aus. Im Gegensatz zur Resistenz steht die spezifische Immunreaktion, die in der hier beschriebenen Form ausschließlich bei Wirbeltieren vorkommt. Sie erfolgt erst, wenn der Körper Kontakt mit dem speziellen Erreger hat (Infektion), und kann daher erst nach einigen Tagen wirksam werden. Im Körper des „infizierten“ Lebewesens werden Stoffe gebildet, die mit den Erregern so reagieren, dass sie nicht mehr krank machen können. Die Zellwand von Bakterien kann zum Beispiel aufgelöst werden und die Bakterien dadurch verklumpen. Diese Stoffe heißen Antikörper. Sie werden nur gebildet, wenn körperfremde Stoffe (z. B. Bakterienzellwände) in die Blutbahn gelangt sind. Stoffe, die eine Bildung von Antikörpern auslösen, nennt man Antigene. Antigene werden von Lymphozyten erkannt, die unterschiedlich „arbeiten“: Ungefähr 10 % der Lymphozyten erzeugen Antikörper und geben diese an Lymphe und Blut ab, die anderen 90 % der Lymphozyten zerstören Zellen, die Antigene tragen; dies können fremde Zellen sein oder auch körpereigene, in die Erreger eingedrungen sind. Immunreaktionen können erst einige Tage bis Wochen nach der Geburt ablaufen. Erst dann ist die Entwicklung des Immunsystems abgeschlossen. Bis dahin übernehmen Antikörper aus der Muttermilch (Biestmilch) die Abwehr von Krankheitskeimen.

Wie infiziert sich ein Lebewesen mit einer Krankheit?

Krankheitserreger können auf unterschiedlichsten Wegen in den Organismus gelangen. Neben der Tröpfcheninfektion (durch Speichel und Nasensekrete) oder dem Weg über die Luft (Influenza) können auch offene Wundinfektionen (Tetanus), Deckinfektionen oder Infektionen entlang der Nervenbahnen das Eindringen eines Erregers ermöglichen. Der Ablauf einer Infektionskrankheit ist stets ähnlich: Nach dem Haften und Vermehren des Erregers an der Eintrittsstelle (Inkubation) wird er über den gesamten Organismus (Blut und Lymphe) verteilt. Das Pferd zeigt unspezifische Krankheitsanzeichen wie Teilnahmslosigkeit oder sogar Fieber. Wenn sich der Erreger an seinem Zielorgan vermehrt, treten die typischen Krankheitssymptome auf. Je nachdem, wie schlimm die Krankheit ist, kann sich die Infektion so stark ausbreiten, dass der Organismus sie nicht überlebt. Viele Infektionskrankheiten werden jedoch vom körpereigenen Abwehrsystem oder durch Medikamente begrenzt und zurückgedrängt, sodass der Organismus meist wieder vollständig genesen kann.

Wie kann man Infektionen vermeiden und welche Maßnahmen müssen dafür getroffen werden?

Infektionen lassen sich nicht gänzlich vermeiden, da Infektionserreger überall vorkommen. Besonders wenn viele Pferde aufeinandertreffen, wie es bei Turnieren, Zuchtveranstaltungen oder Auktionen der Fall ist, werden die Pferde mit vielen Infektionserregern konfrontiert. Wichtig beim Management gegen Infektionen ist die Stärkung des Immunsystems des Pferdes sowie die Durchführung bestimmter Schutzimpfungen und eine regelmäßige Desinfektion der Stallungen. Weiterhin sollte das Zusammentreffen mit kranken Tieren vermieden und die Boxen bzw. Aufenthaltsbereiche von infizierten Pferden (sowie alles was mit ihnen in Kontakt gekommen ist) sorgfältig gesäubert und desinfiziert werden. Beim Aufstallen eines fremden Pferdes müssen vor Betreten des Stalls dessen allgemeine Gesundheitsparameter überprüft (besonders Ausflüsse/Sekrete, PAT-Werte, Allgemeinzustand, Schleimhäute) und der Pferdepass hinsichtlich seiner Schutzimpfungen kontrolliert werden. Wenn möglich sollte das fremde Pferd zunächst keinen Kontakt zu den anderen Pferden haben (Quarantäne) und dessen PAT-Werte sowie sein Allgemeinbefinden in der ersten Woche nach dem Aufstallen täglich auf Veränderungen untersucht werden. Generell sollten erkrankte Tiere isoliert und ausreichend behandelt werden sowie Ruhe bekommen.

Was sind Schutzimpfungen?

Nach überstandener Infektionskrankheit sorgen sogenannte Gedächtniszellen dafür, dass der Körper noch länger gegen die zuvor bekämpften Antigene immun ist und schneller die benötigten Antikörper produzieren kann. Diese Tatsache kann man sich durch Schutzimpfungen zunutze machen, indem man den Körper künstlich dazu bringt, die notwendigen Antikörper zu produzieren. Damit das Pferd einen ausreichenden Impfschutz erhält, sind eine sogenannte Grundimmunisierung sowie regelmäßige Wiederholungsimpfungen wichtig.

Welche Pferde sollten in einem Bestand geimpft werden?

In einem Bestand sollten grundsätzlich (besonders jedoch bei Herpes) alle Tiere geimpft werden, um einen möglichst großen Impfschutz realisieren zu können. Besonders in einem Zuchtbetrieb, wo die Stuten gegen EHV I (seuchenhaftes Verfohlen) geimpft werden sollen, macht das Impfen nur dann Sinn, wenn der gesamte Bestand (nicht nur die Stuten) geimpft wird. Man kann die Tiere durch eine Impfung zwar nie gänzlich vor der Erkrankung schützen, doch wird (wenn der gesamte Bestand geimpft ist) der Infektionsdruck im Stall gesenkt, sodass die Wahrscheinlichkeit eines tatsächlichen Ausbruchs (und bei Herpes der Verlust vieler Fohlen) durch ein einziges infiziertes Tier sinkt.

Was ist die aktive Immunisierung?

Bei der „aktiven Immunisierung“ regt man den Körper auf ungefährliche Weise zur Antikörperbildung an, indem man abgetötete oder abgeschwächte Krankheitserreger injiziert. Tritt einige Zeit später eine natürliche Infektion durch den gleichen Erreger ein, erfolgt sofort eine heftige Immunreaktion, die den Erreger unschädlich macht. Da Gedächtniszellen sehr langlebig sind, wirkt eine aktive Immunisierung für längere Zeit vorbeugend, bevor sie erneuert werden muss.

Wie erfolgt eine aktive Immunisierung und wann hat das Pferd den ausreichenden Impfschutz?

Für eine aktive Immunisierung mit ausreichendem Impfschutz muss stets die Grundimmunisierung in Kombination mit anschließenden Wiederholungsimpfungen durchgeführt werden. Dem Pferd werden jeweils abgeschwächte, veränderte oder sogar abgetötete Krankheitserreger in die Muskulatur gespritzt. Nach der ersten Impfung (1. Grundimmunisierung) beginnen die weißen Blutzellen (Lymphozyten) mit der Antikörperbildung. Nach sechs bis acht Wochen wird diese Impfung wiederholt. Diese zweite Impfung hat einen sogenannten Boostereffekt, die Antikörperbildung wird noch einmal angestoßen. Nach weiteren sechs Monaten erfolgt der dritte Teil der Grundimmunisierung, wenn das Pferd noch eine weitere Impfung erhält. Erst jetzt hat es den ausreichenden Schutz gegen die geimpfte Krankheit. Je nachdem, um welche Impfung es sich handelt, wird jetzt zum Beispiel jedes halbe Jahr (z. B. Influenza) oder alle zwei Jahre (Tetanus) die Wiederholungsimpfung durchgeführt, die den Impfschutz aufrechterhält.

Was ist die passive Immunisierung?

Bei der passiven Immunisierung erfolgt die Bildung der Antikörper durch ein anderes Lebewesen, dem sie anschließend entnommen werden. Die so gebildeten Antikörper werden einem kranken Organismus verabreicht, um die Heilung zu beschleunigen. Die passive Immunisierung erhalten aber auch Fohlen durch die Aufnahme der Biestmilch. Auch bei akuten Tetanusinfektionen werden häufig bereits gebildete Antikörper verabreicht, um dem Pferd einen besseren Heilungsverlauf zu ermöglichen.

Wogegen sollten Pferde geimpft werden?

Gegen was ein Pferd geimpft werden soll, hängt immer von dessen Verwendungsweise und Haltungsform ab. Grundsätzlich sollte jedes Pferd gegen Tetanus geimpft werden, um die qualvolle Erkrankung rechtzeitig vermeiden zu können. Für das Turnierreiten ist laut FN die Influenzaimpfung vorgeschrieben. Hier müssen bestimmte Zeitabstände zwischen Impfung und Wettkampf eingehalten werden. Besonders wichtig kann in Zuchtbetrieben die Impfung gegen Herpes sein, da dieser Virus nicht nur eine Rhinopneumonitis („Erkältung“) oder eine Nervenlähmung verursachen, sondern auch in vielen Fällen zum sogenannten seuchenhaften Verfohlen führen kann. Weitere mögliche Impfungen sind Tollwut (besonders wichtig bei Pferden die in Waldnähe gehalten werden) und die Impfung gegen Pilze (vor allem bei Pferden in Betrieben mit einer hohen Fluktuation. Sie ist aber sehr unsicher, da die verschiedenen Pilzformen sehr unterschiedlich sein können).

Wogegen müssen Turnierpferde laut den Impfvorschriften der Deutschen Reiterlichen Vereinigung geimpft sein, um an Leistungsprüfungen teilnehmen zu dürfen?

Laut LPO sind die Impfungen gegen die Influenzavirusinfektion für alle an Leistungsprüfungen der FN teilnehmenden Pferde Pflicht. Die Impfungen müssen nach einem bestimmten Schema durchgeführt werden und im Pferdepass dokumentiert sein. Die Grundimmunisierung gegen Influenza besteht aus drei Impfungen, wobei die ersten beiden Impfungen im Abstand von mindestens 28 bis höchstens 70 Tagen erfolgen müssen. Die dritte Impfung muss im Abstand von sechs Monaten (+21 Tage) nach der zweiten Impfung erfolgen. Die Wiederholungsimpfungen müssen anschließend ebenfalls im Abstand von sechs Monaten (+21 Tage) erfolgen. An einer Pferdeleistungsschau gemäß LPO darf teilnehmen, wer die ersten beiden Impfungen erledigt hat. Seit der zweiten Grundimmunisierung müssen mindestens 14 Tage vergangen sein. Bei einem bereits „durchgeimpften“ Pferd müssen seit der letzten Wiederholungsimpfung mindestens 7 Tage vergangen sein und die vorangehende Wiederholungsimpfung in einem Abstand von bis zu höchstens sechs Monaten (+21 Tage) erfolgt sein. Die Impfung gegen Herpes wird empfohlen, die gegen Tetanus vorausgesetzt (keine Pflicht).

Welche bakteriell bedingten Infektionskrankheiten kann das Pferd bekommen und welche Maßnahmen sollten ergriffen werden?

Alle bakteriell bedingten Infektionskrankheiten, die das Pferd bekommen kann, können hier nicht aufgeführt werden. Die wichtigsten bzw. häufigsten im Pferdebereich sind Druse (*Streptococcus equi*), Wundstarrkrampf (*Clostridium tetani*), Salmonellose, Deckseuche/Ansteckende Gebärmutterentzündung CEM (*Taylorella equigenitalis*), Fohlenlähme (die frühe ist eine Allgemeininfektion, die späte wird in der Regel durch den *Streptococcus zooepidemicus* ausgelöst), Botulismus (*Clostridium botulinum*, keine typische Infektion, eher eine Vergiftung), Borelliose (Borellien) und beim Fohlen (besonders in großen Beständen mit vielen Fohlen) die Rhodokokkose (*Rhodococcus equi*). In der Regel lassen sich bakterielle Infektionen relativ gut mit den jeweils passenden Antibiotika therapieren. Wichtig sind hierbei die schnelle Diagnose und die Wahl des richtigen Medikaments sowie eine ausreichende Therapiedauer. Gegen Tetanus sollte generell geimpft werden, da diese Erkrankung sehr schnell zum Tod des Tieres führen kann. Weiterhin sind (besonders bei ganz jungen Fohlen) eine ausreichende Hygiene und ein gutes Gesundheitsmanagement im Stall eine wichtige Voraussetzung für die Vermeidung von Infektionen.

Welche viral bedingten Infektionskrankheiten kann das Pferd bekommen und welche Maßnahmen sollten ergriffen werden?

Alle viral bedingten Infektionskrankheiten, die das Pferd bekommen kann, können hier nicht aufgeführt werden. Die wichtigsten bzw. häufigsten im Pferdebereich sind: Equine Herpesinfektion (EHV 1 = Virusabort, EHV 4 = Lungenverlaufsform [Rhinopneumonitis], beide auch für die zentralnervösen Störungen verantwortlich), Influenza (*Influenzavirus*), Ansteckende Blutarmut des Pferdes (Infektiöse Anämie, *Lentivirus*), Tollwut (*Rhabdoviren*), Equine virale Arteritis (EAV, *Arteriviren*) sowie Borna (*Bornavirus*). Gegen die meisten Viren helfen im Vorfeld gezielte Schutzimpfungen, ist die Krankheit jedoch einmal ausgebrochen, können nur die Symptome behandelt werden, nicht aber die Viren selbst (hier unterscheiden sich virale und bakterielle Infektionskrankheiten). Bei der Behandlung viraler Infektionskrankheiten werden dennoch meist zusätzlich sogenannte Breitbandantibiotika (gegen viele Bakterien wirksam) verabreicht, um eine bakterielle Sekundär- bzw. Folgeinfektion der erkrankten Tiere zu vermeiden.

Wie sieht der Krankheitsverlauf bei Influenza aus?

Der typische Krankheitsverlauf von Influenza beginnt nach einer Inkubationszeit von 18 Stunden bis fünf Tage. Das erkrankte Pferd leidet an Fieberschüben zwischen 39 und 41 °C, die bis zu drei Tagen anhalten können. Typische Symptome sind Nasenausfluss, Kreislaufstörungen, erhöhte Herzfrequenz, Kehlkopfenzündungen, Schwellung der Kehlgangslymphknoten sowie trockener, hohler Husten ohne eitrigen Schleim.

Giftpflanzen

Welche Giftpflanzen gibt es und welche Pflanzenteile sind davon giftig?

Wichtige Giftpflanzen, die häufig in der Natur zu finden sind, sind Sumpfschachtelhalm (gesamte Pflanze, auch im Heu), Adlerfarn (gesamte Pflanze), Eibe (Nadeln), Hahnenfuß, Bucheckern, Herbstzeitlose (gesamte Pflanze, besonders gefährlich im Heu), Fingerhut (gesamte Pflanze, auch im Heu), Buchsbaum (Blätter, Rinde, Früchte), Liguster (Beeren, Blätter, Rinde), Eiche (Früchte, Blätter, Rinde), Jakobskreuzkraut (gesamte Pflanze, besonders die Blüte, auch im Heu).

Welche Vergiftungssymptome gibt es, wenn ein Pferd Giftpflanzen gefressen hat?

Welche Vergiftungssymptome ein Pferd zeigt, ist im Wesentlichen abhängig von der Art der Giftpflanze bzw. des Giftes, das es aufgenommen hat. Im Allgemeinen können folgende Symptome auf eine Vergiftung des Pferdes hinweisen (Verwechslungen mit anderen Krankheiten sind hier möglich): Koliken, Verstopfungen, Durchfall, Speichelfluss, Geschwüre, Übererregbarkeit, übermäßige Reaktion auf Reize oder Licht, Apathie, Müdigkeit, Bewegungsunlust, Muskelzucken sowie Lähmungen oder Hufrehe. Chronische Vergiftungserscheinungen äußern sich beispielsweise durch Abmagerung.

Welche Maßnahmen müssen bei einer Vergiftung ergriffen werden?

Zeigt ein Pferd einige oder mehrere Symptome, die auf eine Vergiftung hinweisen können, so muss die weitere Futteraufnahme des Pferdes sofort unterbrochen werden, damit die Verdauungsvorgänge soweit es geht verlangsamt werden. Der Tierarzt muss schnellstmöglich gerufen werden. Die möglicherweise als Ursache der Vergiftungserscheinungen infrage kommenden Pflanzen, Arzneimittel oder anderen Gifte müssen für den Tierarzt bereitgehalten werden, damit er möglichst schnell ein Gegengift verabreichen kann. Das Pferd muss darüber hinaus an einen ruhigen Ort gebracht werden, wo es sich je nach Symptomatik nicht verletzen kann und zur Ruhe kommt. Für den eventuell notwendigen Transport in eine Klinik sollten Anhänger und Fahrzeug sowie eine fahrtüchtige Person mit Anhängerführerschein zur Verfügung stehen.

Erkrankungen des Skeletts

Wie erkennt man, dass ein Pferd lahmt?

Ein lahmendes Pferd zeigt einen untaktmäßigen und unregelmäßigen Bewegungsablauf. Je nach Art der Lahmheit kann entweder die Stützphase (Stützbeinlahmheit) oder die Vorführphase (Hangbeinlahmheit) verkürzt sein. Bei einer Stützbeinlahmheit des Vorderbeins hebt sich der Kopf des Pferdes während des Stützens des kranken Beins hoch und sinkt beim gesunden Bein wieder ab, es entsteht das typische „Fallen" auf das gesunde Bein mit deutlichem Kopfnicken. Bei einer Stützbeinlahmheit der Hintergliedmaße hebt sich die Hüfte der betroffenen Seite in der Stützphase höher als beim gesunden Bein. Hangbeinlahmheiten sind nicht so offensichtlich zu lokalisieren. Die Pferde führen das erkrankte Bein häufig in einem flacheren Bogen nach vorne und heben das Bein weniger stark an, manche Pferde heben auch den Kopf beim Vorführen der erkrankten Gliedmaße geringfügig an. Schwieriger ist es bei der Diagnose, wenn es sich um eine gemischte Lahmheit handelt oder das Pferd (wie häufig bei Hufrollenerkrankungen) auf beiden Beinen lahm geht. Hier sind genaue Beobachtung und das Bewegen auf unterschiedlichen Untergründen (weich und hart) von besonderer Bedeutung. Stützbeinlahmheiten sind häufig deutlicher auf hartem Boden ausgeprägt, Hangbeinlahmheiten äußern sich besonders auf weichem Boden.

Was sind Kissing Spines?

Kissing Spines (Abb. 60) sind wörtlich übersetzt „küssende Wirbel". Dieser Ausdruck ist insofern nicht ganz richtig, als sich weniger die Wirbel, als vielmehr die mit den Wirbeln verbundenen Dornfortsätze „küssen" bzw. berühren. Dabei kann es von engstehenden, sich berührenden bis hin zu überlappenden Dornfortsätzen kommen. Je nach Schweregrad der Berührungen kann es auch bereits in den Überschneidungsbereichen der Dornfortsätze zu Zubildungen, Verkalkungen oder anderen Entzündungsprozessen kommen. Kissing Spines auf dem Röntgenbild sind jedoch immer im Zusammenhang mit den klinischen Befunden des Pferdes zu bewerten. Es gibt zahlreiche sehr gute Sportpferde mit diesem Befund, ohne dass er ihre Leistungsfähigkeit oder -bereitschaft einschränkt.

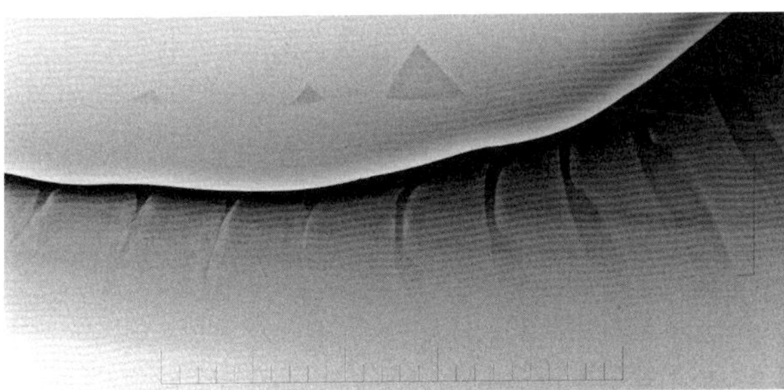

Abb. 60 Kissing Spines-Befund auf dem Röntgenbild.

Im Gegensatz dazu kann es jedoch auch Pferde geben, die trotz relativ guter Röntgenbilder klinische Befunde aufzeigen können.

Wo hat das Pferd Kissing Spines?

Kissing Spines hat ein Pferd immer in der Wirbelsäule. Es geht dabei um die Dornfortsätze der Wirbelkörper, die beim Kissing Spines-Syndrom zu eng stehen oder sich sogar berühren oder überlappen. Je nachdem, in welchem Bereich der Befund zu finden ist (z. B. Sattellage oder Lendenwirbelsäule), können sie je nach Nutzungsrichtung des Pferdes unterschiedlich stark stören.

Sind „Kissing Spines" beim Pferd heilbar?

Nein, der Engstand der Dornfortsätze eines Pferdes kann nicht im klassischen Sinne „geheilt" werden. Besonders dann nicht, wenn die Berührungen sehr stark sind und es schon zu Sklerosierungen (Knochenzubildungen, Verkalkungen) an den Dornfortsatzkörpern gekommen ist. Durch schonendes Reiten und rückenstärkende Ausbildung des Pferdes kann der Zustand jedoch stabil bleiben und eine fortschreitende Verschlechterung gestoppt bzw. verringert werden.

Erkrankungen des Bewegungsapparates und der Muskulatur

Was versteht man unter einem Kreuzverschlag?

Der arbeitende Muskel erhält seine Energie generell aus der Umwandlung des im Muskel befindlichen Zuckers in Milchsäure, die anschließend über das Blut abtransportiert werden muss. Durch übermäßige und für den Muskel ungewohnte Arbeit kann es zu einer Anreicherung an Milchsäure und dadurch zu einer Übersäuerung des Muskels kommen. Wenn die Milchsäure nicht schnell genug abgebaut wird, zerstört sie die Zellwände der Muskelfasern, nachdem sie zu einer Verhärtung und Versteifung dieser Muskulatur geführt hat (besonders relevant in der großen Rückenmuskulatur des Pferdes). Viel Milchsäure kann auch dann in der Muskulatur entstehen, wenn das Pferd trotz fehlender Bewegung mit stärkereichem Kraftfutter versorgt wird (dies kann besonders an „Stehtagen" passieren, der Kreuzverschlag wird daher auch als Feiertagskrankheit bezeichnet) und sich in der starken Rückenmuskulatur das aus der Stärke gebildete Glykogen ansammelt, was bei nachfolgender Belastung des Pferdes (nach dem Stehtag) ebenfalls sehr schnell in Milchsäure umgewandelt wird. Hat die Milchsäure die Muskelfasern zerstört, tritt der Muskelfarbstoff (Myoglobin) aus, der über die Niere mit dem Urin ausgeschieden wird und diesen dunkel färbt.

Welche Symptome zeigt ein Pferd mit Kreuzverschlag?

Ein an Kreuzverschlag erkranktes Pferd kann und will sich nicht mehr bewegen, nachdem es durch besondere Steifigkeit aufgefallen ist. Durch den austretenden Muskelfarbstoff ist der Urin von betroffenen Pferden dunkel gefärbt und die Rückenmuskulatur wird sehr hart.

Wie kann Kreuzverschlag behandelt werden?

Wenn ein Pferd an Kreuzverschlag erkrankt ist, muss es sofort ruhiggestellt und sehr warm eingepackt werden. Weitere Bewegung ist ebenfalls zu vermeiden, um nicht mehr Muskelzellen als nötig zu zerstören. Der Tierarzt muss sofort benachrichtigt werden, um gravierende Folgeschäden zu vermeiden. Vorbeugend sollte das Pferd jeden Tag ausreichende Bewegung haben und Stehtage sind zu vermeiden. Ist es unumgänglich, dass das Pferd Boxenruhe hat (z. B. nach einer Verletzung), so muss unverzüglich die Kraftfutterration angepasst und entsprechend reduziert werden.

Was ist eine Hufrollenentzündung und wie kann man sie vermeiden?

Die Hufrolle besteht aus dem Strahlbein, dem Schleimbeutel und der tiefen Beugesehne. Bei einer Hufrollenentzündung ist eine dieser drei Komponenten verletzt, angegriffen oder entzündet. Das kann zum Beispiel das Strahlbein sein, dessen Knorpelschicht durch ein Trauma, genetisch bedingt oder durch einen falschen Beschlag uneben geworden ist. In der Folge reibt die Beugesehne über das Polster „Schleimbeutel" an dieser unebenen Schicht und kann dadurch selbst zerfasern und den Schleimbeutel beschädigen. Vorbeugen kann man diesem Prozess durch angepasste Fütterung bereits ab der Aufzucht, ausreichende passive Bewegung über den ganzen Tag, gute Hufpflege und regelmäßige Korrekturen durch den Schmied. Da der Hufrollenapparat durch eine zu lange Zehe übermäßig beansprucht wird, sollte regelmäßig auf das Kürzen dieses Hufabschnitts geachtet werden. Bei erkrankten Pferden kann durch eine Unterstützung des Trachtenbereichs (z. B. lange und weite Hufeisenschenkel) und ein möglichst optimales Abrollen mit kurzer Zehe dem fortschreitenden Prozess entgegengewirkt werden. Auch eine Behandlung der Hufrolle mit Medikamenten oder Hyaluronsäure kann die Erkrankung vermindern. Durch fortschrittliche Medizin, bessere Haltungsbedingungen und z. T. bessere Beschläge hat das „Schreckgespenst Hufrollenentzündung" etwas von seiner Bedrohlichkeit verloren.

Was versteht man unter einer Vernagelung und was unter einem Nageltritt?

Wenn ein Pferd vernagelt wird, dann hat der Schmied den Nagel falsch in den Huf eingeschlagen. Der Nagel drückt dann auf die sehr empfindliche Huflederhaut und bringt das Pferd durch diese Schmerzen zum Lahmen. Bei einem Nageltritt lahmt das Pferd, weil es sich einen spitzen Gegenstand, meistens tatsächlich einen Nagel oder eine Schraube, in den Huf getreten hat. Je nachdem, wie weit der Gegenstand in den Huf eindringt und an welcher Stelle die Verletzung ist, kann sie schwerwiegende Folgen für das Pferd haben und sogar zu dessen Tod führen.

Was ist Hufrehe und wie äußert sie sich?

Die sogenannte Hufrehe ist eine nichteitrige Entzündung der Huflederhaut (Wandlederhaut), die aufgrund der mit vielen Nerven durchzogenen Lederhaut für das Pferd sehr schmerzhaft ist. Die Hufrehe wird meistens durch eine Störung des gesamten Stoffwechsels des Pferdes (z. B. Vergiftung oder Überversorgung) ausgelöst und kann durch die Entzündung der empfindlichen Verbindungsschicht zwischen Hufbein und Hornschuh (dem Hufbeinträger) zu einer Lockerung bzw. Trennung dieser Verbindung und damit zu einer Hufbeinabsenkung (Rotation) oder im schlimmsten Fall zum Ausschuhen führen. An Hufrehe erkrankte Pferde (meistens sind die Vorderbeine betroffen) bewegen sich nur sehr ungern und entlasten die schmerzenden Hufe durch eine Trachtenfußung mit weit herausgestellten Vorderbeinen. Durch die starken Schmerzen können Muskelzittern, starkes Schwitzen sowie erhöhte PAT-Werte vorkommen. Die Hufe sind ebenfalls meist sehr warm und weisen eine starke Pulsation der Mittelfußarterie auf.

Welche Formen der Hufrehe gibt es und wie kann Hufrehe ausgelöst werden?

Es gibt verschiedene Formen der Hufrehe, die zum Teil ähnliche Auslöser haben bzw. generell auf eine Überbelastung des Stoffwechsels zurückgeführt werden können. Eine recht oft auftretende Hufreheform ist die sogenannte Fütterungsrehe. Hier ist die übermäßige Aufnahme von Kohlenhydraten bzw. Zuckern (Fruktane) aus Getreide oder frischem Gras die häufigste Ursache. Die sogenannte toxische Rehe entsteht durch die Aufnahme von Giften zum Beispiel durch Pflanzen. Die Medikamentenrehe wird durch für das Pferd unverträgliche Medikamente ausgelöst. Hier kommen häufig Cortisonpräparate als Auslöser infrage. Die symptomatische Rehe ist häufig als Folgeerscheinung von anderen Krankheiten zu sehen. So kann zum Beispiel die Nachgeburtsrehe als Folge der Nachgeburtsverhaltung durch eine Vergiftung des Körpers entstehen. Die in der Gebärmutter verbliebenen Nachgeburtsreste verwesen innerlich und setzen Toxine frei, die über die Blutbahn an die Wandlederhaut im Huf gelangen und dort den Entzündungsprozess in Gang setzen. Auch die Belastungsrehe spielt eine wichtige Rolle. Sie entsteht häufig an dem zunächst gesunden Bein, wenn das Pferd sein krankes Bein auf der anderen Seite über einen längeren Zeitraum schont. Auch die übermäßige und für das Pferd ungewohnte Belastung auf hartem Boden kann in beiden Hufen zu einer Belastungsrehe führen.

Wie kann eine Hufrehe behandelt werden?

Bei den ersten Symptomen einer Hufrehe sollte sofort der Tierarzt benachrichtigt werden. Das Pferd sollte auf weichem Boden in eine ruhige Box verbracht und die Hufe gekühlt werden. Futter ist zu entziehen und die mögliche Ursache für eine mögliche Hufrehe sollte möglichst schnell ermittelt werden. Der Tierarzt wird in der Regel zunächst Entzündungshemmer und blutdrucksenkende sowie blutverdünnende Mittel verabreichen. Hier ist jedoch darauf zu achten, dass das Pferd keine Unverträglichkeit gegen eins dieser Medikamente aufweist, damit die Hufrehe nicht noch schlimmer wird. Der Huf wird im Verlauf der Rehe häufig geröntgt. So kann kontrolliert werden, ob sich die Lage des Hufbeins verändert. Der Hufschmied wird mithilfe von speziellen orthopädischen Beschlägen versuchen, dem Pferd so weit wie möglich Linderung und Entlastung zu verschaffen und den Heilungsprozess zu beschleunigen.

Wie kann eine Fütterungsrehe vermieden werden?

Eine Fütterungsrehe, die durch die Zuckerverbindung Fruktan oder durch zu stärkehaltiges Getreide ausgelöst werden kann, muss durch gute Rationsgestaltung und angepasstes Fütterungsmanagement vermieden werden. Pflanzen (z. B. Gras) lagern besonders viel Fruktan ein, wenn sie den Zucker aus der Photosynthese nicht für das Wachstum verbrauchen und in der Pflanze einlagern. Abhängig von Pflanzenart und Witterungsbedingungen kann von einem hohen bzw. niedrigen Fruktangehalt des Grünlandes ausgegangen werden. So ist zum Beispiel besonders viel Fruktan im hinsichtlich ihres Futterwertes sehr hoch bewerteten Weidelgras und den Schwingelgräsern enthalten. Je kälter die Witterung ist (kalte Frühsommertage), desto weniger Wachstum findet in den Pflanzen statt und desto mehr Fruktan ist im Pflanzenkörper enthalten. Spät geschnittenes Gras (Mitte bis Ende der Blüte) sowie Grassilage enthalten dagegen wenig Fruktan. Zur Vorbeugung besonders bei anfälligen Pferden sollte die Stärkemenge der Kraftfutterration reduziert (max. 1,5 g pro kg Körpergewicht) und auf viele kleine Mahlzeiten verteilt werden. Parallel dazu muss viel Raufutter guter Qualität angeboten werden. Für eine optimale Verwertung der Stärke- und Zuckerbestandteile des Futters sollte dieses hoch aufgeschlossen werden (z. B. gepoppt oder geflockt). Hinsichtlich des Weidemanagements sollten für Rehe anfällige Pferde erst auf die Weide, wenn es entweder schon später im Jahr ist oder bei kühler Witterung im Sommer erst gegen Mittag, wenn es wärmer wird und die Pflanzen ihren Fruktanspeicher bereits wieder zum Wachsen aufbrauchen, sodass der Fruktangehalt im Pflanzenkörper absinkt.

Welche Sehnenerkrankungen gibt es und wie entstehen sie (Abb. 61)?

Zum einen gibt es mechanische und zum anderen degenerative Schäden an den Sehnen der unteren Gliedmaßen. Da die Vorderhand des Pferdes mehr als 60 % des Körpergewichtes abstützt, treten an den Vorderbeinen durch die starke Belastung (auch unter dem Reiter) häufiger Sehnenschäden an den Beugesehnen auf als hinten. Mechanische Schäden sind meistens Folgen von Verletzungen und können von Sehnenprellungen, Faserrissen über Schnittwunden bis hin zu vollständigen Sehnenrissen definiert werden. Die äußeren Sehnen sind am ehesten mechanischen Verletzungen ausgesetzt. Zerrungen und Überdehnungen entstehen meist durch einen bestimmten Vorgang wie zum Beispiel Übermüdung, Wegrutschen oder den Tritt in ein Loch. Degenerative Schäden entstehen dagegen über einen längeren Zeitraum, wenn die Sehnen, warum auch immer, nicht ausreichend mit Nährstoffen versorgt werden. In der Folge können erst einzelne, später mehrere oder sogar alle Fasern reißen. Diese degenerativen Schäden sind

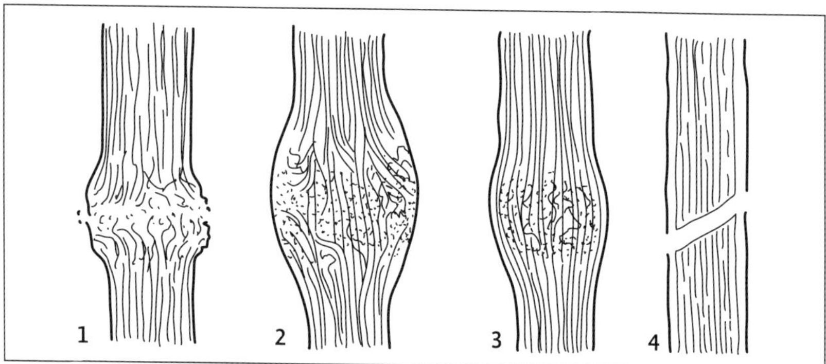

Abb. 61 Verschiedene Arten von Sehnenschäden beim Pferd (schematisch). 1 Sehnenriss, 2 Sehnenanriss, 3 Sehnenüberdehnung mit Bluterguss, 4 Sehnenschnitt (nach Ende 1999).

zunächst nicht sichtbar und entstehen durch weitere Belastung. Sehnenschäden werden meist durch einen Bogen auf der Sehnenrückseite sichtbar, er kann sich über die gesamte Sehne oder nur einen Bereich (oben, Mitte, unten) erstrecken.

Wie können Sehnenschäden geheilt werden und wie kann man ihnen vorbeugen?

Wie bei den meisten Erkrankungen ist es außerordentlich wichtig, sich möglichst früh über den beginnenden Schaden klar zu werden. Nur dann haben richtig angewandte Therapiemaßnahmen begründete Aussicht auf Erfolg. Einem Heilungsprozess geht in der Regel eine Entzündung voraus, in dessen Folge sich an den geschädigten Fasern dickeres und unelastisches Narbengewebe an Kollagenfasern bildet, da sich diese Kollagenfasern willkürlich anlagern und in ihrem Aufbau von dem ursprünglichen Gewebe unterscheiden. Es ist jedoch wichtig, dass sich die Kollagenfasern längs der Sehne anordnen, damit die geschädigte Sehne so viel wie möglich von ihrer ursprünglichen Funktionsfähigkeit wiedererhält. Die Anordnung der Kollagenfasern ist jedoch abhängig von den Kräften, die auf eine Sehne im Heilungsprozess einwirken. Nach Abklingen der akuten Entzündung sollte das Pferd daher regelmäßig kurze Strecken im Schritt geführt werden, damit es außer zu einer besseren Faseranordnung auch zu keinen Verwachsungen zwischen den Kollagenfasern und der Sehnenscheide kommen kann. Die möglichen Behandlungsmethoden eines Sehnenschadens sind auch durch die moderne Medizin sehr vielfältig geworden und sollten individuell mit dem behandelnden Tierarzt abgesprochen werden. Wichtig ist grundsätzlich, den Sehnenschaden in der Akutphase zu kühlen und anschließen mit Wärmebehandlung fortzufahren.

Wie lange dauert die Ausheilung eines Sehnenschadens?

Da sich im Normalfall das Kollagen der Sehnenfasern alle sechs Monate erneuert, kann davon ausgegangen werden, dass so lange mindestens auch die Heilung eines Sehnenschadens dauert. Da die Regeneration jedoch nicht der „normale" Vorgang innerhalb einer Sehne ist und durch Zwischenfälle gestört werden kann, kann es mitunter bis zu einem Jahr dauern, bis ein Sehnenschaden ausgeheilt ist. Ein limitierender Faktor ist in diesem Fall auch die verringerte Bewegungsintensität durch die Verletzungspause, wodurch die Durchblutung der Gliedmaßen nur minimal ist.

Welche Gelenkerkrankungen gibt es?

Die wichtigsten Erkrankungen der Gelenke sind sicherlich die Arthrosen (chronisch) und Arthritiden (akut) sowie Gelenkmäuse (kurz Chip). Gelenkerkrankungen äußern sich meistens durch stark geschwollene und sehr heiße Gelenkregionen mit mehr oder weniger starken Lahmheiten, die durch die Schwellung zusätzlich begünstigt werden. Gelenkentzündungen können durch Erreger wie Bakterien ausgelöst werden oder steril (erregerfrei) sein. Ursachen einer übermäßigen Synovialproduktion können traumatische Erlebnisse (wie Stauchung, Prellung, Überdehnung, Schlagverletzung) sein. Auch bakterielle Infektionen, offene Gelenkverletzungen oder sogar gravierende Stellungsfehler können Ursache einer Gelenkerkrankung sein. Während sich bei akuten Gelenkproblemen meist eine genaue Ursache herausfinden lässt, entwickeln sich chronische Gelenkschäden schleichend über einen längeren Zeitraum. Fehlstellungen, die in der direkten Folge zu einer vermehrten Synovialproduktion und damit zu Gallen führen können, sollten daher schon im Fohlenalter korrigiert werden, um Spätschäden bereits früh zu verhindern. Die häufig gefürchtete Gelenksarthrose, die im Sprunggelenk als Spat bezeichnet wird, ist eine degenerative Gelenkerkrankung, die die Zerstörung des Knorpels und damit eine Einschränkung der Gelenkfunktion zur Folge hat. Nicht nur der Verlust des stoßdämpfenden Knorpels auf den Gelenkflächen, sondern auch die Entstehung von knöchernen Zubildungen führt langfristig zu starken Gelenkschädigungen und großen Schmerzen. Bei dem sogenannten Spat im Sprunggelenk verknöchern die kleinen Sprunggelenksknochen während des Krankheitsverlaufs vollständig, sodass das Pferd nach Ablauf der vollständigen Verknöcherung zwar mit Einschränkungen aber noch schmerzfrei eingesetzt werden kann.

Was ist ein Chip?

Der Chip oder die Gelenkmaus ist ein vom Knochen oder Knorpel abgelöstes Bruchstück, das, je nachdem ob es vollständig (Osteochondrosis dissecans/OCD) oder nur in Teilen (Osteochondrosis/OC) von der Ursprungssubstanz abgegangen ist, auch durch Wanderung im Gelenk zu großen Problemen führen kann. Chips entstehen meistens im ersten Lebensjahr des Pferdes, wenn die noch überwiegend knorpeligen Strukturen des Skeletts verknöchern. Eine nicht angepasste

Mineralversorgung, falsche Bewegung auf ungeeigneten Böden sowie traumatische Erlebnisse machen die Entstehung von Chips möglich. Abgebrochene Knorpelstücke können im Verlauf der Zeit verknöchern und die dann meist noch schärferen Kanten zu größeren Schäden im Gelenk führen. Je nach Lage und Größe des Bruchstücks kann dies durch eine Operation entfernt werden, sodass es nicht mehr stören und durch seine Existenz zu Lahmheiten führen kann. Die Eröffnung des Gelenks sollte jedoch immer kritisch betrachtet und nur im äußersten Notfall (akute Lahmheit) durchgeführt werden, da es durch diese Eingriffe in der wenig durchbluteten Gelenkkapsel schnell zu erregerbedingten Entzündungen kommen kann.

Welche Knochenkrankheiten gibt es?

Zu den wichtigsten Knochenkrankheiten des Pferdes gehören die Fissur, der Bruch und das Überbein. Während die Fissur einen Riss der Knochensubstanz bedeutet, ist der Knochen beim Bruch weitgehend oder sogar komplett zerstört (hier müssen Trümmerbrüche, glatte Brüche oder mehrfache Brüche unterschieden werden). Der Knochenbruch kann mit Hautverletzung (offener Bruch) oder ohne deutlich sichtbare Bruchstelle (keine Hautverletzung) einhergehen und hat je nach Komplikationsgrad unterschiedliche Heilungsaussichten.

Das Überbein des Pferdes entsteht durch eine Reizung der Knochenhaut, die ihre Ursache in traumatischen Ereignissen (Anschlagen), Fehlstellungen oder Überbelastungen haben kann. Die in der Knochenhaut befindlichen knochenaufbauenden Zellen reagieren auf die Reizung mit einer Überproduktion, was zur Bildung der oft großen Überbeine führen kann. Ein Knochenbruch bzw. eine Fissur heilt auf ähnliche Weise. Der Knochen selbst beginnt bald nach der Verletzung mit der Bildung von „Kallus“, einem dichten, narbengewebsähnlichen Gewebe, das den Frakturspalt überwindet und das schnelle Zusammenwachsen der Knochenenden fördert. Ein Knochenbruch kann vollständig ausheilen und ist mittlerweile auch beim Pferd nicht mehr automatisch ein Todesurteil.

Tierseuchen

Welchem Zweck dienen die Maßnahmen der Tierseuchenbekämpfung?

Die Tierseuchenbekämpfung dient hauptsächlich dem regionalen, nationalen und internationalen freizügigen Transportieren der Tiere, wozu sie frei von Seuchen sein müssen.

Was unterscheidet Melde- und Anzeigepflicht?

Sowohl das Melden als auch das Anzeigen von Krankheiten dient der Seuchenbekämpfung, wie sie staatlich vorgesehen und laut Tierseuchengesetz geregelt ist. Um Tiere regional, national und international freizügig transportieren zu können, ist es wichtig, dass sie frei von Seuchen sind. Die Tierseuchenbekämpfung ist demzufolge eine Gemeinschaftsaufgabe des Staates und der Tierhalter. Eine der wichtigsten Voraussetzungen dafür ist die Anzeigepflicht. Anzeigepflichtig ist nicht nur der Ausbruch (amtliche Feststellung) der Seuche, sondern schon der alleinige Seuchenverdacht, da zur ausreichenden Bekämpfung ein frühzeitiges Handeln notwendig ist. Den Verdacht zur Anzeige bringen müssen demnach der Besitzer oder sein Vertreter, wer anstelle des Besitzers zeitweilig mit der Aufsicht der Tiere beauftragt ist und wer berufsmäßig mit Tierbeständen zu tun hat. Neben den anzeigepflichtigen Krankheiten gibt es noch die sogenannten meldepflichtigen Krankheiten. Diese Erkrankungen enthalten ein geringeres Schadenspotenzial als anzeigepflichtige Tierseuchen und werden daher auch nicht staatlich bekämpft. Dennoch soll ihr Auftreten, ihr Verlauf sowie ihre Häufigkeit dokumentiert werden, um einen ständigen Überblick zu haben und um ggf. staatlich eingreifen zu können (wenn es notwendig werden sollte). Zur Meldung verpflichtet sind Leiter von Veterinäruntersuchungsämtern, von Tiergesundheitsämtern oder sonstigen öffentlichen oder privaten Untersuchungseinrichtungen sowie Tierärzte, die in Ausübung ihres Berufes eine meldepflichtige Tierkrankheit feststellen. Nicht zur Meldung verpflichtet sind Tierbesitzer oder Personen, die beruflich mit Tieren (außer Tierärzten) zu tun haben.

Welche für Pferde relevanten anzeige- und meldepflichtigen Krankheiten gibt es?

Anzeigepflichtige Krankheiten: Afrikanische Pferdepest, Ansteckende Blutarmut der Einhufer, Beschälseuche der Pferde, Brucellose, Infektion mit dem West-Nil-Virus beim Pferd, Milzbrand, Pferdeenzephalomyelitis (alle Formen), Tollwut, Stomatitis vesicularis, Rotz.
Meldepflichtige Krankheiten: Echinokokkose, Equine Virus-Arteritis-Infektion, Leptospirose, Listeriose, Salmonellose, Tuberkulose, Tularämie, Verotoxin-bildende *Escherichia coli* (VTEC).

Betriebliches Management

Betriebsbeschreibung

Verkehrslage und Standort

Was ist die innere Verkehrslage?

Die innere Verkehrslage beschreibt die Wege, die in einem Betrieb im täglichen Ablauf zurückgelegt werden müssen. Damit sind sowohl die Wege zwischen den Gebäuden gemeint (wie beispielsweise vom Stall zur Reithalle, vom Stall zur Futterscheune), als auch die Laufwege innerhalb eines Gebäudes. Auch die Wege von der Betriebsfläche (Hof, Stall) zu den Weiden, Paddocks, Feldern und eventuellen weiteren Betriebsgebäuden werden mit der inneren Verkehrslage beschrieben. Die Kenntnis über die innere Verkehrslage eines Betriebes ist deswegen sehr wichtig, da von der Dauer der einzelnen Wegstrecken auch die innerhalb einer bestimmten Zeit zu leistende Arbeit abhängt. So dauert es beispielsweise länger, zwei Pferde nacheinander zu einer 1000 m entfernten Weide zu bringen, als wenn sie direkt am Hof (z. B. 50 m entfernt) auf eine Weide gebracht werden müssten. Der Weg, den das Personal zurücklegt, wenn es die Pferde auf die weiter entfernte Weide bringt, ist 4000 m lang und damit 20 Mal länger als der Weg zur hofnahen Weide. Diese Wege müssen bei der Personalplanung berücksichtigt werden, da eine gute innere Verkehrslage zunächst Arbeitszeit und langfristig Personal einsparen kann.

Was bedeutet arrondiert?

Arrondiert bedeutet, dass alle Flächen des Betriebes unmittelbar an die Hoffläche angrenzen und ohne Zwischenräume rund um die Hoffläche angesiedelt sind. Ein Betrieb mit arrondierten Flächen spart stets Wegezeit ein, wenn dessen Flächen (in welcher Form auch immer) bearbeitet werden sollen.

Was ist die äußere Verkehrslage?

Die äußere Verkehrslage beschreibt die Lage des Betriebes im allgemeinen Verkehrsnetz, besonders hinsichtlich der notwendigen „Geschäftspartner“ wie Klinik, Futtermittellieferant, Hufschmied oder Kunden (Pferdebesitzer, -käufer, Reitschüler). Auch die Art der Zuwegung (Qualität der Straßen, Erreichbarkeit [auch für Navigationsgeräte], Autobahnanbindung) und die Nähe zu Flughäfen oder Bahnhöfen werden zur äußeren Verkehrslage gezählt. Die äußere Verkehrslage ist besonders bei der Planung eines Betriebes entscheidend hinsichtlich der angestrebten Zielgruppe (Kundenverkehr) oder dem Betriebskonzept. Je umständlicher die Anreise zu einem Betrieb ist, desto schwieriger ist es auch für

Kunden, Futtermittellieferanten oder den Schmied, den Betrieb zu erreichen. Dies kann mit erhöhten Kosten und ausbleibender Kundschaft in Verbindung stehen und daher den Betrieb teuer zu stehen kommen. Ein Aufzuchtbetrieb mit eigener Futterproduktion ist beispielsweise nicht so stark von der äußeren Verkehrslage abhängig wie ein Verkaufsstall oder eine Reitschule.

Was sind Standortfaktoren?

Zu den Standortfaktoren gehören die Infrastruktur des Einzugsbereiches, die innere und äußere Verkehrslage des Betriebes sowie unveränderliche Klima-, Umwelt- und Bodenverhältnisse. Standortfaktoren sind in der Regel kaum vom Betrieb(sleiter) zu verändern und sollten bei der Betriebsplanung eine wichtige Rolle spielen.

Was sind Produktionsfaktoren?

Als Produktionsfaktoren werden alle Faktoren bezeichnet, die die Produktivität und Produktionsleistung eines Betriebes zur Produktion seiner Güter beeinflussen. Grundsätzlich werden Boden, Arbeit und Kapital als Produktionsfaktoren beschrieben, da von diesen drei Faktoren die Produktivität eines Betriebes abhängig ist. Je nach Lage und verfügbarer Fläche (Boden) verändert sich auch die Relevanz der beiden anderen Faktoren Arbeit und Kapital (in räumlich beengten Ballungsgebieten, wo der Boden ein sehr knapper Faktor ist, spielen Kapital und Arbeit eine größere Rolle als in ländlichen Regionen, wo der Boden kein limitierender Faktor ist). In Reitbetrieben sind die zu produzierenden Güter sehr schwer zu definieren, da es je nach Ausrichtung des Betriebes sehr unterschiedliche Ziele geben kann. Zu den Produktionsfaktoren gehören hier neben dem verfügbaren Kapital der Boden (Größe des Grundstücks, darauf verfügbare Gebäude) sowie Maschinen, Geräte und die Mitarbeiter, von deren Qualität oft die betriebliche Gesamtleistung abhängt.

Nachhaltigkeit

Was bedeutet Nachhaltigkeit in Pferdebetrieben?

Nachhaltigkeit bedeutet generell, dass so produziert bzw. verbraucht werden muss, dass die dafür benötigten Ressourcen trotz der Nutzung und des Verbrauchs bestehen bleiben und so gut wie möglich geschont werden. Sie sollen ihre wesentlichen Eigenschaften behalten und sich im Produktions- bzw. Verbrauchsprozess ausreichend regenerieren können. In der Waldnutzung bedeutet dies zum Beispiel, dass nicht mehr Holz gerodet werden darf, als auch wieder nachwachsen kann. In der Pferdeausbildung bedeutet das, dass ein junges Pferd so ausgebildet werden muss, dass es nicht nur das nächste Championat oder Turnier gut übersteht, sondern es mithilfe der Ausbildung möglichst weit gefördert werden kann und dabei gesund bleibt. Im Sinne der Fütterung kann dies beispielsweise heißen, dass die Pferde in der Aufzucht so gefüttert werden, dass sie nicht nur als Fohlen gut aussehen, sondern auch hinsichtlich der Futterinhaltsstoffe so ausreichend versorgt werden, dass ihr Körper und besonders das Knochengerüst optimal aufgebaut werden kann und dadurch Krankheiten langfristig vermieden werden können. Nachhaltigkeit heißt langfristig denken und langfristig handeln. Nachhaltig Wirtschaften und Arbeiten setzt eine ständige Überprüfung der eigenen Arbeit nach bestimmten Gesichtspunkten voraus. Nachhaltigkeit bedeutet, dass ein Betrieb ökologisch, ökonomisch und sozial verträglich wirtschaftet.

Wie kann Nachhaltigkeit gesichert bzw. überprüft werden?

In der 2001 verabschiedeten Europäischen Nachhaltigkeitsstrategie ist es ein erklärtes Ziel, soziale Gerechtigkeit, Umweltschutz und wirtschaftliche Entwicklung zu kombinieren und somit eine dauerhafte nachhaltige Entwicklung und Wirtschaft zu ermöglichen. Diese Vorgaben beziehen sich auf alle Lebensbereiche und bedeutet für die Arbeit in Pferdebetrieben, die eigene Arbeit und sämtliche Entscheidungen, Vorgänge und Handlungen nach diesen drei Kriterien zu überprüfen und zu hinterfragen. Nur so kann eine ökologische, ökonomische und soziale und damit nachhaltige Leistungsfähigkeit gewährleistet werden. Die drei Kriterien bedingen sich dabei gegenseitig. Beispielhaft bedeutet dies für einen Pferdebetrieb, dass er in jeder Situation und bei neuen Entscheidungen und Handlungen daran denkt, dass er seine Mitarbeiter fair behandelt, die Umwelt schützt und dabei wirtschaftlich denkt. Bei der Anwendung von Pflanzenschutzmitteln heißt das, dass der Betriebsleiter die Dosierung und das ausgewählte Mittel der tatsächlichen Dichte und Zusammensetzung der Unkräuter anpasst, um den Boden nicht unnötig mit Herbiziden zu belasten (Umweltschutz). Er verwendet also nicht mehr vom Spritzmittel als nötig ist (Wirtschaftlichkeit) und lässt den ausreichend entlohnten Mitarbeiter auch aus Gesundheitsgründen nicht länger als dessen Arbeitszeit es zulässt mit dem Spritzmittel hantieren (sozial, da es die Gesundheit des Mitarbeiters schont und dessen Arbeitszeit nicht überzogen wird).

Was ist ein Qualitätshandbuch?

Qualitätsmanagement ist ein wichtiger Bestandteil eines jeden Betriebes. Wer nachhaltig gute Qualität in seiner Arbeit sicherstellen möchte, muss diesen Qualitätssicherungsprozess anleiten und dokumentieren können. Qualitätshandbücher sollen dabei helfen, Qualitätsmanagement zu realisieren, und daher Richtlinien für einen Betrieb enthalten, damit dessen Qualitätsmanagement von allen betroffenen Personen in die Praxis umgesetzt werden kann. In dem Qualitätshandbuch sollen alle Maßnahmen bezüglich der Qualitätssicherung umfassend beschrieben und die durchgeführten Abläufe und Prozesse dokumentiert werden. Das Qualitätshandbuch sollte eine für jeden Betrieb individuell angepasste und geeignete Struktur aufweisen, die einen schnellen Überblick über betriebsinterne Standards und Abläufe ermöglicht. An das Qualitätshandbuch sollte sich jeder Betriebszugehörige halten und darin seine eigenen Tätigkeiten zur Qualitätssicherung dokumentieren. Mithilfe des Qualitätshandbuches sollte es jedem Mitarbeiter möglich sein, die betriebsindividuellen Prozesse und Abläufe genau durchzuführen und zu beurteilen. Beispielsweise könnten zum Thema Weidepflege der genaue Weidenpflegeplan inklusive Düngeranwendung und durchgeführter Bodenproben sowie ein detaillierter Entwurmungsplan für den gesamten Betrieb für ein bestimmtes Jahr aufgezeichnet werden. Nach jeder durchgeführten Maßnahme wird dann beispielsweise der Zeitpunkt, die ausgebrachte Düngermenge, die durchgeführte Weidenpflegearbeit oder die verabreichte Wurmkur (Tier, Präparat, Wirkstoff und Menge) dokumentiert. Bei der Erstellung eines Qualitätshandbuches muss daher zunächst die Betriebsstruktur analysiert und diese Ergebnisse mit dem themenbezogenen allgemeingültigen Fachwissen kombiniert und in einen sinnvollen Gesamtzusammenhang gebracht werden. Das Ziel des Qualitätsmanagements muss stets die nachhaltige Qualitätssicherung und -steigerung sein, weshalb die Durchführung und Dokumentation einer Kontrolle und Überprüfung der durchgeführten Maßnahmen ebenfalls Bestandteil des Qualitätshandbuches sein sollten. Beispielsweise kann der Erfolg einer Betriebsentwurmung mit einem bestimmten Präparat durch die Durchführung einer anschließende Kotprobe des gesamten Betriebes überprüft werden.

Bewertung an Arbeitskräften und Tieren im Betrieb

Was versteht man unter der Bezeichnung AK?

Mit AK wird eine „Arbeitskraft“ bezeichnet. Dabei steht eine AK nicht für eine Person (einen Mitarbeiter), sondern wird mit einer bestimmten Anzahl abgeleisteter Stunden pro Jahr berechnet. Eine AK ist demnach eine voll arbeitsfähige, erwachsene männliche oder weibliche Person, die dem Betrieb ständig zur Verfügung steht. Eine Arbeitskraftstunde wird unabhängig von der tatsächlich geleisteten Arbeit mit AKh abgekürzt und macht einen Vergleich und eine Bewertung von Betrieben hinsichtlich ihrer Arbeitskräfteverwertung möglich. Bei der Berechnung der AK (hier bezogen auf die Fremdarbeitskraft, da Familienarbeitskräfte mit einer höheren Stundenzahl angesetzt werden) geht man von einer Jahresarbeitszeit von 2140 Stunden aus, die genau 1,0 AK entsprechen (arbeitet die Person tatsächlich mehr als diese Stundenzahl wird sie trotzdem nur mit 1,0 AK angesetzt). Bei Auszubildenden, Minderjährigen und Rentnern (älter als 65 Jahre) werden Abschläge berechnet, da bei diesen Personen aufgrund des Alters oder verringerter Verfügbarkeit durch Berufsschule und Prüfungszeiten nicht von einer vollen Arbeitskraftverwertung ausgegangen werden kann. Bezüglich der Altersgruppen wird bei voller Verfügbarkeit im Betrieb folgender AK-Schlüssel angewendet: 15–17 Jahre = 0,7 AK; 18–65 Jahre 1,0 AK;, 65 Jahre und älter = 0,3 AK; Auszubildende werden ebenfalls mit 0,7 AK berechnet.

Was ist ein Pferdebestand?

Der Pferdebestand in einem Betrieb ist der Bestand an Pferden zu einem bestimmten Stichtag. Da ein Pferdebetrieb von vielen Zu- und Abgängen gekennzeichnet ist (Pferdezuchtbetriebe beispielsweise durch den Verkauf von Nachwuchspferden (Abgänge) und die Geburten neuer Fohlen sowie Zukäufe (Zugänge); Pensionsbetriebe durch die typische Fluktuation und den Stallwechsel vieler Pferdebesitzer), ist die Datenerhebung an bestimmten Stichtagen oder die Verwendung von Durchschnittszahlen von Vorteil.

Was versteht man unter Großvieheinheit und wie wird sie berechnet?

Um bezüglich der teilweise aus vielen unterschiedlichen Pferden (Fohlen, Aufzuchtpferde, Reitpferde, Hengste, Ponyrassen, Kaltblüter) zusammengesetzten Pferdebestände eine einheitliche Vergleichsgröße zu haben (beispielsweise hinsichtlich AK-Bedarf, benötigter (Weide-)Fläche und Futterversorgung), werden alle Tierzahlen (unabhängig von der Tiersorte) in Großvieheinheiten wiedergegeben. Dabei entspricht eine Großvieheinheit (GV) 500 kg Lebendgewicht bei ganzjähriger Haltung im Betrieb. Die tatsächliche Großvieheinheit eines Tieres lässt sich daher nur mithilfe seines genauen Gewichts berechnen. Der allgemeine Umrechnungsschlüssel sieht hier nur drei unterschiedliche Kategorien vor: Pferde über 3 Jahre = 1,1 GV, Pferde unter 3 Jahre = 0,7 GV, Kleinpferde = 0,7 GV. Je nachdem, um welche Art Betrieb es sich handelt, macht es Sinn, die tatsächlichen Durchschnittsgewichte der Altersgruppen (evtl. sogar getrennt nach Geschlecht) zu ermitteln und die genaue GV-Zahl auszurechnen. So werden sich beispielsweise Island- und Warmblutzuchtbetriebe hinsichtlich ihrer GV-Zahlen sehr stark unterscheiden. Auch Aufzuchtbetriebe und Rennställe, die beide mit ein- und zweijährigen Pferden zu tun haben, werden sich hier hinsichtlich ihrer tatsächlichen GV-Zahl deutlicher unterscheiden, als es zunächst durch den Umrechnungsschlüssel möglich scheint.

Was ist der AK-Besatz?

Mit AK-Besatz (AK pro Pferdezahl) wird das Verhältnis des AK-Bestandes eines Betriebes in Beziehung zu der Anzahl gehaltener Pferde beschrieben. Er bezeichnet folglich, um wie viele Pferde sich eine AK im Betrieb kümmern muss. Hier wird mit der tatsächlichen Pferdezahl (nicht GV) gerechnet, da es zum Teil unabhängig vom Gewicht des Tieres ist, wie intensiv es versorgt werden muss (ein großes Warmblut in einer Einzelbox wird genauso lange geritten bzw. versorgt wie ein Kleinpferd in einer Einzelbox). Je höher der AK-Besatz (also je weniger Pferde pro AK) ist, desto höher ist auch der Betreuungsaufwand im Betrieb. In einem Ausbildungsbetrieb, wo alle Pferde von den Mitarbeitern versorgt und geritten werden, ist der AK-Besatz demnach höher als in einem Aufzucht-, Schul- oder Pensionspferdebetrieb, wo die Betriebsmitarbeiter die eingestallten Pferde „nur“ versorgen müssen. Mithilfe des AK-Besatzes kann daher auf die Art des Betriebes rückgeschlossen werden.

Was ist die Besatzstärke?

Mit Besatzstärke (in GV/ha) wird der während der Vegetationszeit voll von der Weide ernährte Viehbestand (in GV) bezeichnet. Die Besatzstärke wird berechnet als das Verhältnis von der Menge der Weidetiere in Großvieheinheiten (GV) zur gesamten vorhandenen Weidefläche in Hektar (ha). Welche Besatzstärke auf einer Weidefläche möglich ist, hängt stets vom Standort und dessen natürlicher Leistungsfähigkeit sowie der Bewirtschaftungsintensität des Grünlands ab.

Was ist die Besatzdichte?

Mit Besatzdichte (in GV/ha) wird das tatsächliche Lebendgewicht der Herde je ha zugeteilter Fläche bezeichnet. Die Besatzdichte gibt Auskunft über die Intensität der Weidenutzung (je höher die Besatzdichte, desto intensiver wird die Weide bewirtschaftet).

Haltung

Haltungsverfahren für Pferde

Welche äußeren Umstände müssen gegeben sein, um ein Pferd halten zu können?

Es müssen hinsichtlich der Gebäude und der zur Verfügung stehenden Fläche alle Umstände gegeben sein, die eine artgerechte Pferdehaltung zur Erfüllung der Ansprüche des Pferdes an Bewegung, Sozialkontakte, Futter und Futteraufnahme sowie Klimaansprüche ermöglichen.

Wie sieht das natürliche Sozialverhalten der Pferde aus?

Pferde sind friedfertige hochflüchtige Pflanzenfresser und leben in der freien Natur in kleinen Herden und geregelten Sozialverbänden eng zusammen. So sind sie Feinden gegenüber bestens gewappnet, da immer ein Teil der Herde ruhen kann, während ein anderer Teil die „Wache“ übernimmt. Die Herden setzen sich meist aus einigen Stuten inklusive ihrer Fohlen und älteren Töchtern zusammen und werden von einem Leittier geführt. Meistens führt die Leitstute die Herde an, während der Hengst die Herde von hinten zusammenhält und nur in bestimmten (Gefahren-)Situationen lenkend eingreift. Junghengste leben in gleichaltrigen Gruppen zusammen und halten sich meist abseits von der „weiblichen“ Herde. In Rangeleien und spielerischen Kämpfen trainieren sie ihre Kräfte und üben für den Ernstfall, wenn sie einem älteren Hengst eine Stute abspenstig machen wollen. Die Pferde pflegen untereinander sehr häufig Sozialkontakte, indem sie gegenseitig Fellpflege betreiben. Die Rangordnung in einer Herde wird über Kämpfe, Drohen, Unterwerfung oder einer Mischung dieser verschiedenen Ausdrucksformen zunächst hergestellt und dann im Herdenverband aufrechterhalten. Stuten setzen sich in der Regel über das Auskeilen und Schnappen zur Wehr, während Hengste vor allem die Vorderbeine über das Aushauen nach vorne und das Steigen zur Gegenwehr benutzen.

Welche (Stall-)Haltung ist optimal für ein Pferd?

Es gibt eigentlich keine optimale Stallhaltung für das Pferd, geht man von artgerechter Tierhaltung aus. Andererseits haben sich die domestizierten Pferde sehr gut an den Menschen und dessen Haltungssysteme angepasst. Es ist je nach Pferd (Alter, Ausbildungsstand, Geschlecht) individuell zu entscheiden, ob eine bestimmte Haltungsform „optimal" ist. Im Sinne der Pferde optimal ist jedes Haltungssystem, das viel Bewegung, Futtersuche und Sozialkontakte ermöglicht.

Was ist die Einzelaufstallung bzw. Boxenhaltung?

Bei der Einzelaufstallung bzw. Boxenhaltung wird jedes Pferd in einer separaten Box bzw. Stall gehalten. Jedes Pferd hat eine eigene Tränke sowie Krippe und in der Regel keinen freien Kontakt zu Artgenossen. An die einzelne Pferdebox kann sich ein Paddock oder eine Weide anschließen. Einzelboxen gibt es mit und ohne Fenster.

Was spricht für bzw. gegen Einzelaufstallung bzw. Boxenhaltung?

Pferde, die in Boxen gehalten werden, sind für den Reiter bzw. Versorger stets direkt zu erreichen, zu füttern und zu behandeln. Die Pferde können genau dosiert gefüttert werden und sind vor den meisten durch andere Pferde entstehenden Verletzungen geschützt. Sie können gut gepflegt und individuell betreut werden und sind auch bei Regen stets trocken und daher direkt zu nutzen. Nachteil der Boxenhaltung ist die unnatürliche Haltungsweise. Kaum Sozialkontakte, keine Futtersuche, keine Auseinandersetzung mit Klimareizen und wenig Bewegung sind die typischen Merkmale der Boxen, auch wenn die Haltungsweise im Sinne der Pferde stets weiterentwickelt wird. Sportpferde und besonders wertvolle Tiere werden fast ausschließlich in Boxen gehalten, wobei meist der wirtschaftliche oder sportliche Gedanke im Vordergrund steht. Das Pferd „darf" sich nicht verletzen, weil es dann als Sportler oder als Verkaufsobjekt ausfällt.

Welche wiederkehrenden Arbeiten zählen zur Boxenpflege?

Welche täglich wiederkehrenden Arbeiten zur Boxenpflege zählen, hängt entscheidend vom individuellen Entmistungssystem ab. Generell gehört das Entmisten (täglich oder im Abstand von einigen Wochen), das Einstreuen, das Kontrollieren und Reinigen von Tränke und Krippe sowie das gründliche Reinigen der Boxenwände und -böden zu den wiederkehrenden Arbeiten der Boxenpflege. Weiterhin sollte die Box regelmäßig nach vorstehenden Gegenständen abgesucht werden, um die Verletzungsgefahr des Pferdes zu minimieren.

Was ist der Einraumlaufstall?

Der Einraumlaufstall ist eine sehr große „Box", in der mehrere Pferde gleichzeitig gehalten werden. Es gibt in den meisten Laufställen für jedes Pferd Fressplätze aber meistens nur ein oder zwei Tränken. Einraumlaufställe eignen sich besonders für die Winterhaltung von Jungpferden (Absetzer, Ein- und Zweijährige).

Was spricht für bzw. gegen den Einraumlaufstall?

Der Einraumlaufstall eignet sich besonders gut für die Winterhaltung von Aufzuchtpferden. Ein Vorteil dieser Haltungsform ist die Möglichkeit, die Pferde in Gruppen zu halten, wodurch sie ständig Sozialkontakte pflegen und in einer Herde leben können. Nachteil bzw. zu beachten ist bei der Zusammenstellung der Gruppen, dass es sich um möglichst einheitliche Herden handelt, damit kein rangniedriges Einzeltier unter dem begrenzten Raum leidet. Es muss in diesem Zusammenhang darauf geachtet werden, dass alle Pferde die ihnen zugeteilten Kraftfutterrationen erhalten und in Ruhe stressfrei fressen können. Gewährleistet werden kann dies durch das Anbinden der Pferde zum Füttern oder durch Fressstände. Wichtig ist außerdem, dass die Laufstallhaltung nicht den täglichen Auslauf ersetzt. Auch wenn die Pferde hier ständig in Bewegung sind, reicht dies nicht aus, um ihren natürlichen Laufdrang zu befriedigen. Auch ist der weiche Untergrund (zumeist Stroh) nicht als ausschließliche Lauffläche geeignet.

Was ist die Gruppenauslaufhaltung?

Gruppenauslaufhaltung meint, dass die Pferde im Auslauf in Gruppen gehalten werden. Hierfür kommt entweder eine Tagweide oder ein Paddock mit Auslauf in Frage. Werden die Pferde Tag und Nacht in Gruppen mit Auslauf gehalten spricht man von Offenstallhaltung. Hier haben die Pferde zusätzlich zum Auslauf noch entsprechende Ruheplätze.

Was spricht für bzw. gegen die Gruppenauslaufhaltung?

Es gibt wenig, was gegen die Gruppenauslaufhaltung spricht. Beachtet werden muss jedoch in jedem Fall, dass ausreichend Platz für die vorgesehene Herdengröße vorhanden ist, der Untergrund für viele Pferde und schnelle Bewegung geeignet ist (er muss rutschfest und leicht zu reinigen sein) und die Gruppe sorgfältig zusammengestellt wird, um Verletzungen zu vermeiden. Für eine Gruppenauslaufhaltung eignen sich nicht alle Pferde. Sehr dominante Tiere, die regelmäßig Unruhe in die Herde bringen, sowie Hengste können nicht problemlos in jede Gruppe integriert werden. Für die Gruppenauslaufhaltung spricht die relativ natürliche Haltungsform und die Erfüllung vieler arttypischer Bedürfnisse des Pferdes.

Was ist die Weidehaltung?

Mit Weidehaltung wird generell die Haltung der Pferde auf einer Weide bezeichnet. Die Weidehaltung eignet sich beispielsweise bei Aufzuchtpferden zur alleinigen Haltungsform im Sommer. 24 Stunden Weidegang in der Gruppe sind bestens geeignet, zum Beispiel Pferden in der Aufzucht eine gesunde Zukunft zu ermöglichen.

Was spricht für bzw. gegen die Weidehaltung?

Für die Weidehaltung nicht geeignet ist von Natur aus kein Pferd, denn der natürliche Lebensraum der Pferde ist die grasbewachsene Steppe. Es gibt jedoch Pferde, die aufgrund ihres Stoffwechsels oder bestimmter Vorerkrankungen den (dauerhaften) Weidegang nicht vertragen. Hier muss die Zeitdauer und ggf. der Bewuchs der Weide angepasst werden, damit auch diese Tiere Zugang zur Weide erhalten können. Am Anfang der Weidesaison muss darauf geachtet werden, die Weidedauer zu begrenzen, bis sich die Pferde bzw. ihr Verdauungssystem an das gehaltvolle Gras gewöhnt haben. Zum Ende der Weidesaison muss bedacht werden, dass das nachwachsende Gras nur noch wenig Rohfaser enthält und je nach Witterung Stroh und oder Heu zugeführt werden muss, um den Rohfaser- bzw. Trockensubstanzbedarf des Pferdes ausreichend zu decken.

Warum ist eine erfolgreiche Pferdezucht ohne Weidegang nicht möglich?

Mit dem zur „Pferdezucht" gehörenden Pferden sind vor allem die säugenden und tragenden Stuten gemeint sowie die Fohlen, Ein- und Zweijährigen. Ebenfalls gehört zu einer erfolgreichen Pferdezucht auch die erfolgreiche Aufzucht der Pferde. Für die genannten Pferdegruppen ist es besonders wichtig, den täglichen Weidegang, wann immer es geht, rund um die Uhr genießen zu können. Für die säugenden Stuten, deren Körper in der Laktationsphase auf Milchproduktion ausgerichtet ist, ist Gras ein wesentlicher Bestandteil des benötigten Futters. Weiterhin wird durch die ständige Bewegung auf der Weide die Darmperistaltik angeregt, was für eine optimale Verdauung und Nährstoffbereitstellung im Sinne der Milchproduktion sehr wichtig ist. Fohlen sowie ein- und zweijährige Pferde, deren gesamter Körper sich im Wachstum befindet, werden noch nicht aktiv bewegt bzw. durch den Menschen gearbeitet. Da für eine gesunde Aufzucht und die Ausbildung aller Organe sowie des passiven und aktiven Bewegungsapparates jedoch ständige gemäßigte Bewegung sowie das Spielen mit Gleichaltrigen eine wichtige Voraussetzung ist, müssen die Pferde ständige Möglichkeit zur freien Bewegung in der Gruppe haben. Für Fohlen in den ersten Lebensmonaten ist es unter anderem zur Straffung von Sehnen und Bändern weiterhin sehr wichtig, dass sie sich nicht nur auf weichem Untergrund (Box, Halle, Sandplatz), sondern auch auf festem Boden wie zum Beispiel Gras bewegen. Nur diejenigen Pferde, die in einer Gruppe auf ausreichender Fläche aufwachsen durften, werden zu gesunden, ausdauernden und kräftigen Sportlern heranwachsen.

Ist Weidegang auch für Sportpferde zu empfehlen?

Grundsätzlich ist Weidegang für jedes Pferd, unabhängig von seiner Nutzung, zu empfehlen, da das Grasen der natürlichen Fresshaltung des Pferdes entspricht. Das freie „Grasen" ist weiterhin für die Psyche eines jeden Pferdes gut geeignet, da es sich ungelenkt bewegen und seinen natürlichen Bedürfnissen nachkommen kann. Das große Problem bei Sportpferden ist häufig deren hoher Wert und die bei freiem Weidegang gesteigerte Verletzungsgefahr. Dennoch sollte jedem Pferd freier Weidegang ermöglicht werden. Bei wertvollen Sportpferden sollte daher nicht auf Weidegang verzichtet, sondern die Vorsichtsmaßnahmen erhöht werden. Zum Beispiel kann man die Weide verkleinern, um ein unkontrolliertes Rennen und Bocken zu vermeiden, und die Beine der Pferde mit Gamaschen, Glocken oder Bandagen schützen. Regelmäßiger Weidegang verringert ebenfalls die Verletzungsgefahr, da sich das Pferd an die „Freiheit" gewöhnt.

Was sind Verhaltensstörungen, wie können sie entstehen und wie kann man ihnen vorbeugen?

Verhaltensstörungen und Verhaltensauffälligkeiten sind Verhaltensmuster, die in jeglicher Hinsicht vom „normalen" Verhalten des Pferdes abweichen. Sie entstehen in der Regel durch falsche Haltung, Fütterung und Bewegung der Pferde, können jedoch auch organische Ursachen haben, auf Erkrankungen zurückführbar oder sogar genetisch bedingt sein. Die Pferde (besonders betroffen sind oft „schlaue" und hoch im Blut stehende Pferde) wollen diese Langeweile bzw. das Unwohlsein und eine innere Unruhe durch die Entwicklung von Verhaltensstörungen beseitigen und somit Stress abbauen. Verhaltensstörungen kann man demzufolge am besten vorbeugen, wenn die Pferde artgerecht gehalten werden, viel Beschäftigung bekommen, sich ausreichend bewegen können und Sozialkontakte möglich sind. Fressen und Futtersuche sind beispielsweise die Hauptbeschäftigungen eines freilebenden Pferdes (auch bei Weidepferden zu beobachten) und sollten daher auch in der Stallhaltung möglich sein. Dabei ist es von Vorteil, die Futteraufnahme zum Beispiel durch spezielle Raufen oder Netze zu erschweren, damit sich das Pferd nicht ungebremst den „Bauch vollschlägt".

Welche Verhaltensstörungen gibt es?

Die Zahl möglicher Verhaltensstörungen ist relativ groß. Von Koppen, Weben und Barrenwetzen bis hin zu Boxenlaufen, sich nicht Legen, Scharren, Belecken von Gegenständen, dem Auskeilen und anderen Verhaltensweisen können Pferde unterschiedlichste Verhaltensmuster entwickeln, die als Verhaltensstörung oder -auffälligkeit bezeichnet werden. Eine Verhaltensstörung ist ein auf den ersten Blick unnützes Verhalten. Wenn das Pferd dieses Verhalten häufig wiederholt, ohne die Abläufe zu verändern, spricht man von Stereotypie. Das Pferd verschafft sich mit diesen Verhaltensstörungen Abwechslung und Beschäftigung, weil es dieses nicht aus seiner Haltung erfährt.

Aus welchen Gründen beugt artgerechte Haltung und Fütterung Verhaltensstörungen, Verletzungen und Krankheiten vor?

Ein Pferd in artgerechter Haltung hat ständig die Gelegenheit, sich mit Futtersuche, Sozialkontakten und Nahrungsaufnahme zu beschäftigen. Durch die fortwährende Bewegung sind auch Knorpel, Bänder und Sehnen ständig „geschmiert" und daher weniger anfällig für Verletzungen. Wenn sich das Pferd mit Nahrungsaufnahme, Futterbeschaffung und Sozialkontakten beschäftigen kann, ist es vor Langeweile bewahrt und nicht so anfällig für Verhaltensstörungen. Artgerechte Fütterung bedeutet viel Raufutter zur freien Verfügung bei wenig Kraftfutter, was Verdauungsstörungen, Koliken und Magengeschwüren vorbeugt, da das Verdauungssystem des Pferdes optimal arbeiten kann.

Wie lässt sich die Boxenhaltung artgerechter gestalten?

Die artgerechte Gestaltung der Boxenhaltung ist schwierig, da bereits das Einpferchen des Pferdes in einen derart kleinen und umzäunten Bereich seinem natürlichen Lebensraum widerspricht. Die Box muss daher ausreichend groß sein, sodass das Pferd wenigstens ein paar Schritte vorwärts machen kann und sich nicht nur auf der Stelle drehen muss. Es sollte sich lang ausgestreckt hinlegen und nicht nur in aufrechter Seitenlage schlafen können. Da sich das Pferd natürlicherweise den ganzen Tag mit Futtersuche beschäftigt, sollte ihm das auch in der Box ermöglicht werden. Eine reine Spänebox mit rationierten Heuportionen morgens und abends, die das Pferd nach wenigen Stunden gefressen hat, ist hier nicht angebracht. Heunetze, engstehende Raufen oder Heu zur freien Verfügung sollten hier die Mittel der Wahl sein, wodurch das Pferd zusätzlich beschäftigt ist, wenn es „mühsam" das Heu aus dem engmaschigen Netz oder der Raufe herausarbeiten muss. Bei Strohboxen, die dem Pferd den ganzen Tag Knabbermaterial und daher Beschäftigung bieten, sollte darauf geachtet werden, dass das Pferd nicht zu viel Stroh aufnimmt, um keine Verdauungsprobleme zu provozieren. Spielzeug wie Bälle oder Lecksteine sind sicherlich nur begrenzt zur artgerechten Gestaltung der Box geeignet, da sie dem Pferd schnell langweilig werden und nicht jedes Pferd zum Spielen animieren. Gesüßte oder mit zu vielen Mineralien versehene Lecksteine können eher schaden als helfen, wenn das Pferd dadurch zum Beispiel von einem Nährsalz eine zu große Menge aufnimmt. Kleinpaddocks mit der Möglichkeit zu Sozialkontakten über den Zwischenzaun hinweg sowie die Haltung von verträglichen Pferden mit halbhohen Boxenzwischenwänden optimieren die Boxenhaltung weiterhin.

Inwieweit verbessern Paddockboxen die Boxenhaltung?

Paddockboxen mit Kleinpaddocks verbessern die Boxenhaltung dahingehend, dass die Pferde zwar keinen Auslauf im herkömmlichen „Paddocksinn" bekommen, aber dennoch die Möglichkeit haben, sich allen Klimareizen und Wetterbedingungen direkt auszusetzen. Durch die ständig geöffnete Außentür der Box können sich darüber hinaus die Luft- und Klimaverhältnisse in der Box verbessern.

Boxeneinrichtung

Warum sollen Trog und Tränke diagonal und nicht zu hoch angebracht sein?

Pferde haben gerne die Eigenschaft, während der Futteraufnahme Wasser zu saufen oder das Heu in die Tränke zu tunken. Um zu verhindern, dass das Pferd das Krippenfutter mit dem Wasser unzerkaut hinunterspült und um Verschmutzungen in Tränke und Krippe zu vermeiden, sollte man sie weit entfernt voneinander in der Box platzieren (am besten diagonal). Beide sollten nicht zu hoch angebracht sein, um die Gesundheit des Pferdes (besonders hinsichtlich der Muskeln im Rücken) nicht zu gefährden. Da die Futter- und Wasseraufnahme aus der Krippe bzw. Tränke im Vergleich zur natürlichen Fresshaltung des Pferdes unphysiologisch sind, sollten sie ebenfalls nicht zu hoch angebracht sein. Eine zu niedrig angebrachte Krippe bzw. Tränke ist nicht günstig, da das Pferd sehr schnell hineinäppelt oder sie mit den Hufen trifft und dadurch zerstört.

Welche Kriterien muss eine Futterkrippe erfüllen?

Eine Futterkrippe muss verschiedene Kriterien erfüllen, um das Pferd weder zu verletzen noch mit unerwünschten Keimen oder Chemikalien zu infizieren oder zu vergiften. Sie muss daher splittersicher, leicht zu reinigen und aus geeignetem Material gefertigt sein. Weiterhin sollten die Ecken und Kanten abgerundet sein, damit sich das Pferd nicht in der Box daran verletzt. Die Krippe sollte groß genug sein, damit das Pferd beim Fressen artgemäß selektieren und sich mit dem Kopf bewegen kann. Hinsichtlich des Materials muss darauf geachtet werden, dass es lebensmittelecht ist und das Pferd keine löslichen Chemikalien mit dem Futter aufnimmt. Sollte das Pferd beim Wälzen oder Herumtoben in der Box in die Krippe gelangen oder sie mit einem Huftritt zerstören, darf sie nicht splittern und das Pferd dadurch verletzen. Herkömmliche Materialien sind Plastik, Keramik (eingemauert) oder Metall. Holz eignet sich als organisches Material weniger, da es sich an der Oberfläche zersetzt und im Laufe der Jahre optimale Voraussetzungen und eine gute Brutstätte für Bakterien und Keime bietet.

Welche Vorteile und welche Nachteile hat eine Selbsttränke?

Eine Selbsttränke, wie sie fast in jedem Pferdestall zu finden ist, hat den großen Vorteil, dass das Pferd jederzeit und unabhängig vom Menschen Wasser aufnehmen kann. Für den Menschen hat sie den großen Vorteil, dass er kein Wasser mehr schleppen muss, um alle Pferde gleichmäßig zu versorgen. Zwei große Nachteile bringt die Selbsttränke (je nach Machart) jedoch mit sich. Zum einen säuft das Pferd von Natur aus in großen Schlucken bei denen es viel Wasser aufnimmt. Die Fließgeschwindigkeit des Wassers in einer Selbsttränke lässt diese großen Schlucke aber meist nicht zu, sodass das Pferd viel häufiger abschlucken muss, um genügend Wasser aufzunehmen. Ein weiterer Nachteil ist die mangelnde Kontrolle über die tatsächlich aufgenommene Wassermenge des einzelnen Pferdes, da es freien Zugang zur Tränke hat. Dies ist besonders relevant bei kranken oder „zu trockenen“ Pferden. Selbsttränken müssen jeden Tag gründlich kontrolliert werden, da Pferde die Tränkschale gerne beim Äppeln treffen und ihnen der Zugang zum Wasser dann verwehrt ist.

Stallklima

Was bzw. wie ist das optimale Stallklima und durch welche Faktoren wird es beeinflusst?

Das optimale Stallklima ist hinsichtlich der verschiedenen klimabestimmenden Faktoren an die Außenbedingungen angelehnt und mildert höchstens Extreme nach oben und unten ab. Pferde können sehr gut in Offenstall- oder Kaltstallhaltung leben, werden hingegen in klimatisierten warmen (Winter) oder gekühlten (Sommer) Ställen häufig krank, da ihr Immunsystem nicht gegen die unnatürlichen Klimaverhältnisse und den extremen Wechsel bei Verlassen des Stalls ankommt. Neben der Temperatur, die sich folglich an die Außentemperatur anlehnen sollte, sind auch die Luftfeuchtigkeit, die Schadgaskonzentration, die Luftbewegung und das Licht für das Stallklima verantwortlich. Obwohl die Toleranzbreite des Pferdes hinsichtlich der verschiedenen Klimabedingungen in Stall und Umwelt sehr weit ist, geht es in der modernen Sportpferdehaltung darum, die klimatischen Verhältnisse der Haltung dahingehend zu optimieren, dass die Pferde die für den Reiter gewünschten optimalen Leistungen bringen können und maximal leistungsfähig sind, ohne Energie für die Klimaanpassung aufbringen zu müssen.

Wie hoch sollte die Temperatur im Stall sein?

Die Stalltemperatur sollte grundsätzlich ähnlich der Außentemperatur gestaltet sein. Sehr starke Extreme nach oben und unten sollten abgemildert werden.

In welchem Bereich befindet sich die Wohlfühltemperatur des Pferdes?

Die Wohlfühltemperatur des Pferdes ist der Temperaturbereich, in dem das Pferd durch seine arteigenen Thermoregulationsmechanismen seinen Stoffwechsel nicht übermäßig belasten oder beanspruchen muss. Dieser Temperaturbereich ist beim Steppentier Pferd relativ weit und reicht von −15 bis +25 °C. Innerhalb dieser Temperaturzone ist das Pferd daher zu seinen Höchstleistungen bereit, da der Stoffwechsel sich nicht mit besonderer Thermoregulation beschäftigen und dafür Energie aufbringen muss. Beachten muss man in diesem Zusammenhang jedoch, dass man die Funktionsfähigkeit der Thermoregulationsmechanismen durch das Eindecken des Pferdes erheblich einschränkt. Ein eingedecktes Pferd kann nicht mehr mit seiner gesamten Körperfläche die Temperaturschwankungen wahrnehmen, da ein Großteil des Körpers von einer mehr oder weniger gut isolierenden Decke bedeckt ist und nicht auf die Temperaturreize reagieren kann. Es liegt demnach in der Verantwortung des Pferdebesitzers/-reiters, seinem eingedeckten Pferd im Winter bei niedrigen Temperaturen eine angepasste Thermoregulation zu ermöglichen bzw. diese durch passendes Eindecken zu ergänzen.

Wie viel Luftbewegung braucht das Pferd?

Durch die Bewegung der Luft, die das Pferd möglichst auf gesamter Körperfläche treffen sollte, wird die Thermoregulation des Pferdekörpers stimuliert und die ausgeatmete Luft sowie lästige Insekten abtransportiert. Pferde stehen aus diesem Grund im Freien gerne an sehr windigen Stellen. Die Luftbewegung sollte im Stall etwa 0,1 m/s betragen, wobei keine Zugluft entstehen darf. Zugluft entsteht, wenn sich die Luft wesentlicher schneller bewegt (0,2–0,5 m/s) und nur auf einer kleinen Fläche auf das Pferd trifft, wodurch dessen Thermoregulationsmechanismen nicht reagieren können und das Pferd sich in der Folge erkältet.

Wie hoch sollte die Luftfeuchtigkeit im Stall sein?

Wie für alle Klimabedingungen ist auch hinsichtlich der Luftfeuchtigkeit der Toleranzbereich des Pferdes sehr hoch. Die relative Luftfeuchtigkeit im Stall sollte zwischen 60 und 80 % liegen, wobei warme und feuchte Stallungen besonders negativ für Pferde sind.

Welche Schadgaskonzentrationen sollten im Stall nicht überschritten werden?

Durch die Ausscheidungen des Pferdes und die sich anschließenden Zersetzungsprozesse in der Einstreu werden verschiedene Gase produziert und freigesetzt, die eine gewissen Konzentration nicht überschreiten sollten, um die Pferdelunge nicht übermäßig zu strapazieren und zu schädigen. Hier spielen besonders Ammoniak (Ausscheidungen und deren bakterielle Zersetzung), Schwefelwasserstoff (Fäulnisprozesse in der organischen Substanz) und Kohlendioxid (Ausatmungsluft und Fäulnisvorgänge) eine besondere Rolle. Die Maximalwerte von Ammoniak betragen 10 ppm (0,1 l/m^3), von Schwefelwasserstoff 0,01 l/m^3 und die Konzentration von Kohlendioxid sollte 0,1 Volumenprozent (1 l/m^3) nicht überschreiten. Für den regelmäßigen Austausch der verbrauchten Stallluft innen und der Frischluft von außen müssen eine ausreichende Luftbewegung und ein sinnvolles Lüftungssystem im Stall gewährleistet sein. Zu hohe Schadgaskonzentrationen in der Stallluft sind schädlicher für das Pferd als Abweichungen innerhalb der anderen angegebenen optimalen Klimawerte.

Welche Lichtbedürfnisse hat das Pferd?

Das Pferd hat ein sehr hohes Lichtbedürfnis, da ausreichender Lichteinfall für seine Gesunderhaltung, sein Wohlbefinden, seine Leistungsfähigkeit und für seine Fruchtbarkeit eine entscheidende Rolle spielt. Als Mindestmaß für die Fenstergröße gilt daher, dass pro Pferd mindestens 1 m^2 Fensterfläche zur Verfügung stehen sollten, bzw. die Fensterfläche des Stalls mindestens 1/15 der gesamten Grundfläche ausmacht. Die Beleuchtungsstärke sollte mindestens 60, besser aber 100 Lux betragen.

Maße

In welcher Höhe sollte sich die Futterkrippe befinden?

Die Höhe der Krippensohle berechnet man mit der Formel 0,33 × Widerristhöhe, was etwa 0,55 m für Pferde und 0,45 m für Ponys beträgt.

In welcher Höhe sollte sich die Tränke in der Pferdebox befinden?

Die Höhe der Tränke berechnet man mit der Formel 0,5 × Widerristhöhe.

Mit welcher Faustformel wird die Größe einer Box berechnet?

Die Mindestmaße für eine Einzelbox berechnen sich mit der Formel: doppelte Widerristhöhe zum Quadrat, wobei die schmale Seite der Box mindestens 1,5 × Widerristhöhe betragen muss.

Wie lautet die Flächenberechnungsformel der Gruppenauslaufhaltung (für den Innen- und den Außenbereich)?

Das Gruppenauslaufhaltungssystem besteht aus einem Liegebereich im Stall und einem davorliegenden Auslauf. Eventuell gibt es zusätzlich Fressstände oder einen Fütterungsautomaten. Der Flächenbedarf pro Pferd beträgt im Liegebereich etwa (1,8 × Widerristhöhe) zum Quadrat, die (befestigte) Auslauffläche sollte pro Pferd mindestens das Doppelte einer Boxengröße (= 2 × doppelte Widerristhöhe zum Quadrat) betragen. Fressstände sollten 1,8 × Widerristhöhe lang und nur so breit sein, dass ein einzelnes Pferd darin Platz findet.

Was kann passieren, wenn eine Box zu klein ist für das Pferd?

In einer zu kleinen Box kann sich das Pferd nicht ungehindert ablegen, wälzen und umdrehen, sodass es sich bei diesen Vorgängen entweder immer wieder stößt und verletzt oder diese Verhaltensweisen einschränkt, wodurch es erheblich an seinem artgerechten Verhalten gehindert und dadurch sehr anfällig für Verhaltensstörungen wird.

Wie groß ist der Mindestflächenbedarf bei Laufstallhaltungen?

In einem Einraumgruppenlaufstall ohne direkten Kontakt zu einem Paddock oder einer Weide, die den vorhandenen Platz erheblich vergrößern würde, muss der aus Fress- und Liegebereich bestehende Mindestflächenbedarf mit folgender Faustformel berechnet werden: n (Anzahl der Tiere) × Widerristhöhe zum Quadrat.

Wie breit muss die Stallgasse mindestens sein?

Eine Stallgasse, auf der das Pferd gewendet werden soll und auf der sich unter Umständen zwei Pferde begegnen und aneinander vorbeigeführt werden müssen, sollte in einem einreihigen Boxenstall (Boxen nur auf einer Seite) mindestens 2,50 m breit sein und in einem zweireihigen Boxenstall (Boxen auf beiden Seiten der Stallgasse) mindestens 3 m.

Wie breit sollte die Boxentür sein?

Die Türbreite einer Box sollte mindestens 1,20 m betragen, damit das Pferd gerade hindurchtreten und sich nicht an den Hüftknochen verletzen kann.

Boxenboden und Einstreu

Welche Anforderungen muss ein geeigneter Boxenboden erfüllen?

Ein Boxenboden muss generell rutschfest sein, damit das Pferd beim Aufstehen und Hinlegen nicht wegrutschen und sich verletzen kann. Die Fläche sollte trittelastisch sein, damit die Gliedmaßen der Pferde besonders bei flacher Einstreuauflage nicht übermäßig belastet werden. Die Auflage sollte weich (verformbar) und trocken sein. Aktiv gewärmt sollte ein Boxenboden nicht sein, er muss jedoch gegen eindringende Kälte geschützt werden. Der Boxenboden darf keine Feuchtigkeit von unten in den Stall eindringen lassen, muss jedoch für das Abfließen von Jauche und anderen Flüssigkeiten mit einem Gefälle und Abfluss versehen sein.

Welche Einstreumaterialien werden unterschieden?

Auf dem Markt gibt es zahlreiche verschiedene Einstreumaterialien. Als Einstreumaterialien eignen sich unter anderem Stroh (meistens Weizenstroh, da es besonders saugfähig ist), Sägespäne (unbehandelt oder mit effektiven Mikroorganismen versetzt), Holzpellets, Strohpellets sowie Hanf- oder Leinstroh. Auch Torf, Papierschnitzel und andere saugfähige Materialien sind in manchen Boxen zu finden. Stets ist darauf zu achten, dass die Materialien giftfrei und unbehandelt sind. Bei Zeitungen kann vor allem die Druckerschwärze zum gesundheitlichen Problem werden.

Welche Entmistungs- und Einstreuverfahren gibt es und was muss jeweils beachtet werden?

Neben dem Einstreumaterial wird auch noch zwischen den verschiedenen Einstreuvarianten wie zum Beispiel Matratze oder täglichem Entmisten unterschieden. Traditionell und bei vielen Stallbesitzern aufgrund des überschaubaren Arbeitseinsatzes immer noch sehr beliebt ist die sogenannte Matratzenhaltung. Bei diesem Einstreuverfahren werden die Pferdeäpfel ein- bis mehrmals täglich abgesammelt und nur die offensichtlich nasse Einstreu entfernt. Ein oder zweimal täglich wird neue Einstreu über die alte gestreut und so über den Verlauf von mehreren Wochen (ein bis sechs Wochen sind hier die üblichen Rhythmen) eine weiche Matratze geschaffen, die viele der gestellten Anforderungen an den Boxenboden erfüllt. Hinsichtlich der Schadgaskonzentration im Stall und besonders im bodennahen Boxenbereich hat sich auch durch wissenschaftliche Untersuchungen bestätigt, dass eine Komplettentmistung alle zwei Wochen besonders geeignet ist. Hierbei können sowohl Stroh als auch Holzspäne zum Einsatz kommen. Beim sogenannten Wechselstreuverfahren wird die Box jeden Tag komplett ausgeräumt und neu eingestreut. Bei diesem Verfahren ist der Einstreuverbrauch sehr hoch, was jedoch aus hygienischer Sicht gerechtfertigt sein kann. Hier kommt es jedoch im Hinblick auf die Schadgasentwicklung im Stall darauf an, wie saugfähig das eingestreute Material tatsächlich ist. Bei einer wie oben beschriebenen Matratzenstreu mit zweiwöchiger Komplettentmistung ist das eingelagerte und zum Großteil zertretene Material sehr saugfähig und die Ammoniakentwicklung in der Luft gering. Bei dem Wechselstreuverfahren, wenn jeden Tag frisches Stroh auf den Boxenboden gelangt, ist die Saugfähigkeit der intakten Strohhalme gering und der Urin gelangt direkt auf den Boxenboden. Beim Wechselstreuverfahren muss weiterhin darauf geachtet werden, dass der Boxenboden rutschfest ist, denn das frische Stroh ist häufig noch nicht sehr trittfest und kann beim Aufstehen des Pferdes zum Rutschen führen. Ein geeigneter Untergrund (z. B. wasserabführende Gummimatten) ist hier sinnvoll.

Was ist bei der Dunglagerung und Mistentsorgung zu beachten?

Bei Mistentsorgung und Dunglagerung ist im Sinne des Umweltschutzes darauf zu achten, dass keine Jauche in zu großen Mengen in den Boden und damit in das Grundwasser versickern kann.

Welche Umweltaspekte müssen bei der Errichtung der Dungstätte berücksichtigt werden?

Die Musterbauordnung der Länder gibt hinsichtlich der Konzeption der Dungstätte vor, dass diese am Boden sowie die Wände bis in eine ausreichende Höhe mit einem wasserdichten Material auszustatten sind. Flüssige Abgänge wie versickernde Jauche ist in separate Jauchebehälter zu leiten, die keine Verbindung zu anderen Abwasserbeseitigungsanlagen haben dürfen, da die Jauche aufgrund der hohen Nährstoffkonzentration nicht ins Grundwasser gelangen darf. Würde die Jauche in großen Mengen ins Grundwasser gelangen, so hätte dies unter Umständen verheerende Folgen für alle Lebewesen, die sich von diesem Grundwasser ernähren müssen.

Reitplatzboden

Welche Pflegemaßnahmen sind zum Erhalt der Funktionsfähigkeit des Bodens eines Außenreitplatzes notwendig?

Ein Außenreitplatz sollte regelmäßig geschleppt und täglich nach dem Reiten abgeäppelt werden. Hindernisse sollten regelmäßig umgestellt werden und Stangen nicht auf dem Boden liegen bleiben. Im Herbst sollten herabfallende Blätter entfernt werden. Sobald organisches Material wie Pferdeäpfel oder Blätter sich zerreiben und in den Sand „einarbeiten“, wird die Qualität des Reitplatzes schlechter. Aus diesem Grund sollten alle Maßnahmen ergriffen werden, die das Vermischen des Sandes mit organischem Material verhindern. Das regelmäßige Abschleppen des Platzes vermeidet langfristig Unebenheiten, die zu Wasseransammlungen und dadurch zu Pfützenbildung führen.

Welchen Schichtaufbau sollte der Boden eines Außenreitplatzes aufweisen?

Der Boden eines Reitplatzes sollte schichtweise aufgebaut werden, da jede Schicht eine besondere Aufgabe erfüllt. Es hat sich bewährt, den Boden in folgenden Schichten aufzubauen:

1. Tragschicht (unten),
2. Trennschicht,
3. Tretschicht (oben).

Die **Tragschicht** wird auf der Erdoberfläche aufgebracht und die Trennschicht trennt die Tragschicht von der oben sichtbaren Tretschicht. Der Unterbau der Tragschicht muss gut verdichtet und möglichst wasserunempfindlich sein, da hier eine eventuell notwendige Drainage verlegt wird. Die auf dem Baugrund aufliegende Tragschicht sollte wasserdurchlässig und frostbeständig sein, damit sie überschüssiges Wasser abführen kann. Diese Eigenschaften werden in der Regel von wasserdurchlässigen Schottergemischen aus kantigen Steinen gewährleistet, deren Schicht bis zu 20 cm dick sein sollte. Die darunter liegende **Trennschicht** soll die Vermischung von Trag- und Tretschicht vermeiden, um die Reitqualität des Bodens langfristig zu erhalten. Die Trennschicht sollte hinsichtlich des Verhaltens gegenüber dem überschüssigen Wasser ähnliche Eigenschaften aufweisen wie die Tragschicht und wasserdurchlässig sein. Gleichzeitig sollte sie aber auch Wasser speichern können, um zu schnelle Staubbildung zu vermeiden. Wichtig ist außerdem, dass sie den punktuellen Druckbelastungen durch die Hufe standhält und als Stoßdämpfer fungieren kann. Auch sollte sie Scherfestigkeit aufweisen, damit aus hoher Geschwindigkeit auftretende Hufe die Struktur nicht zerstören. Weiterhin muss die Oberfläche rutschfest sein, um Pferd und Reiter ausreichend Sicherheit bei schnellen oder engen Wendungen sowie den Landungen oder Absprüngen gewährleisten zu können. Die als Auflage sichtbare **Tretschicht** (die oberste Schicht des Reitplatzes) muss trittsicher und pflegeleicht sein. Sie sollte bei Trockenheit möglichst wenig stauben und bei zu viel Nässe nicht matschig werden. Gleichzeitig sollte sie elastisch und federnd sein, um gelenk- und bänderschonendes Reiten zu ermöglichen. Der Boden sollte den Pferden guten Halt geben und leichtes Auf- und Abfußen gewährleisten. Zu feste Böden können sich negativ auf die Gesundheit der Gelenke auswirken, während tiefe Böden eher die empfindlichen Sehnen beeinträchtigen.

Kostenrechnung

Kalkulatorische Kosten

Was ist die Abschreibung?

Wirtschaftsgüter des Anlagevermögens wie zum Beispiel Gebäude und Maschinen unterliegen einer ständigen Abnutzung, das bedeutet ihr Wert wird ständig gemindert. Die jährliche Wertminderung durch Abnutzung wird durch die Abschreibung erfasst. Die jährlichen Abschreibungsbeträge werden in Abhängigkeit von den Anschaffungs- bzw. Herstellungskosten ermittelt. Dabei richtet sich die Höhe der Abschreibung nach der Nutzungsdauer des Anlagegegenstandes und nach der Abschreibungsmethode. Die gebräuchlichste Abschreibungsmethode ist die lineare. Danach werden die Anschaffungs- bzw. Herstellungskosten eines Anlagegegenstandes auf die voraussichtliche Nutzungsdauer gleichmäßig verteilt. Der jährliche Abschreibungsbetrag errechnet sich demnach so: Anschaffungswert (in Euro)/Nutzungsdauer in Jahren. Abschreibungen haben nur dann einen Sinn, wenn sie auch durch den Betrieb „verdient" werden können. Sie sind daher unbedingt bei der Kostenkalkulation und einer damit einhergehenden Preisfestsetzung für die verschiedenen Angebote eines Reitbetriebes zu berücksichtigen. Durch Berücksichtigung der Abschreibung wird sichergestellt, dass rechtzeitig Ersatzinvestitionen durchgeführt werden können. Ein Betrieb, dessen Jahresbilanz ohne die Abschreibungen auf eine „schwarze Null" kommt, wird zwar so wie er ist noch eine Weile „überleben", er ist jedoch nie in der Lage, neu zu investieren.

Was sind Faktorkosten?

Als Faktorkosten werden die wirtschaftlichen Gegenwerte der im Betrieb vorhandenen Produktionsfaktoren bezeichnet. Das bedeutet, dass auch die scheinbar gratis und „sowieso" im Betrieb vorliegenden Faktoren Arbeit (Familienarbeitskräfte), Kapital (jegliches Geld, das im Betrieb z. B. in Maschinen oder Gebäuden fest gebunden ist) sowie Boden (Flächen im Betriebseigentum) in der Buchhaltung bzw. Abrechnung berücksichtigt werden müssen. Das ist wichtig, denn der Betrieb könnte z. B. das Geld auch – anstatt es in die Gebäude zu investieren – zum üblichen Zinssatz zur Bank bringen und regelmäßige Zinsen dafür kassieren. Der Betriebsleiter könnte auch selbst in einem anderen Betrieb arbeiten gehen und dafür regulären Lohn beziehen. Die eigenen Flächen könnten vom Betrieb anderweitig verkauft oder verpachtet werden und würden dann ihrerseits Geld einbringen. Diese Faktoren werden in der Buchhaltung als „Ansatz" bezeichnet (Lohnansatz, Zinsansatz und Pachtansatz). Um überprüfen zu können, ob der Betrieb „gesund" funktioniert, müssen diese Faktoransätze folglich auch in der Abrechnung eine Rolle spielen. In den meisten Fällen werden die Faktorkosten folgendermaßen berechnet: Lohnansatz (ca. 15 Euro pro Familien-AKh), Zinsansatz (ca. 5 % vom halben Neuwert), Pachtansatz (regional üblicher Pachtpreis).

Boxenkostenrechnung

Was unterscheidet Boxenkosten vom Boxenpreis (z. B. bei Pensionspferden)?

Mit Boxenkosten werden alle Kosten zusammengefasst, die dem Betriebsleiter für diese einzelne Box anfallen (hier sind beispielsweise das Futter, die Stromkosten, die Personalkosten oder die Versicherungen gemeint). Der Boxenpreis ist dagegen das, was der Einstaller für diese Box als (monatliche) Pension zahlen muss. Der Boxenpreis setzt sich zusammen aus den Boxenkosten und einer vom Betriebsleiter festzulegenden Gewinnspanne.

Welche Kosten müssen bei der Kalkulation eines Boxenpreises berücksichtigt werden?

Bei der Kalkulation eines Boxenpreises müssen die kalkulatorischen Kosten Abschreibung, Zinsansatz, Lohnansatz und Pachtansatz berücksichtigt werden. Dazu kommen die tatsächlichen Kosten für Kapital (Zins und Tilgung), Pacht, Miete und Personal (Lohnkosten). Weiterhin müssen Futter, Einstreu, Versicherungen (Berufsgenossenschaft), Instandhaltungen (Reparaturen), Wasser, Energie, Geräte, Maschinenunterhaltung, Treib- und Schmierstoffe, Steuern, Strom sowie Buchführungs-, Werbungs- und Verwaltungskosten berücksichtigt werden.

Wie viel muss eine Pensionspferdebox im Monat „einbringen" (wie hoch muss der Boxenpreis sein)?

Die Kosten einer Pensionspferdebox sind stets abhängig von der Region, dem regionalen Angebot, der Ausstattung, der Zielgruppe, dem „Namen", der Konkurrenz, den Futterkosten, allen weiteren Kosten sowie den Eigentumsverhältnissen des Betriebsinhabers. Je besser die Lage und exklusiver der Betrieb hinsichtlich seiner Ausstattung ist, desto mehr Geld kann für eine Box verlangt werden. Da diese Betriebe meist auch eine sehr hohe Kostensituation haben, ist ein hoher Boxenpreis auch zum Überleben des Betriebes notwendig. Ein „normal" ausgestatteter Pensionsbetrieb in ländlichen Regionen mit vielen ähnlich ausgestatteten Nachbarn muss seinen Boxenpreis niedrig halten, um konkurrenzfähig zu bleiben. In diesen Regionen sind jedoch auch meist die vom Betrieb zu leistenden Kosten nicht so hoch. Wie viel der Einstaller für eine Box letztlich bezahlen muss, ist daher von verschiedenen Faktoren abhängig und kann nicht pauschalisiert werden. Wichtig ist jedoch, dass der Pensionsstallbetreiber sowohl seine kalkulatorischen (Faktorkosten, Abschreibungen) als auch die regelmäßig zu zahlenden Kosten sowie eine eigene Gewinnerwartung mit dem Boxenpensionspreis abdecken kann.

Wirtschafts- und Betriebslehre

Die Berufsausbildung

Was ist das duale System?

Die berufliche Ausbildung wird in Deutschland von zwei Partnern, nämlich der Berufsschule und dem Ausbildungsbetrieb, begleitet und daher als duales System bezeichnet. Die Betriebe haben die Hauptaufgabe, den fachtheoretischen und fachpraktischen Teil der Ausbildung zu gestalten und die entsprechenden Kenntnisse zu vermitteln. Die Berufsschule hat hingegen die Aufgabe, Allgemeinbildung und Fachtheorie für alle Auszubildende betriebsunabhängig zu lehren. Beide Ausbildungspartner sollten sich optimal ergänzen und wenn möglich zusammenarbeiten. Der Nachweis der erfolgreichen Ausbildung erfolgt durch das Bestehen der Abschlussprüfung und das Erlangen des Berufsschulabschlusses. Für die Anerkennung der Ausbildungsbetriebe, das Eintragen der Ausbildungsverträge sowie die Durchführung der Prüfungen ist im Beruf Pferdewirt die Landwirtschaftskammer des jeweiligen Bundeslandes zuständig (das ist die sog. „Zuständige Stelle").

Welche Vor- und Nachteile hat das duale System?

Ein großer Vorteil der dualen Ausbildung ist der intensive Bezug zur Praxis, da der Auszubildende einen Großteil der Lehrzeit im Betrieb arbeitet. Diese Form der Ausbildung wird überwiegend durch die Betriebe finanziert, weshalb es für „den Steuerzahler" eine recht günstige Angelegenheit ist. Durch den Wechsel zwischen Betrieb und Berufsschule wird die Ausbildung abwechslungsreicher als es bei einer rein schulischen oder betrieblichen Ausbildung der Fall wäre. Ein großer Nachteil ist die wechselnde Qualität und das oft eingeschränkte Angebot der unterschiedlichen Ausbildungsbetriebe, von denen es darüber hinaus oft nicht genug gibt. Sehr schwer ist es außerdem, die beiden Partner Schule und Betrieb besonders hinsichtlich der Ausbildungsinhalte optimal aufeinander abzustimmen.

Welches Gesetz beinhaltet die Vorschriften bezüglich der Ausbildung?

Die duale Berufsausbildung ist durch das Berufsbildungsgesetz (BBiG) geregelt. Maßgeblich für die einzelnen Ausbildungsberufe sind die Ausbildungsordnungen. Sie werden vom zuständigen Bundesministerium erlassen und sollen eine einheitliche Ausbildung in dem entsprechenden Ausbildungsberuf sicherstellen.

Was ist die „Zuständige Stelle" und was sind ihre Aufgaben in Bezug auf die Ausbildung?

Die Zuständige Stelle regelt und überwacht alles, was mit der Ausbildung, dem Ablauf und den Prüfungen zu tun hat. Hierzu zählen zum Beispiel die Anerkennung der Ausbildungsbetriebe, die Überprüfung, Genehmigung und Eintragung der Verträge, die Organisation und Durchführung der Prüfungen, die Berufung der Prüfungsausschüsse und die Ausstellung der Zeugnisse. Die Zuständige Stelle ist gemäß Berufsbildungsgesetz in der Regel die für den Ausbildungsberuf oder den Ausbildungsbetrieb zuständige Kammer (Landwirtschaftskammer) oder eine staatliche Behörde (Landwirtschaftsamt).

Was ist der Berufsausbildungsvertrag und was steht drin?

Der Berufsausbildungsvertrag ist ein auf der Grundlage des Berufsbildungsgesetzes entwickeltes Dokument, das sowohl Ausbilder als auch der Auszubildende (bei Minderjährigen auch der gesetzliche Vertreter) unterschreiben müssen. Im Berufsausbildungsvertrag ist Folgendes vermerkt: die Art, sachliche und zeitliche Gliederung sowie Ziel der Berufsausbildung; Beginn und Dauer der Berufsausbildung (mindestens 2 Jahre; in der Regel 3 Jahre); Ausbildungsmaßnahmen außerhalb der Ausbildungsstätte; Dauer der regelmäßigen täglichen Ausbildungszeit; Dauer der Probezeit (mindestens ein Monat; höchstes vier Monate); Zahlungstermine und Höhe der Ausbildungsvergütung; Dauer des Urlaubs; Kündigungsvoraussetzungen; Hinweis auf Tarifverträge; Betriebs- und Dienstvereinbarungen.

Was macht die Kammer, wenn sie den Ausbildungsvertrag „einträgt"?

Werden alle genannten Voraussetzungen erfüllt, trägt die Kammer den vorliegenden Vertrag in das Verzeichnis der Berufsausbildungsverhältnisse ein. Hiermit ist ein anerkanntes Berufsausbildungsverhältnis begründet.

Wie lange dauert die Probezeit in der Ausbildung?

Die Probezeit dauert in der Ausbildung mindestens einen Monat und maximal vier Monate.

Wie wichtig ist ein Ausbildungsvertrag und warum?

Der Ausbildungsvertrag ist ein sehr wichtiges Dokument für den Auszubildenden, da er mit diesem Vertrag seine Ausbildungszeit nachweisen kann und darin sämtliche Rechte und Pflichten geregelt sind. Der einheitliche Ausbildungsvertrag wurde entwickelt, um eine qualifizierte und möglichst einheitliche Berufsausbildung zu gewährleisten.

Welche Pflichten des Auszubildenden (= Rechte des Ausbilders) bestehen in der Ausbildung?

Der Auszubildende hat in seiner Ausbildung folgende Pflichten, mit denen er sich durch Unterschreiben des Ausbildungsvertrages einverstanden erklärt: Lernpflicht (der Auszubildende soll bemüht sein, sich die nötigen Kenntnisse und Fähigkeiten anzueignen); Sorgfaltspflicht (der Auszubildende muss die ihm übertragenden Arbeiten sorgfältig ausführen); Gehorsamspflicht (der Auszubildende muss die Weisungen des Ausbilders befolgen); Pflicht zum Berufsschulbesuch; Pflicht, den schriftlichen Ausbildungsnachweis zu führen („Berichtsheft"); Schweigepflicht; Pflicht zur Einhaltung des Wettbewerbsverbots (dem Ausbildendem darf keine Konkurrenz gemacht werden).

Welche Pflichten des Ausbildenden (= Rechte des Auszubildenden) bestehen in der Ausbildung?

Der Ausbildende hat während der gesamten Ausbildungszeit folgende Pflichten: Ausbildungspflicht (Vermittlung von Kenntnissen, Fertigkeiten und beruflicher Handlungsfähigkeit); kostenlose Bereitstellung der Ausbildungsmittel; Freistellung zum Berufsschulbesuch; Zahlung der Ausbildungsvergütung; Fürsorgepflicht (Zahlung der Beiträge zur gesetzlichen Sozialversicherung, Einhaltung des Jugendarbeitsschutzgesetzes, Beachtung der Unfallschutzbestimmungen); er darf nur Arbeiten anordnen, die zum Ausbildungsberuf gehören, Pflicht zur Ausstellung eines Zeugnisses.

Was passiert, wenn der Ausbilder oder der Auszubildende seine Pflichten nicht einhält?

Die Nichteinhaltung der Pflichten kann zur außerordentlichen Kündigung (= fristlos) berechtigen und zur Schadensersatzpflicht führen.

Wie kann ein Berufsausbildungsvertrag beendet werden?

Der Berufsausbildungsvertrag kann bis zum Ablauf der Probezeit (Dauer zwischen ein bis vier Monate nach Beginn der Ausbildung) von beiden Parteien ohne Angabe von Gründen und ohne Einhaltung einer Frist (also jederzeit) durch Kündigung beendet werden. Nach Ablauf der Probezeit kann nur noch aus „wichtigem Grund" gekündigt werden. Das gilt sowohl für den Ausbildenden (z. B. Diebstahl oder Beleidigung) als auch für den Auszubildenden (z. B. Tätlichkeiten, Beleidigungen). Der Auszubildende kann außerdem bei Aufgabe des Berufs oder bei einem Berufswechsel mit einer Frist von vier Wochen kündigen. Ein Berufsausbildungsvertrag muss laut Berufsbildungsgesetz immer schriftlich gekündigt werden. Wird der Vertrag nicht gekündigt, so endet er automatisch mit dem Ablauf der vereinbarten Ausbildungszeit oder mit Bestehen der Prüfung.

Arbeitsgesetze

Welche Arbeitszeitregelungen gibt es für Erwachsene?

Das Arbeitszeitgesetz bestimmt für alle Arbeitnehmer, die älter als 18 Jahre sind, folgende Aspekte: maximal acht Stunden Arbeit täglich; Ausdehnung der Arbeitszeit auf täglich zehn Stunden, wenn innerhalb von sechs Monaten der Durchschnitt von acht Stunden pro Werktag nicht überschritten wird; Sonntags- und Feiertagsarbeit sind verboten (Ausnahmen in bestimmten Bereichen wie z. B. Landwirtschaft); in Bereichen, in denen Sonntagsarbeit gestattet ist, muss diese innerhalb von zwei Wochen durch Freizeit ausgeglichen werden, erlaubte Feiertagsarbeit innerhalb einer Woche; Mindestens 15 Sonntage sind beschäftigungsfrei; Die Ruhezeit zwischen zwei Arbeitstagen muss mindestens elf Stunden betragen; bei einer Arbeitszeit von sechs bis neun Stunden betragen die Ruhepausen mindestens 30 Minuten, bei über neun Stunden 45 Minuten.

Wie ist der Urlaub gesetzlich geregelt?

Jeder Arbeitgeber hat nach dem Bundesurlaubsgesetz einen Mindesturlaub von 24 Werktagen. Werktage sind alle Tage von Montag bis Samstag außer Feiertagen, Arbeitstage alle von Montag bis Freitag (außer Feiertagen). Generell bestimmt der Arbeitgeber den Urlaubszeitpunkt, sollte aber die Wünsche der Arbeitnehmer bei der Urlaubsplanung berücksichtigen. Der Urlaub dient der Erholung und sollte daher zusammenhängend genommen werden; den vollen Urlaubsanspruch hat der Arbeitnehmer erst nach einer Beschäftigungsdauer von 6 Monaten.

Welche besonderen Bestimmungen enthält das Jugendarbeitsschutzgesetz?

Das „Gesetz zum Schutz der arbeitenden Jugend“ (JArbSchG) dient dazu, die hinsichtlich der geistigen und körperlichen Entwicklung als besonders zu bezeichnende Situation von arbeitenden Jugendlichen zu berücksichtigen. Jugendliche im Sinne des Gesetzes sind alle Arbeitnehmer, die 15 aber noch keine 18 Jahre alt sind. Unter 15-Jährige gelten als Kinder und Kinderarbeit ist generell verboten. Die Landwirtschaftskammer NRW hat unter folgendem Link ein Merkblatt bezüglich des Jugendarbeitsschutzgesetzes herausgegeben: http://www.landwirtschaftskammer.com/bildung/pdf/mb-jugendarbeitsschutz.pdf.

Sozialversicherungen

Welche Sozialversicherungen gibt es für Arbeitnehmer (seit wann)?

Zu den Sozialversicherungen zählen heute: die Krankenversicherung (seit 1883), die Unfallversicherung (seit 1884), die Rentenversicherung (seit 1889), die Arbeitslosenversicherung (seit 1927) und die Pflegeversicherung (seit 1995).

Warum gibt es Sozialversicherungen und wer muss sie abschließen?

Die Sozialversicherungen sollen die Situation der Arbeitnehmer optimieren und den Versicherungsnehmern bei Krankheit, Alter, Unfall oder Arbeitslosigkeit einen angemessenen Lebensstandard ermöglichen. Die Sozialversicherungen sind Pflichtversicherungen für alle Arbeitnehmer bzw. für alle Einwohner Deutschlands. Für Beamte und Selbstständige gelten hier zum Teil Sonderregelungen.

Welche Aufgabe hat die Krankenversicherung?

Die gesetzliche Krankenversicherung hat die Aufgabe, die Gesundheit der Arbeitnehmer zu erhalten oder wieder herzustellen. Sie schützt damit den Arbeitnehmer und seine Familie in allen Krankheitsfällen und unterstützt gewisse Vorsorgemaßnahmen. Folgende Leistungen werden in der Regel von Krankenversicherungen übernommen: Früherkennungsmaßnahmen (z. B. Vorsorgeuntersuchungen), Krankenhilfe (Krankenpflege, Krankenhauspflege, Krankengeld), Mutterschaftshilfe, Familienhilfe.

Wer ist krankenversicherungspflichtig?

Arbeitnehmer, deren Einkommen die Versicherungspflichtgrenze übersteigt, können wie Beamte, Selbstständige und Freiberufler in eine private Krankenversicherung wechseln. Alle anderen Personen sind krankenversicherungspflichtig.

Wer bezahlt die Krankenversicherung und wie hoch sind die Beiträge?

Die Beiträge der Krankenversicherung übernehmen Arbeitgeber und Arbeitnehmer jeweils zur Hälfte, wobei der Arbeitnehmer einen Sonderanteil von 0,9 % zu zahlen hat. Bei Auszubildenden (mit zu geringem Einkommen) zahlt nur der Arbeitgeber die Beiträge. 2018 beträgt der Beitragssatz bei allen gesetzlichen Krankenkassen einheitlich 14,6 %, sodass sowohl Arbeitgeber als auch Arbeitnehmer 7,3 % vom Bruttolohn zahlen. Über diesen Einheitssatz hinaus können die Krankenkassen von den Versicherten zwischen 0 und 1,8 % Zusatzbeitrag verlangen. Dieser Zusatzbeitrag wird von den Krankenkassen individuell festgelegt, sodass bei der Wahl der Krankenkasse mittlerweile wieder gespart werden kann.

Welche Aufgabe hat die Rentenversicherung?

Die gesetzliche Rentenversicherung hat die Aufgabe, die Versicherten und ihre Familien zu schützen, indem sie bei Erwerbsunfähigkeit, Alter und Tod Renten zahlt. Sie übernimmt im Einzelnen folgende Leistungen: Rehabilitation (Maßnahmen, die die Erwerbstätigkeit sichern oder wiederherstellen, gesundheitliche Förderungen zur Erhaltung der Arbeitskraft) und Rentenleistungen (Erwerbsminderungsrente, Altersrente, Witwen- oder Witwerrente, Waisenrente).

Wer ist rentenversicherungspflichtig?

Arbeitnehmer, Handwerker, Landwirte und Auszubildende. Nicht versicherungspflichtige Personen können sich freiwillig versichern. Hierzu zählen zum Beispiel Menschen mit geringfügigen Beschäftigungen (Minijobs, monatlich weniger als 450 € [im Jahr 2018]).

Wer bezahlt die Rentenversicherung und wie hoch sind die Beiträge?

Die Beiträge der Rentenversicherung übernehmen Arbeitgeber und Arbeitnehmer jeweils zur Hälfte. Im Jahr 2018 lag der Satz bei 18,6 % des Bruttolohns, bei Auszubildenden mit geringem Einkommen übernimmt der Arbeitgeber die Beträge (im Jahr 2018 maximal 325 €).

Welche Aufgabe hat die Unfallversicherung?

Die gesetzliche Unfallversicherung hat die Aufgabe, Arbeitsunfälle zu vermeiden und im Fall des Falles die Betroffenen finanziell abzusichern und die Erwerbstätigkeit wiederherzustellen. Die Leistungen im Einzelnen: Unfallverhütung (Prävention), Heilbehandlung, Verletztengeld, Berufshilfe, Pflegegeld, Verletztenrente, Hinterbliebenenrente, Sterbegeld. Die Unfallversicherung zahlt im Fall von Arbeitsunfällen, Wegeunfällen und Berufskrankheiten.

Wer ist über die Unfallversicherung versichert?

Alle Arbeitnehmer, Schüler und Studenten, Hilfeleistende bei Unglücksfällen sowie freiwillig versicherte Unternehmer.

Wer bezahlt die Unfallversicherung und wie hoch sind die Beiträge?

Die Beiträge zahlt allein der Arbeitgeber. Die Höhe der Beiträge richtet sich nach dem Verdienst der Versicherten in den entsprechenden Unternehmen sowie dem Grad der Unfallgefahr. Je höher die Gefahr eines Unfalls, desto höher werden auch die Beiträge.

Welche Aufgabe hat die Arbeitslosenversicherung?

Die Arbeitslosenversicherung hat grundsätzlich die Aufgabe, die finanzielle Absicherung bei Arbeitslosigkeit zu übernehmen und die Arbeit zu fördern. Die Leistungen sind im Einzelnen: Arbeitsförderung (Arbeitsmarkt- und Berufsforschung, Arbeitsvermittlung und Berufsberatung), Kurzarbeitergeld, Saison-Kurzarbeitergeld, Maßnahmen zur Arbeitsbeschaffung, Personal-Service-Agenturen, Zahlung von Arbeitslosengeld (ALG I und II) ab dem Tag der Arbeitslosmeldung.

Wer ist arbeitslosenversicherungspflichtig?

Versicherungspflichtig sind alle Arbeitnehmer und Auszubildende, versicherungsfrei sind geringfügig Beschäftigte.

Wer bezahlt die Arbeitslosenversicherung und wie hoch sind die Beiträge?

Die Beiträge der Arbeitslosenversicherung übernehmen Arbeitgeber und Arbeitnehmer jeweils zur Hälfte. Im Jahr 2018 liegt der Satz bei 3,0 % des Bruttolohns, bei Auszubildenden mit geringem Einkommen übernimmt der Arbeitgeber die Beiträge (im Jahr 2018 maximal 325 €). Bei Niedriglohnjobs (450–850 €) wird ein ermäßigter einkommensabhängig gestaffelter Beitragssatz gezahlt.

Welche Aufgabe hat die Pflegeversicherung?

Die Pflegeversicherung hat die Aufgabe der finanziellen Absicherung bei Pflegebedürftigkeit der Versicherungsnehmer. Die Leistungen im Einzelnen sind: häusliche Pflege (in unterschiedlichen Stufen), stationäre Pflege (Übernahme der Kosten bis monatlich 1550 €, die Kosten für Unterkunft und Verpflegung muss der Pflegebedürftige selbst zahlen).

Wer ist pflegeversicherungspflichtig?

Alle krankenversicherungspflichtigen Personen sind auch pflegeversicherungspflichtig, sodass alle Personen mit einer privaten Krankenversicherung auch private Pflegeversicherungen abschließen müssen.

Wer bezahlt die Pflegeversicherung und wie hoch sind die Beiträge?

Die Beiträge der Pflegeversicherung übernehmen Arbeitgeber und Arbeitnehmer jeweils zur Hälfte. Im Jahr 2018 liegt der Satz bei 2,55 % des Bruttolohns, bei Auszubildenden mit geringem Einkommen übernimmt der Arbeitgeber die Beiträge (im Jahr 2018 maximal 325 €). Kinderlose zwischen 23 und 65 Jahren zahlen ohne Arbeitgeberzuschuss 0,25 % mehr. Zum Kostenausgleich für die Arbeitgeber wurde in vielen Ländern auf einen Feiertag verzichtet. In den Ländern, in denen kein Feiertag gestrichen wurde, ist der Arbeitnehmeranteil höher (z. B. Sachsen: AN 1,775 %, AG 0,775 %).

Welche unter Umständen sinnvollen privaten Zusatzversicherungen gibt es?

Private Krankenversicherung, private Unfallversicherung, Lebensversicherung, private Rentenversicherung, Berufsunfähigkeitsversicherung, Haftpflichtversicherung, Rechtsschutzversicherung

Lohnabrechnung

Was unterscheidet Brutto- und Nettolohn und was wird ausgezahlt?

Der Bruttolohn ist der Lohn, der bei der Lohnabrechnung „ganz oben" auf dem Zettel steht und von dem alle weiteren Abzüge noch abgezogen werden müssen. Der Nettolohn ist der Lohn, der nach Abzug der gesetzlichen Abzüge übrig bleibt. Das, was der Arbeitnehmer jeden Monat ausgezahlt bekommt, ist der Nettolohn abzüglich sonstiger Abzüge wie beispielsweise vermögenswirksamer Leistungen. Bei Auszubildenden, die im Betrieb ihres Ausbilder wohnen und von ihm mit Vollpension versorgt werden, wird vom Nettolohn auch der hierfür vorgesehene

Satz (sog. Sachbezüge) abgezogen. Vom Bruttolohn gelangt man durch Abzug der gesetzlichen Abgaben Lohnsteuer, Kirchensteuer, Solizuschlag und der Sozialversicherungsbeiträge zum Nettolohn. Der Arbeitgeber muss zusätzlich zum Bruttolohn seine Arbeitgeberbeiträge für die Sozialversicherungen leisten.

Vertragsrecht

Allgemein

Was ist die Rechtsfähigkeit?

Rechtsfähigkeit bedeutet, Träger von Rechten und Pflichten zu sein. Laut dem BGB (Bürgerliches Gesetzbuch) beginnt die Rechtsfähigkeit einer natürlichen Person (lebender Mensch) mit der Vollendung der Geburt und endet mit dem Tod. Ein Mensch hat beispielsweise das Recht zu erben und damit verbunden die Pflicht, eine Erbschaftssteuer zu zahlen.

Wer ist rechtsfähig?

Natürliche und juristische Personen können rechtsfähig sein. Als juristische Person werden Vermögensmassen oder Personenvereinigungen beschrieben, die vergleichbare Rechte und Pflichten wie natürliche Personen erlangen können. Es muss dabei unterschiedenen werden, ob es sich um eine juristische Person des Privatrechts (Aktiengesellschaft [AG], eingetragener Verein [e. V.]) oder um eine juristische Person des öffentlichen Rechts (Gemeinde, Bundesland, Bundesrepublik Deutschland, Handwerksammer) handelt. Juristische Personen des Privatrechts erhalten bzw. verlieren ihre Rechtsfähigkeit durch den Eintrag in ein oder die Löschung aus einem entsprechendes/n Register (z. B. Vereinsregister). Juristische Personen des öffentlichen Rechts werden durch die staatliche Verleihung rechtsfähig, durch staatlichen Entzug verlieren sie diesen Status (z. B. Gemeinden). Juristische Personen brauchen zum Handeln ihre Organe, wie es beispielsweise beim Verein ein Vorstand ist.

Was ist Geschäftsfähigkeit?

Geschäftsfähigkeit ist die Fähigkeit, vollgültige Rechtsgeschäfte abschließen zu können. Für abgeschlossene Geschäfte muss die volle Verantwortung übernommen werden.

Welche Abstufungen gibt es bei der Geschäftsfähigkeit?

Weil nicht bei allen Personen jeden Alters davon ausgegangen werden kann, dass die Person volle Verantwortung für ihre Rechtsgeschäfte übernehmen kann, gibt es unterschiedliche Stufen der Geschäftsfähigkeit. Es gilt hier, die drei Stufen Geschäftsunfähigkeit, beschränkte Geschäftsfähigkeit und volle Geschäftsfähigkeit zu unterscheiden.

Geschäftsunfähig sind Kinder unter sieben Jahren sowie dauerhaft geistesgestörte Personen. Die von geschäftsunfähigen Personen abgeschlossenen Geschäfte sind nichtig (als hätten sie nie stattgefunden).
Beschränkt geschäftsfähig sind Minderjährige ab dem vollendeten siebten Lebensjahr bis zum vollendeten 18. Lebensjahr. Von beschränkt Geschäftsfähigen abgeschlossene Rechtsgeschäfte werden erst mit Zustimmung durch den gesetzlichen Vertreter gültig. Bis zu der Zustimmung ist das Geschäft zunächst schwebend unwirksam. Bleibt die Zustimmung aus, ist das Rechtsgeschäft nichtig. Ausnahmen bei der beschränkten Geschäftsfähigkeit gibt es in folgenden Punkten: Geschäfte, die mit eigenen Mitteln (z. B. Taschengeld) gezahlt werden können (über zukünftiges Taschengeld kann nicht verfügt werden, weshalb auch keine Ratenkäufe zulässig sind), Geschäfte, die nur rechtliche Vorteile bringen (z. B. Geschenke), Geschäfte, die ein von den gesetzlichen Vertretern erlaubtes Arbeitsverhältnis betreffen (z. B. Auflösung des Arbeitsverhältnisses).
Voll geschäftsfähig sind Personen ab dem vollendeten 18. Lebensjahr sowie juristische Personen für die Dauer ihrer Existenz.

Gibt es für das Abschließen von Rechtsgeschäften besondere Formvorschriften?

Gemäß dem Grundsatz der Formfreiheit können Rechtsgeschäfte in beliebiger Form abgeschlossen werden. Bei bestimmten wichtigen Geschäften ist jedoch gesetzlich eine bestimmte Form vorgeschrieben, deren Nichteinhaltung zur Nichtigkeit (Ungültigkeit) des Rechtsgeschäftes führt. Für das Abschließen von Rechtsgeschäften können folgende Formen eingehalten werden: Schriftform (z. B. Berufsausbildungsvertrag, Ratenkauf, Kündigungen), öffentliche Beglaubigung (die eigenhändige Unterschrift wird von einem Notar oder einer Behörde beglaubigt und damit deren Echtheit bestätigt, z. B. Antrag auf Eintrag ins Vereinsregister), notarielle Beurkundung (der Notar hält die Willenserklärung schriftlich fest und bestätigt die Echtheit von Unterschrift und Inhalt, z. B. Grundstückskauf, Ehevertrag).

Wann sind Rechtsgeschäfte anfechtbar oder nichtig?

Im BGB (Bürgerliches Gesetzbuch) ist geregelt, wann zustandegekommene Rechtsgeschäfte nichtig, das heißt von Anfang an unwirksam sind. Dies ist zum Beispiel der Fall, wenn das Rechtsgeschäft gegen ein gesetzliches Verbot verstößt, von Geschäftsunfähigen abgeschlossen wird, gegen die guten Sitten verstößt, als Scherz gedacht ist, zum Schein abgeschlossen ist oder die vorgeschriebene Form nicht beachtet wurde. Anfechtbare Geschäfte sind zunächst wirksam, können aber durch Anfechtung unwirksam werden. Ein für ungültig erklärtes anfechtbares Rechtsgeschäft wird ebenfalls rückwirkend als nichtig betrachtet. Anfechtbar sind Geschäfte, die durch widerrechtliche Drohung zustandegekommen sind, durch arglistige Täuschung herbeigeführt wurden oder denen ein Irrtum oder eine falsche Übermittlung zugrunde liegt.

Kaufvertrag

Wie entsteht ein Kaufvertrag?

Ein Kaufvertrag entsteht durch zwei übereinstimmende Willenserklärungen, den Antrag (jemand fragt, ob er den Gegenstand oder die Sache kaufen kann) und die Annahme (der Besitzer der Sache oder des Gegenstands bestätigt, dass er verkaufen will). Sowohl die Annahme als auch der Antrag kann von Käufer und Verkäufer ausgehen (wenn der Verkäufer etwas zum Verkauf anbietet, so ist das sein Antrag).

Gibt es Pflichten, die durch den Abschluss eines Kaufvertrages zu erfüllen sind?

Wenn ein Kaufvertrag durch zwei übereinstimmende Willenserklärungen zustandegekommen ist, so sind beide Vertragsparteien an ihre Angaben gebunden. Dies bedeutet im Einzelnen, dass der Verkäufer die Ware wie verabredet übergeben und den Kaufpreis annehmen muss und der Käufer sowohl den Kaufpreis zu zahlen hat, als auch die Ware abnehmen muss.

Ist ein Angebot bindend?

Das von einem Verkäufer abgegebene Angebot ist grundsätzlich bindend. Durch Freizeichnungsklauseln wie „so lange der Vorrat reicht" oder „unverbindlich" wird diese Bindung jedoch aufgehoben. Weiterhin sind Angebote nicht unbegrenzt gültig, es gilt hier die Frist von etwa einer Woche.

Was ist ein Sachmangel?

Bei Abschluss eines Kaufvertrages wird von beiden Parteien eine Beschaffenheit der Ware vereinbart. Wird hier nichts gesondert geregelt, geht man davon aus, dass die Ware die für die gewöhnliche Verwendung übliche Beschaffenheit aufweist. Weicht die tatsächliche Beschaffenheit der Ware von der üblichen oder der vereinbarten Beschaffenheit ab, so gilt die jeweilige Abweichung als Sachmangel. Hier kommen grundsätzlich folgende Mängel infrage: schlechte Qualität, falsche Ware, falsche Anzahl, nicht eingehaltene Werbeaussage, Montagemangel.

Was passiert, wenn die gekaufte Ware einen Sachmangel aufweist?

Je nachdem, wer Kunde und wer Käufer ist, gibt es unterschiedliche gesetzliche Vorschriften, wie beim Auftreten eines Sachmangels gehandelt werden muss. Wenn ein privater Käufer von einem Unternehmer eine bewegliche Sache kauft, so handelt es sich um einen Verbrauchsgüterkauf, bei dem der Verkäufer generell zwei Jahre für seine Ware haftet. Bei gebrauchter Ware kann die Frist zur Sachmangelhaftung auf ein Jahr herabgesetzt werden. Kauft ein Unternehmer, so kann der Verkäufer (ebenfalls Unternehmer) seine Haftung beliebig verkürzen oder ganz ausschließen.

Was ist die Beweislast, wer hat sie und was ist die Beweislastumkehr?

Mit Beweislast ist grundsätzlich gemeint, dass jemand „die Last hat, etwas zu beweisen". Im Falle des Kaufvertrages geht es im Zusammenhang mit der Beweislast um aufgetretene Sachmängel, deren Vorhandensein zum Zeitpunkt des Kaufes nachgewiesen (bewiesen) werden muss. Grundsätzlich hat der Käufer die Beweislast, das heißt, er muss beweisen, dass der Sachmangel bereits zum Zeitpunkt des Kaufes als versteckter Mangel vorgelegen hat. In den ersten sechs Monaten nach dem Kauf gilt jedoch die Beweislastumkehr, da der Gesetzgeber für diese Zeit unterstellt, dass der Fehler schon da gewesen sein muss. In den ersten sechs Monaten nach dem Kauf muss der Verkäufer also beweisen, dass der Sachmangel zum Zeitpunkt des Eigentumsübergangs noch nicht vorgelegen hat.

Was muss der Käufer beim Entdecken eines Sachmangels tun?

Beim Auftreten eines Sachmangels ist der Käufer zur unverzüglichen Mängelrüge verpflichtet. Das bedeutet, dass er den Verkäufer sofort von seiner Entdeckung unterrichten muss. Tut er dies trotz Entdecken des Sachmangels nicht, so gilt die Ware als genehmigt.

Welche Rechte hat der Käufer, wenn er einen Sachmangel festgestellt hat?

Bei rechtzeitiger Mängelrüge kann der Käufer folgende Rechte geltend machen: Zunächst hat der Käufer ein Recht auf Nacherfüllung (der Vertrag wird nachträglich vom Verkäufer erfüllt). Hier kann der Käufer wählen zwischen Ersatzlieferung und Reparatur (Nachbesserung), wobei der Verkäufer für die entstandenen Kosten des Käufers aufkommen muss. Wenn die Nacherfüllung innerhalb einer angemessenen Nachfrist fehlschlägt (bei Reparatur zwei Versuche), so gibt es zwei weitere Möglichkeiten für den Käufer. Entweder kann er eine Minderung des Kaufpreises verlangen oder er kann vom Vertrag zurücktreten. Für durch die mangelhafte Ware entstandene Schäden kann der Käufer zusätzlich Schadensersatz fordern.

Pferdekauf

Hat man beim Pferdekauf ein Rückgaberecht? Wie lange?

Es gibt beim Pferdekauf kein generelles „Rückgaberecht". Es sei denn man hat dies mit dem Verkäufer vertraglich geregelt. Für Pferdekäufe gelten die gleichen Rechte und Pflichten wie für jeden anderen Kaufvertrag, sodass in der sogenannten Gewährsfrist eine Sache (hier das Pferd) unter der Voraussetzung zurückgegeben werden kann, dass ein Sachmangel auftritt und dieser nicht durch Nacherfüllung vom Verkäufer behoben werden kann.

Warum sollte man beim Pferdekauf eine Ankaufsuntersuchung machen?

Im Zusammenhang mit der Schuldrechtsreform mit Wirkung vom 1.1.2002 bekam die Verbrauchsgüterkaufrichtlinie der EU neue Bedeutung, da seit diesem Datum die Gewährleistung für Mängel an Tieren nach den allgemeinen Regeln erfolgen soll, die auch für Sachen gelten. Da man bei einem Tier (anders als beispielsweise bei einem Auto) keine Bestandsaufnahme von innen und außen machen kann, aber trotzdem eine Beschaffenheit benötigt, die das Pferd zum Kaufzeitpunkt hat, wird eine An- oder Verkaufsuntersuchung durchgeführt, welche die Beschaffenheit des Pferdes hinsichtlich seiner Gesundheit darstellen soll. Durch die Ankaufsuntersuchung wird folglich die gesundheitliche Beschaffenheit des Pferdes festgelegt. Ihr Ergebnis kann als Bestandteil des Vertrages in den Kaufvertrag mit aufgenommen werden.

Warum ist die Sachmangelhaftung beim Pferd oft so schwierig?

Weil ein Pferd ein Lebewesen und damit eine „Sache" ist, die sich aus sich selbst heraus verändern und sich dem jeweiligen Lebensumfeld sehr gut anpassen kann, können sich häufig Probleme mit der Zeit entwickeln, die vor dem Kauf noch gar nicht vorgelegen haben (beispielsweise kann ein Pferd mit einem schwächeren und weniger selbstbewussten Reiter „guckig" werden, während es unter dem Verkäufer oder Ausbilder nie zu solchen Eigenschaften neigte). Die gleiche Problematik kann natürlich bereits vor dem Kauf vorgelegen haben und durch den Verkäufer verschwiegen worden sein, was die Sachlage wiederum ganz anders darstellt. Ähnlich verhält es sich mit gesundheitlichen Problemen des Pferdes. Ein Pferd kann sehr lange problemlos und „gesund" sein und plötzlich eine Krankheit oder ein Problem entwickeln. Wenn es diese Krankheit beim neuen Besitzer innerhalb der Gewährsfrist entwickelt, ist es die Aufgabe beider Parteien, herauszufinden, ob die Ursache des Problems bereits zum Zeitpunkt des Kaufes vorlag oder nicht. Je nachdem, wann das Problem auftritt (hier spielt die Beweislastumkehr eine Rolle), müssen der Käufer oder Verkäufer beweisen, dass das Problem zum Zeitpunkt des Kaufes bereits vorlag (Käufer ab dem siebten Monat) oder zum Zeitpunkt des Kaufes noch nicht existierte (Verkäufer innerhalb der ersten sechs Monate nach dem Kauf). Da dieser Beweispflicht bei einem veränderbaren Lebewesen sehr schwer nachzukommen ist, kann nur eine gründliche Ankaufsuntersuchung, Zeugenaussagen und eine genaue Dokumentation aller Vorfälle überhaupt Abhilfe schaffen. Da dies meist sehr schwierig ist, landen zahlreiche Pferdeverkaufsstreitfälle vor Gericht, wo dann mithilfe mühsamer Recherchen und Sachverständigengutachten die Problematik gelöst und entschieden werden muss.

Versicherungen

Was ist die Tierhalterhaftpflichtversicherung?

Eine der wichtigsten Versicherungen ist die Tierhalterhaftpflichtversicherung. Da ein Tierhalter, der sein Pferd zu privaten Zwecken hält, für alle Schäden die sein Tier verursacht, haftbar zu machen ist, muss er auf jeden Fall, auch bei Unverschulden, zahlen. Je nach Höhe des Schadens ist dies meist problemlos machbar. Wird jedoch beispielsweise eine Person verletzt oder ein Auto demoliert, kann es teuer werden. Im Schadensfall wird stets zunächst geprüft, ob der Tierhalter zur

Zahlung herangezogen werden muss oder ob er „unschuldig“ ist. Ein Schaden oder Anspruch sollte immer unverzüglich an die Versicherung gemeldet werden, damit diese die weiteren Vorgänge regeln kann. Laut Versicherungsbedingungen darf der Tierhalter nicht selbst regulieren oder den Schaden gegenüber dem Anspruchsteller anerkennen, da dies zunächst von der Versicherung geprüft wird. Für die Tierhalterhaftpflicht wird eine Deckungssumme von mindestens drei Millionen Euro pauschal für Personen- und Sachschäden empfohlen. Die Tarife für Fohlen, Jungpferde, Gnadenbrot- und Reitpferde können variieren. Für mehrere Pferde gibt es häufig Rabatte.
Vor Abschluss einer Tierhalterhaftpflicht sollte überprüft werden, ob folgende Kriterien versichert sind:

- Weide-, Offen-/Laufstallhaltung
- Auslandsaufenthalte
- Fremdreiter- bzw. Gastreiterrisiko. Hierbei ist zu klären, ob auch Schäden bzw. Ansprüche des fremden Reiters mitversichert sind oder nur Ansprüche von Dritten.
- Teilnahme an Turnieren und anderen Veranstaltungen
- Sind Kutsch-/Schlittenfahrten mitversichert? Wenn ja, darf man Passagiere mitnehmen und gibt es eine Begrenzung der Platzanzahl?
- Deckschäden
- Schäden an gemieteten Pferdetransportanhängern (auch bei „Gefälligkeitsfahrten“)
- Mietsachschäden, das sind z. B. Schäden an gemieteten Gebäuden, Gebäudebestandteilen, Stallungen, Boxen usw.

Was ist eine Krankenversicherung für Pferde?

Eine Krankenversicherung beim Pferd, die die „normalen“ Tierarztkosten übernimmt, kostet ab 34 Euro monatlich. Eine reine Operationskosten-Versicherung ist abhängig vom Umfang und entsprechend ab fünf bis zehn Euro pro Monat zu haben. In den meisten Fällen setzt die Kostenübernahme für OP-Kosten einen Eingriff unter Vollnarkose voraus. Wer ein günstigeres Angebot vorzieht, muss mit der Zahlung einer Selbstbeteiligung rechnen und häufig einen Teil der stationären Vor- und Nachsorge-Tage übernehmen. Andernfalls kann es vorkommen, dass tierärztliche Leistungen nur im einfachen Gebührensatz erstattet werden. Eine kombinierte Versicherung oder weitere Leistungsaufstockungen (wie etwa eine vollständige Kostenübernahme/zweifacher Satz der Gebührenordnung) können die Versicherungsprämien auf über 50 Euro monatlich steigen lassen.
In jedem Fall sollte sich der Pferdebesitzer vor Abschluss der jeweiligen Versicherung erkundigen, ob bei freier Wahl von Tierarzt oder Tierklinik sämtliche Arznei- und Verbandmittel sowie die Kosten für Röntgen- und Laboruntersuchungen mit eingeschlossen wären.
Im Hinblick auf eine bestimmte Operation ist es außerdem möglich, für diesen Eingriff eine nur kurzzeitige Versicherung abzuschließen, die den Tod, das Ver-

enden oder die Nottötung des Pferdes, nicht aber die Kosten für tierärztliche Leistungen mit einschließt.

Bei chronisch kranken Pferden muss vor dem Abschluss einer bestimmten Versicherung geklärt werden, ob Atteste vorgelegt werden müssen.

Was ist unter Versicherung gegen Tod oder „dauernde Unbrauchbarkeit" des Pferdes zu verstehen?

Um das finanzielle Risiko für den Tierhalter zu mindern, können Lebendtierversicherungen abgeschlossen werden, die im Fall von Tod oder Nottötung des Pferdes greifen würden. Die entsprechend zu zahlende Prämie errechnet sich meistens aus dem Alter des Tieres, dem Verwendungszweck und der Höhe der gewünschten Versicherungssumme. Bei vielen Versicherungen ist mit dem Erreichen des zwölften Lebensjahres der Aufnahmeschluss erreicht, die altersmäßige Höchstgrenze liegt bei 15 Jahren. Auch die Höhe der Erstattung ist unterschiedlich und liegt in den meisten Fällen zwischen 70 und 80 % der Versicherungssumme. Da sich die abgedeckten Versicherungsrisiken zwischen den Versicherungen zum Teil erheblich unterscheiden, sollte der Pferdebesitzer die verschiedenen Angebote sorgfältig prüfen und nach eigenen Bedürfnissen abwägen.

Einige Versicherer bieten auch unterschiedlich gesplittete Versicherungen an. Wer den Versicherungsschutz einer Lebensversicherung nur auf die Gefahren eines Unfalls begrenzen möchte, kann bei manchen Versicherungen die „Unfalldeckung" bekommen. Hier werden auch Pferde aufgenommen, die aufgrund ihres Alters nicht mehr in die normale, umfassendere Lebensversicherung aufgenommen werden können. Kombipakete aus Lebens- und einer Teil-Operationsversicherung gibt es ebenfalls. Wenn ein Reit- oder Zuchtpferd aufgrund einer Verletzung oder eines Unfalls nicht (mehr) in gewohnter Weise genutzt werden kann, spricht der Experte von „dauernder Unbrauchbarkeit". Dieses Risiko lässt sich – evtl. als Teil einer Lebensversicherung – versichern.

Was ist unter Fohlenversicherung zu verstehen?

Für ungeborene Fohlen gibt es die Leibesfrucht- oder Fohlenversicherung, die je nach Versicherung meistens im letzten Drittel der Trächtigkeit beginnt und bis einige Monate nach der Geburt dauern kann. Die Berechnung der Versicherungssumme ist unterschiedlich und die Höhe der Zahlung derselben richtet sich nach dem jeweiligen Alter des Fohlens. Manche Versicherungen zahlen erst beim geborenen Fohlen und dafür bis zu 100 % der Versicherungssumme bei Tod oder Nottötung und Diebstahl des versicherten Fohlens. Die Fohlenversicherung kann oftmals direkt in eine Lebendtierversicherung übergehen. Die Kosten für diese Art Versicherung belaufen sich auf etwa 120–140 Euro im ersten Jahr. Bei Abschluss dieser Versicherung sollte gründlich geprüft werden, in welchen Fällen der Versicherer zahlt.

Was ist unter Diebstahlversicherung zu verstehen?

Gegen Diebstahl bieten manche Versicherer sogenannte Sattelsachen-Versicherungen an.

Diese Versicherung umfasst sowohl den Sattel, als auch Trensen, Decken und Ähnliches. Dabei werden häufig sowohl Verluste durch Einbrüche als auch Schäden durch Feuer, Leitungswasser, Sturm und Hagel versichert. In der Regel kostet diese Versicherung 1 % der Versicherungssumme bei maximal 8000 Euro. Der Versicherte entscheidet über die eingeschlossenen Gegenstände und listet diese vor Vertragsabschluss gegen Vorlage der Kaufbelege auf.

Allgemeine Informationen zum Beruf

Welche verschiedenen Fachrichtungen gibt es im Beruf Pferdewirt?

Im Beruf Pferdewirt gibt es die fünf verschiedenen Fachrichtungen Pferdezucht, Pferdehaltung und Service, Pferderennen (Einsatzgebiete Rennreiten und Trabrennfahren), Spezialreitweisen (Einsatzgebiete Westernreiten und Gangreiten) und die Klassische Reitausbildung.

Welchen Schulabschluss braucht man für die Ausbildung zum Pferdewirt?

Für die Ausbildung zum Pferdewirt braucht man grundsätzlich keinen Schulabschluss. Ein (guter) Schulabschluss (egal von welcher Schule) kann jedoch helfen, einen guten Ausbildungsbetrieb zu finden, da die meisten Ausbildungsbetriebe Auszubildende mit Schulabschluss bevorzugen. Dies liegt auch daran, dass Menschen mit Schulabschluss schon einmal bewiesen haben, etwas durchziehen und beenden zu können. Dies ist eine Eigenschaft, die auch in der Ausbildung und für den Ausbilder von großer Bedeutung ist.

Für wen kommt der Beruf Pferdewirt infrage?

Der Beruf Pferdewirt kommt für alle pferdeinteressierten, körperlich gesunden und belastbaren Menschen mit Bezug zum Tier, die im Bereich der Pferdezucht, -haltung oder dem Schwerpunkt Reiten arbeiten möchten, infrage. Besondere Vorkenntnisse sind für diesen Beruf von Bedeutung, sie werden im Folgenden erläutert.

Welche körperlichen Voraussetzungen braucht man, um Pferdewirt werden zu können?

Wer Pferdewirt werden will, sollte körperlich fit, sportlich und zäh sein. Körperliche Einschränkungen können je nach Art und Schweregrad durchaus toleriert werden, sollten das tägliche Arbeiten jedoch nicht übermäßig einschränken. Wer im Beruf des Pferdewirtes arbeiten möchte, braucht Kraft und Ausdauer und sollte Ausgleichssport zum Trainieren der unterschiedlichen Muskelgruppen des Körpers betreiben. Einseitige Überbelastungen durch ständig gleiche Arbeitsabläufe führen zum schnellen Verschleiß.

Welche Vorkenntnisse braucht man für die Ausbildung zum Pferdewirt?

Der Beruf des Pferdewirts ist einer der wenigen Ausbildungsberufe, die schon eine relativ große Vorerfahrung voraussetzen. Außer in der Fachrichtung Pferdezucht muss in allen Abschluss- und Zwischenprüfungen ein Pferd geritten oder gefahren werden. Wer nicht übermäßig talentiert ist (und das kann zu Beginn der Ausbildung noch niemand wissen), hat keine Chance, das Wissen und die Fertigkeiten innerhalb der dreijährigen Ausbildungszeit zu erlangen, die ihn im Beruf handlungsfähig machen. Erfahrung im Umgang und gewisse Grundkenntnisse in der Arbeit mit dem Pferd unter dem Sattel, an der Longe und eventuell vom Bock aus sollten beim Einstieg in die Ausbildung vorhanden sein. Nur unter diesen Umständen ist die Prognose zum erfolgreichen Bestehen der Prüfung positiv.

Welche reiterlichen Vorkenntnisse braucht man, um speziell Berufsreiter werden zu können? Sind Turniererfahrungen zwingend erforderlich?

Reiterliche Grundkenntnisse sind für die Ausbildung zum Pferdewirt mit den Fachrichtungen Reiten (Fachrichtung Klassische Reitausbildung, Pferderennen [Rennreiten], Spezialreitweisen [Gangpferdereiten, Westernreiten]) von großer Bedeutung. Am Ende der Ausbildung müssen beispielsweise in der Fachrichtung Klassische Reitausbildung vom Prüfling ein L-Parcours und eine L-Dressur absolviert werden sowie ein fremdes Pferd gelöst und ein Springpferd auf das Parcoursspringen vorbereitet werden. Diese Aufgabenstellung kann ein angehender Pferdewirt nach dreijähriger Lehrzeit nur erfüllen, wenn er bereits zu Beginn der Ausbildung die wichtigsten Grundkenntnisse des Reitens erlernt hat und ein Pferd in unterschiedlichen Situationen sicher beherrscht. Turnierkenntnisse sind dafür nicht zwingend erforderlich, ein erfahrener Ausbilder wird die grundsätzlichen Fähigkeiten, den Ausbildungsstand und möglicherweise auch das Talent seines potenziellen neuen Auszubildenden bereits beim ersten Vorreiten erkennen können.

Wie findet man einen (guten) Ausbildungsbetrieb?

Im Internet sind über die Deutsche Reiterliche Vereinigung e. V. (FN) und die Landwirtschaftskammern die Listen der ausbildenden Betriebe erhältlich. Bei den Ausbildungsberatern der zuständigen Stellen kann man Tipps für „gute" Betriebe bekommen, wobei der Ausbildungsberater allen Betrieben neutral gegenüberstehen muss. Über Mund-zu-Mund-Propaganda sowie eigene Erfahrungen lassen sich individuell passende und daher „gute" Betriebe finden. Je nach eigenen Vorstellungen, Vorerfahrungen und persönlichem Geschmack passen unter Umständen viele Betriebe.

Wie hoch ist die gesetzliche Ausbildungsvergütung?

Die Höhe der empfohlenen Ausbildungsvergütung ist bei der jeweiligen zuständigen Stelle zu erfragen oder auf deren Internetseite zu erfahren. Je nach Bundesland gelten hier unterschiedliche Vorschläge.

Wie ist die Abschlussprüfung aufgebaut?

Der Aufbau der Abschlussprüfungen der einzelnen Fachrichtungen ergibt sich aus der Verordnung über die Berufsausbildung zum Pferdewirt/zur Pferdewirtin vom 7. Juni 2010, die als Download im Internet zur Verfügung steht. Unabhängig von der Fachrichtung gibt es einen schriftlichen und einen praktischen Teil. Im schriftlichen Abschnitt wird unter anderem Wirtschafts- und Betriebslehre geprüft sowie Bereiche aus der täglichen Praxis bzw. Fachtheorie. Im praktischen Teil geht es generell darum, Arbeitsaufgaben selbstständig durchzuführen und anschließend in einem Fachgespräch die eigene Arbeit und das Vorgehen zu beschreiben und zu reflektieren. Die Prüfer sind stets darauf bedacht, den Prüfling in ein Fachgespräch einzubinden und nicht mit Einzelfragen abzuprüfen.

Welche Anforderungen werden an den Pferdewirt in Prüfung und Berufsleben gestellt?

Im Rahmenlehrplan für Pferdewirte sind die Aufgaben eines Pferdewirtes vielfältig dargestellt: Der Beruf des Pferdewirtes/der Pferdewirtin ist dienstleistungsorientiert. Pferdewirte/Pferdewirtinnen orientieren ihr Handeln und Auftreten an den Erwartungen und Wünschen des Kunden. Deshalb ist der Kompetenzerwerb in Beratung, Kommunikation, Teamfähigkeit, Urteilsvermögen und Außendarstellung integrativer Bestandteil der Lernfelder. Elemente der Kommunikation, Kundenorientierung und Qualitätssicherung werden in den Lernfeldern nur dann ausdrücklich erwähnt, wenn neben ihrer generellen Beachtung spezielle Aspekte des beruflichen Handlungsfeldes zu berücksichtigen sind. Seine besondere Prägung erhält der Beruf des Pferdewirtes dadurch, dass die Leistungen direkt am Lebewesen Pferd einerseits und dem Kunden andererseits vollzogen werden. Daraus ergeben sich besondere Anforderungen hinsichtlich der Beachtung ethischer Grundsätze und der Fähigkeit im Umgang mit Tieren und Menschen. Des Weiteren fließen Gesichtspunkte des Marketings, der betrieblichen Organisation und des unternehmerischen Handelns in die Tätigkeit des Pferdewirtes ein.

Welche verschiedenen Berufsperspektiven hat ein Pferdewirt?

Ein Pferdewirt hat nach Beendigung seiner Ausbildung unterschiedliche berufliche Perspektiven im Bereich des Pferdesports. Eine Möglichkeit besteht natürlich immer darin, im gelernten Beruf und der erlernten Fachrichtung zu arbeiten und den jeweiligen Meister als Fortbildungsmaßnahme anzustreben. Einige Pferdewirte (aber auch Pferdebesitzer) suchen sich nach der erfolgreich absolvierten Ausbildung eine Tätigkeit oder Weiterbildung in einem anderen pferdebezogenen Beruf. In den letzten Jahren deutlich zugenommen hat in diesem Zusammenhang das Angebot an privatwirtschaftlich organisierten Ausbildungen in Pferdeberufen. Neben unterschiedlichen Trainerausbildungen nehmen hier die Aus- und/oder Weiterbildungsangebote im Bereich der Pferdegesundheit einen bedeutenden Platz ein. Besonders die speziellen Schulen für Tierheilpraktiker sowie Akupunktur- und Osteopathie-Institute haben ein großes Ausbildungsangebot mit stetig wachsendem Tätigkeitsfeld. Je nach eigener Ausrichtung ergibt sich nach der Ausbildung die Möglichkeit, selbstständig seine Dienste den Pferdebesitzern anzubieten oder in einem größeren Zusammenschluss in speziellen Pferde- oder Reha-Kliniken zu arbeiten. Bei all diesen „auf dem freien Markt" angebotenen privaten Berufsausbildungen ist es allerdings sehr schwierig, die Qualität der Ausbildung unabhängig zu beurteilen. Ein ausgelernter Pferdewirt kann sich hier durch seine Fachausbildung qualitativ von den „privaten" und in dieser Hinsicht ungelernten Kollegen abheben. Auch die unterschiedlichen Berufe rund um den Pferdehuf und dessen professionelle Pflege sind mögliche Weiterbildungsbereiche für den Pferdewirt. Standardberuf ist hier immer noch der staatlich anerkannte Hufbeschlagsschmied, dessen Ausbildung eine abgeschlossene Berufsausbildung – ohne die Begrenzung auf ein bestimmtes Fachgebiet und daher auch für den gelernten Pferdewirt eine Möglichkeit – voraussetzt.

Was ist eine handlungsorientierte Prüfung?

Mithilfe der handlungsorientierten Prüfung, wie sie nach der Neuordnung des Berufs Pferdewirt seit 2010 angestrebt wird, soll abgeprüft werden, ob der Pferdewirt die für den Beruf benötigten Fähigkeiten und Fertigkeiten besitzt und in der Praxis handlungsfähig ist. Die Prüfungen sind daher an Problemen und Aufgaben aus der Praxis orientiert und entfernen sich vom System der aus einfachen Fragen und Antworten bestehenden Prüfungsabläufe. Die Prüfungen werden durch dieses Konzept umfangreicher, zeitlich länger und erfordern vom Prüfling mehr eigenständiges Denken, da er in das abschließende Fachgespräch seine eigenen und nicht durch die Prüferfragen vorgegebenen Gedanken und Ideen einbringen kann und soll.

Welche Zukunftsaussichten haben Pferdewirte?

Die Zukunftsaussichten eines Pferdewirts sind vorsichtig gesagt generell relativ gut. Es gibt jedoch zahlreiche Faktoren, wovon dies abhängt. Zum einen ist es sehr wichtig zu wissen, dass es sich bei allen Berufen rund um die Pferdebranche um eine Tätigkeit im Freizeitbereich anderer Menschen handelt. Die Berufsaussichten sind folglich sehr stark davon abhängig, wie viel Geld die Privatpersonen für ihr Hobby ausgeben wollen und ob sie sich ein oder mehrere Pferde leisten können. Profis in der Pferdeausbildung müssen sich daher durch besondere Qualität oder besondere (Nischen-)Leistungen auszeichnen, um langfristig gute Berufsaussichten zu haben. Eine Kombination aus Talent und Gefühl fürs Pferd mit betriebswirtschaftlichem Geschick sowie der Fähigkeit, gut mit Kunden umgehen zu können, ist dabei eine wichtige Voraussetzung. Chancen im Beruf haben jedoch nicht nur diese „Führungspersonen", sondern auch fleißige und belastbare Pferdewirte, die sich auch mit den niederen aber jeden Tag anfallenden Arbeiten beschäftigen wollen. Hierzu gehören neben dem Misten und Fegen das Füttern und Pflegen der Pferde sowie das Instandhalten aller Geräte und Anlagen rund um das Pferd. Auch hier hat derjenige die besseren Aussichten, der sich nicht nur mit seiner Arbeit auskennt, sondern auch mal über den Tellerrand blickt und eigene Ideen und Arbeitskonzepte entwickelt. Grundsätzlich lässt sich sagen (aber das gilt für jeden Beruf), dass jeder, der wirklich gut ist in seinem Beruf oder seinem speziellen Tätigkeitsfeld, auch gute Zukunftsaussichten hat. Leider gibt es gerade in dem Bereich des Berufs Pferdewirt viele „schwarze Schafe“, die ihre Mitarbeiter bis zur Schmerzgrenze ausnutzen und bei Bedarf einfach „austauschen“. Hiervor können der gesunde Menschenverstand und nachhaltiges Lernen schützen.

Wie lange kann man den Beruf ausüben?

Der Beruf des Pferdewirts kann bei ausgeglichenem Körpereinsatz, wenig gesundheitlichen Schäden und guter Konstitution sehr lange ausgeübt werden. Die tägliche Arbeit im Stall und an der frischen Luft hält fit und trainiert. Überbelastungen in bestimmten Bereichen (z. B. ausschließliches Reiten oder Misten) führen jedoch meist zu einer Überbelastung in bestimmten Bereichen (wie beispielsweise im Bereich der Bandscheiben) und schränken die Belastbarkeit zum Teil stark ein. Ausgleichssport und wechselnde Tätigkeiten helfen dabei, fit und lange arbeitsfähig zu bleiben.

Wie viel verdient ein ausgelernter Pferdewirt?

Wie viel ein ausgelernter Pferdewirt verdient, hängt immer von seiner Qualifikation und den persönlichen Fertigkeiten sowie seinem erlernten Schwerpunkt ab. Auch der Betrieb, dessen Ausstattung sowie das Anforderungsprofil wirken sich auf das Gehalt eines ausgelernten Pferdewirtes aus. Grundsätzlich kann von einem Bruttoeinstiegsgehalt von rund 1500 Euro (1300–2000 Euro brutto) ausgegangen werden, wobei geldwerte Vorteile wie freie Kost und Logis, eine Pferdebox sowie regelmäßiger Unterricht stets verrechnet werden müssen.

Anhang 1

Tab. 16 Übersicht über die Lernfelder für den Ausbildungsberuf Pferdewirt/Pferdewirtin

Lernfelder (Nr.)		Zeitrichtwerte in Unterrrichtsstunden		
		1. Jahr	**2. Jahr**	**3. Jahr**
1	Betriebliche Zusammenhänge erkunden und darstellen	60		
2	Pferde pflegen und versorgen	60		
3	Futtermittel für Pferde auswählen	80		
4	Pferde beschreiben und entsprechend der Nutzung auswählen	60		
5	Pferde bewegen	60		
6	Pferde züchten		60	
7	Futterrationen verdauungsphysiologisch gestalten		60	
8	Grünland für Pferde bewirtschaften		40	
9	Haltungsformen und -systeme gestalten		60	
10	Pferde für spezielle Disziplinen trainieren und ausbilden		60	
11	Spezielle Futterrationen gestalten			60
12	An zuchtorganisatorischen Maßnahmen teilnehmen			60
13	Infektionskrankheiten feststellen und kranke Pferde betreuen			40
14	Pferdesportler ausbilden			60
15	Dienstleistungen und Produkte vermarkten			60
Insgesamt 880 Stunden		320	280	280

Anhang 2

Merkblatt für Ausbildende und Auszubildende in den Berufen der Landwirtschaft und Hauswirtschaft zum Jugendarbeitsschutzgesetz – JArbSchG – (Auszug) und zur Berechnung des Urlaubsanspruchs

1. Wichtige Bestimmungen des Jugendarbeitsschutzgesetzes

Dieses Merkblatt berücksichtigt das Jugendarbeitsschutzgesetz in der zurzeit gültigen Fassung. Das Jugendarbeitsschutzgesetz gilt grundsätzlich für die Beschäftigung von Personen, die noch nicht 18 Jahre alt sind; in der Berufsausbildung und in einem der Berufsausbildung ähnlichen Ausbildungsverhältnis. Auszubildende über 18 Jahre unterliegen den Bestimmungen des Arbeitszeitgesetzes (ArbZG), sofern sie berufsschulpflichtig sind, wobei an Berufsschultagen die Bestimmungen des § 9 JArbSchG auch hier Anwendung finden.

Dauer der Arbeitszeit

Jugendliche dürfen allgemein nicht mehr als 8 Stunden täglich und nicht mehr als 40 Stunden wöchentlich beschäftigt werden (§ 8 Abs. 1). Wenn an einzelnen Werktagen die Arbeitszeit auf weniger als 8 Stunden verkürzt ist, können Jugendliche an den übrigen Werktagen derselben Woche 8,5 Stunden beschäftigt werden (§ 8 Abs. 2 a).

In der Landwirtschaft dürfen Jugendliche über **16 Jahre** während der Erntezeit nicht mehr als **9** Stunden täglich und nicht mehr als **85** Stunden in der Doppelwoche beschäftigt werden (§ 8 Abs. 3).

Fünf-Tage-Woche

Jugendliche dürfen nur an 5 Tagen in der Woche beschäftigt werden (§ 15).

Samstagsruhe

Jugendliche dürfen an Samstagen nur 1. in Krankenanstalten sowie in Alten-, Pflege- und Kinderheimen, 2. in offenen Verkaufsstellen, in Betrieben mit offenen Verkaufsstellen, 3. in der Landwirtschaft und Tierhaltung, 4. im Familienhaushalt, 5. im Gaststättengewerbe, 6. bei außerbetrieblichen Ausbildungsmaßnahmen beschäftigt werden. Es sollen jedoch mindestens 2 Samstage im Monat beschäftigungsfrei bleiben (§ 16 Abs. 2). Für Arbeiten an einem Samstag **muss** ein freier Tag in derselben Woche gewährt werden. Dieser Tag muss ein berufsschulfreier Tag sein (§ 16 Abs. 3).

Sonntagsruhe
Zulässig ist die Beschäftigung Jugendlicher 1. in Krankenanstalten sowie in Alten-, Pflege- und Kinderheimen, 2. in der Landwirtschaft und Tierhaltung mit Arbeiten, die auch an Sonn- und Feiertagen naturnotwendig vorgenommen werden müssen. 3. im Familienhaushalt, wenn der Jugendliche in die häusliche Gemeinschaft aufgenommen ist, 4. im Gaststättengewerbe. Jeder 2. Sonntag **soll,** mindestens 2 Sonntage im Monat **müssen** beschäftigungsfrei bleiben (§ 17 Abs. 2). Für Arbeiten an einem Sonntag **muss** ein freier Tag in derselben Woche gewährt werden. Dieser Tag muss ein berufsschulfreier Tag sein (§ 17 Abs. 3).

Feiertagsruhe
Am 24. und 31. Dezember nach 14.00 Uhr und an gesetzlichen Feiertagen dürfen Jugendliche nicht beschäftigt werden (§ 18 Abs. 1). Zulässig ist die Beschäftigung Jugendlicher an gesetzlichen Feiertagen 1. in Krankenanstalten sowie in Alten-, Pflege- und Kinderheimen, 2. in offenen Verkaufsstellen, in Betrieben mit offenen Verkaufsstellen, 3. in der Landwirtschaft und Tierhaltung mit Arbeiten, die naturnotwendig vorgenommen werden müssen, 4. im Familienhaushalt, wenn der Jugendliche in die häusliche Gemeinschaft aufgenommen ist, 5. im Gaststättengewerbe **ausgenommen** am 25. Dezember, am 1. Januar, am ersten Osterfeiertag und am 1. Mai (§ 18 Abs. 2). Für die Beschäftigung an einem gesetzlichen Feiertag, der auf einen Werktag fällt, ist der Jugendliche an einem anderen berufsschulfreien Arbeitstag derselben oder der folgenden Woche freizustellen. (§ 18 Abs. 3)

Schichtzeit
Die Schichtzeit darf 10 Stunden, im Gaststättengewerbe, in der Landwirtschaft und in der Tierhaltung maximal 11 Stunden, nicht überschreiten (§ 12).

Nachtruhe
Die zulässige Zeitspanne, innerhalb derer die zulässige Schichtzeit bzw. Arbeitszeit abgeleistet werden kann, liegt allgemein zwischen 6 und 20 Uhr und bei Jugendlichen über 16 Jahren 1. im Gaststättengewerbe bis 22 Uhr, 2. in der Landwirtschaft zwischen 5 und 21 Uhr (§ 14).

An dem einem berufsschultag unmittelbar vorangehenden Tag dürfen Jugendliche nicht nach 20 Uhr beschäftigt werden, wenn der Berufsschulunterricht am Berufsschultag vor 9 Uhr beginnt (§ 14 Abs. 4).

Freistellung für Lehrgänge und Prüfungen
Jugendliche sind für die Teilnahme an Prüfungen und für Ausbildungsmaßnahmen, die außerhalb der Ausbildungsstätte durchzuführen sind, sowie an dem

Arbeitstag, der der **schriftlichen** Abschlussprüfung unmittelbar vorangeht, freizustellen (§ 10).

Referat 12, November 2012 **Freistellung zum Berufsschulbesuch (§ 9)**

Ein Jugendlicher darf nicht beschäftigt werden: 1. Vor einem vor 9.00 Uhr beginnenden Unterricht; dies gilt auch für Auszubildende, die über 18 Jahre alt und noch berufsschulpflichtig sind, 2. an einem Berufsschultag mit mehr als 5 Unterrichtsstunden von je 45 Minuten Dauer, einmal in der Woche. Ein Berufsschultag je Woche mit mindestens 5 Unterrichtsstunden wird mit 8 Stunden auf die Arbeitszeit angerechnet, bei einem weiteren Berufsschultag je Woche wird nur die Unterrichtszeit einschließlich der Pausen auf die Arbeitszeit angerechnet.

Für Auszubildende, die über 18 Jahre alt und noch berufsschulpflichtig sind, sind nur die tatsächlichen Unterrichtszeiten einschließlich der Pausen und Wegezeiten als Arbeitszeit zu berücksichtigen.

Urlaub (§ 19)

Ein Jugendlicher hat folgenden nach Alter gestaffelten Mindesturlaubsanspruch: Bei Beginn des Kalenderjahres (1. Januar) noch nicht 16 Jahre alt = 30 Werktage ($^1/_{12}$ = 2,50 Tg./Monat) noch nicht 17 Jahre alt = 27 Werktage ($^1/_{12}$ = 2,25 Tg./Monat) noch nicht 18 Jahre alt = 25 Werktage ($^1/_{12}$ = 2,08 Tg./Monat) (bei Tarifgebundenheit gelten andere Werte).

Als Werktage gelten alle Kalendertage, die nicht Sonn- oder Feiertage sind.

Auszubildende, die am 1. Januar das 18. Lebensjahr vollendet haben, erhalten mindestens 24 Werktage Urlaub (Bundesurlaubsgesetz § 3), bei Tarifgebundenheit gelten andere Werte.

2. Berechnung des Urlaubsanspruchs

Maßgebend für die Berechnung des Urlaubs ist grundsätzlich das Kalenderjahr (= Urlaubsjahr), nicht das Ausbildungsjahr. Der volle Urlaubsanspruch wird erstmalig nach sechsmonatigem Bestehen des Ausbildungsverhältnisses erworben (Wartezeit). In drei Fällen besteht ein gesetzlicher Anspruch auf ein Zwölftel des Jahresurlaubs für jeden vollen Monat des Bestehens des Ausbildungsverhältnisses, und zwar:

1. Bei Nichterfüllung der Wartezeit von 6 Monaten im Kalenderjahr (z. B. Beginn der Ausbildung am 1. August). 2. Bei Beendigung des Ausbildungsverhältnisses vor erfüllter Wartezeit. Die Wartezeit von 6 Monaten braucht dabei nicht in einem Kalenderjahr zu liegen (z. B. 1. August bis 15. Januar des Folgejahres). 3. Bei Beendigung des Ausbildungsverhältnisses im 1. Halbjahr nach erfüllter Wartezeit (z. B. bis zum 30. Juni eines Kalenderjahres).

Auszubildende, die im Kalenderjahr mindestens 6 Monate beschäftigt waren und in der zweiten Jahreshälfte ausscheiden, haben Anspruch auf den gesamten gesetzlich vorgeschriebenen Jahresurlaub. Mit mehr als 15 Tagen angebrochene Monate gelten dabei als volle Monate. Bruchteile von Urlaubstagen, die mindestens einen halben Tag ergeben, sind auf volle Urlaubstage aufzurunden.

Der Urlaub ist zusammenhängend zu gewähren, es sei denn, dass dringende betriebliche oder in der Person des Auszubildenden liegende Gründe eine Teilung des Urlaubs erforderlich machen.

Der Urlaub soll Berufsschülern in der Zeit der Berufsschulferien gegeben werden. Soweit er nicht in den Berufsschulferien gegeben wird, ist für jeden Berufsschultag an dem die Berufsschule während des Urlaubs besucht wird, ein weiterer Urlaubstag zu gewähren.

Anspruch auf Urlaub besteht nicht, soweit dem Auszubildenden für das laufende Kalenderjahr bereits von einem früheren Arbeitgeber Urlaub gewährt worden ist.

Service

Bildquellen

Titelbild: Ulrike Sahm-Lütteken

Die Zeichnungen: 2–5, 7–10, 12, 14, 48–53, 58, 59, 61 fertigte Artur Piestricow, Stuttgart, nach Vorlagen der Autorin. Die Abb. 16, 18, 22 stammen aus: Möhlenbruch, G.: Der Pferdewirt, 4. Auflage 2013, Verlag Eugen Ulmer und wurden ebenfalls von Artur Piestricow, Stuttgart, nach Vorlagen der Autoren gefertigt.

Die Abbildungen 51, 54, 55 wurden zusätzlich von Christine Lackner, Ittlingen, bearbeitet.

Archiv Ulmer: Abb. 6, 15, 21

Alle anderen Abbildungen stammen, wenn nicht anders vermerkt, von der Autorin.

Literaturverzeichnis

Appell, H.-J., Stang-Voss, C. (1990): Funktionelle Anatomie. Springer-Verlag, Berlin – Heidelberg.

Bender, I. (2004): Praxishandbuch Pferdehaltung. Franckh-Kosmos Verlags-GmbH & Co., Stuttgart.

Deutsche Reiterliche Vereinigung e.V. (2012): Richtlinien für Reiten und Fahren – Band 1 – Grundausbildung für Reiter und Pferd. FNverlag der Deutschen Reiterlichen Vereinigung GmbH, Warendorf.

Deutsche Reiterliche Vereinigung e.V., Hoffmann, G. (2001): Orientierungshilfen Reitanlagen- und Stallbau. FNverlag der Deutschen Reiterlichen Vereinigung GmbH, Warendorf.

Docter, E. (2010): Der Hufmechanismus. Internet-Veröffentlichung. www.barhufpflege.net (abgerufen am 26.01.2014).

Ende, H., Isenbügel, E. (1999): Die neue Stallapotheke. Müller Rüschlikon Verlags AG, Cham.

Goody, P. G. (2004): Anatomie des Pferdes. Verlag Eugen Ulmer GmbH & Co., Stuttgart.

Gray, P. (1997): Die Lahmheiten des Pferdes. Franckh-Kosmos Verlags-GmbH & Co., Stuttgart.

Higgins, G., Martin, S. (2010): Anatomie verstehen besser reiten. Franckh-Kosmos Verlags-GmbH & Co., Stuttgart.

Houghton Brown, J., Pilliner, S. (1988): Pferde Management für Halter, Züchter, Trainer. BLV Verlagsgesellschaft mbH, München.

Jeroch, H., Drochner, W. (1999): Ernährung landwirtschaftlicher Nutztiere. Verlag Eugen Ulmer GmbH & Co., Stuttgart.

Kleven, H. K. (2009): Biomechanik und Physiotherapie für Pferde. FNverlag der Deutschen Reiterlichen Vereinigung GmbH, Warendorf.

Körber, Dr. med. vet. H.-D. (2007): Huf, Hufbeschlag, Hufkrankheiten. Franckh-Kosmos Verlags-GmbH & Co., Stuttgart.

Lengwenat, O. (2006): Grünland – Basis der Pferdefütterung. Werkdruck, Riebe & Bell GbR, Hannover.

Möhlenbruch, G. (2010): Beruf Pferdewirt. Verlag Eugen Ulmer GmbH & Co., Stuttgart.

Rostock, A.-K., Feldmann , W. (1999): Islandpferde Reitlehre. Thenée Druck, Bonn.

Schacht, C., (2011): Reitpferde richtig beurteilen. Franckh-Kosmos Verlags-GmbH & Co., Stuttgart.

Strick, M. (2011): Die Natur der Deutschen Reitlehre. Wu Wie Verlag, Schondorf.

Uppenborn, W. (1995): Ponys: Haltung, Pflege, Fütterung, Verwendung, Rassen und Züchtung. Verlag Eugen Ulmer GmbH & Co., Stuttgart.

Wissdorf, H., Gerhards, H. (2002): Praxisorientierte Anatomie und Propädeutik des Pferdes. Verlag M. & H. Schaper, Alfeld – Hannover.

Stichwortverzeichnis

Ulrike Sahm-Lütteken, Bad Münstereifel, ist ausgebildete Pferdewirtin, Agrarwissenschaftlerin und Berufsschullehrerin am Berufskolleg Humboldtstraße in Köln.

Die in diesem Buch enthaltenen Empfehlungen und Angaben sind von der Autorin mit größter Sorgfalt zusammengestellt und geprüft worden. Eine Garantie für die Richtigkeit der Angaben kann aber nicht gegeben werden. Autorin und Verlag übernehmen keine Haftung für Schäden und Unfälle. Bitte setzen Sie bei der Anwendung der in diesem Buch enthaltenen Empfehlungen Ihr persönliches Urteilsvermögen ein.

Der Verlag Eugen Ulmer ist nicht verantwortlich für die Inhalte der im Buch genannten Websites.

Bibliografische Information der Deutschen Nationalbibliothek
Die Deutsche Nationalbibliothek verzeichnet diese Publikation in der Deutschen Nationalbibliografie; detaillierte bibliografische Daten sind im Internet über http://dnb.d-nb.de abrufbar.

Wollgrasweg 41, 70599 Stuttgart (Hohenheim)
E-Mail: info@ulmer.de
Internet: www.ulmer.de
Lektorat: Pia Fehrenbach
Herstellung und Umschlagsentwurf: Verlag Eugen Ulmer
Satz: primustype Hurler GmbH, Notzingen
Reproduktion: timeRay visualisierungen, Herrenberg
Druck und Bindung: Pustet, Regensburg
Printed in Germany

ISBN 978-3-8186-0727-2

Hier können Sie weiterlesen:

Social Media für Landwirte.

Facebook, Snapchat und Co.

Jutta Zeisset, Thomas Fabry.

2018. 176 S., 40 Farbfotos,

Klappenbroschur.

ISBN 978-3-8186-0383-0.

Soziale Netzwerke sind aus dem heutigen Leben nicht mehr wegzudenken. Auch für Landwirte bieten die Sozialen Medien eine echte Chance, sich selbst, ihren Betrieb und ihre Philosophie der Öffentlichkeit authentisch zu präsentieren und auf direktem Wege mit Verbrauchern zu kommunizieren. Ob Facebook, Instagram oder Twitter, YouTube, Pinterest oder Snapchat – dieses Buch vermittelt Ihnen alles Wissenswerte über die tägliche Praxis mit Social Media.

Pferde wirklich verstehen.

Pferd und Mensch.
Leitfaden für einen pferdegerechten Umgang.
Ursula Pollmann. 2018.
160 S., 118 Farbfotos, geb.
ISBN 978-3-8186-0079-2.

Jeder Mensch, der mit Pferden zu tun hat, sollte wissen, wie Pferde ihre Umwelt wahrnehmen, wie sie kommunizieren, fühlen, lernen und was sie für ihr körperliches und emotionales Wohlbefinden brauchen. Nur mit fundiertem Wissen können Sie die Reaktionen Ihres Pferdes wirklich verstehen und eventuelle Probleme beseitigen. Frau Dr. Pollmann präsentiert Ihnen in diesem Buch aktuelle wissenschaftliche Erkenntnisse auf verständliche Weise und vermittelt Ihnen konkrete Hilfestellungen, wie Sie Wechselwirkungen zwischen Ihnen und Ihrem Pferd erkennen und Missverständnissen vorbeugen können.